普通高等教育"十一五"规划教材
面向应用型人才培养

# 机械基础

王 炜　李凡国　主编

国防工業出版社
·北京·

# 内 容 简 介

本书是为适应我国迅猛发展的高职教育，根据高等职业教育培养生产、管理一线技术应用型人才的目标，以及国家对职业教育“少学时、宽内容”的要求，按照“以应用为目的，以必须、够用为度，以讲清概念、强化应用为教学重点”的原则编写而成的。根据职业教育的特点，注重内容取材的应用性与实用性，重点培养学生解决实际问题的能力。

全书共12章，主要内容有工程力学、工程材料、平面机构、凸轮机构、齿轮机构、轮系、带传动和链传动、连接、轴与轴承、机械加工等。本书适用学时数为80学时～120学时，采用最新国家标准，而且内容广泛，便于不同专业教学的取舍。

本书兼顾了课堂教学及自学的特点和需要，各章都附有适量的思考与练习题，有助于读者加深对本书内容的理解及检验学习效果。

本书可作为高职高专院校非机械类及近机械类机械基础课程的教材，也可供夜大、函大及职大等相关专业使用，还可供自学者参考。

**图书在版编目(CIP)数据**

机械基础/王炜，李凡国主编．—北京：国防工业出版社，2010.3
普通高等教育“十一五”规划教材
ISBN 978-7-118-06687-6

Ⅰ.①机… Ⅱ.①王… ②李… Ⅲ.①机械学—高等学校—教材
Ⅳ.①TH11

中国版本图书馆CIP数据核字(2010)第023258号

※

国防工業出版社 出版发行
(北京市海淀区紫竹院南路23号 邮政编码100048)
天利华印刷装订有限公司印刷
新华书店经售

*

**开本** 787×1092 1/16 **印张** 11½ **字数** 255千字
2010年3月第1版第1次印刷 **印数** 1—4000册 **定价** 25.00元



国防书店：(010)68428422 发行邮购：(010)68414474
发行传真：(010)68411535 发行业务：(010)68472764

# 《机 械 基 础》编 委 会


主　编　王　炜　李凡国

副主编　吴存德　陈广荣　苏本知

编　委　吴相瑶　孙晓丽　赵建智　赵剑波

孙玉新　王金参　唐晓辉

主　审　王壮臣　田来社

# 前　言

高职高专专业设置岗位针对性强，要求学生有较强的实践能力和解决生产、建设、管理、服务一线问题的综合能力。这种特点使得高等职业技术教育的理论课时大为减少，对于机械基础课程而言，如何在有限的时间内让学生对于机械基础知识有较为系统的把握值得深入研究。

机械基础课程涉及内容较广，且无明确的界定。但是在实践中，涉及机械基础的理论、概念和方法却是广泛的。为了满足高职教育特点、适合机电类不同专业的需要，本书以机械基础为基本内容，包括常用机构的原理、结构和使用，维护中所涉及的机构、受力分析、零件、材料和加工制造等内容，形成对机械系统进行使用与维护的综合应用体系，以增强相关专业学生对机械系统的使用与维护的实际综合应用能力。

本书内容以培养技术应用型人才为目的，按照"以应用为目的，以必须、够用为度，以讲清基本概念、强化应用为教学重点"的原则，精选教学内容。全书共分 12 章，第 1 章和第 2 章介绍了工程力学部分内容；第 3 章简要介绍了机械工程材料和钢的热处理；第 4 章至第 7 章分别介绍了平面机构运动简图及自由度、平面连杆机构、凸轮机构、齿轮机构的特点及设计方法；第 8 章介绍了轮系的类型及计算方法；第 9 章介绍了带传动和链传动的特点及设计方法；第 10 章和第 11 章分别介绍了机械常用连接特点及零件结构设计；第 12 章简要介绍了机械加工方法。

本书由青岛港湾职业技术学院王炜、李凡国主编。其中，王炜编写第 1、4、5、6 章；陈广荣编写第 2 章；李凡国编写第 3、7、8、9 章；苏本知编写第 10、11 章；吴存德编写第 12 章。此外，吴相瑶、孙晓丽、赵建智、赵剑波、孙玉新、王金参和唐晓辉也参加了本书的编写。

本书由青岛港湾职业技术学院王壮臣教授、田来社副教授任主审，他们提出了许多宝贵的意见和建议，对提高本书的质量帮助很大，编者对此表示衷心的感谢！本书的编写还得到了青岛港湾职业技术学院各级领导的热心帮助，在此一并表示衷心感谢！

由于编者水平有限，书中缺点、错误及不妥之处在所难免，恳请广大读者批评指正，并提出宝贵意见和建议。

编　者

# 目　录

# 第 1 章　物体的受力分析与平衡

为了保证机器或结构的正常工作，设计时必须分析各构件的受力情况。当构件平衡时，还要研究其平衡条件，进而确定作用在构件上的未知力。本章所研究的物体只限于刚体。

所谓刚体，就是在力的作用下大小和形状都不变的物体。刚体是一种抽象的力学模型，在实际中并不存在。

所谓平衡，是指物体相对于地球处于静止状态或匀速直线运动状态。平衡是物体各种运动状态中的特殊情形，是相对的。

## 1.1　力

### 1.1.1　力的概念

力的概念是人们从长期的观察和实践中经过抽象而得到的。人们在劳动或日常生活中推、拉、提、举物体时，由于手的作用，可使物体的运动状态发生变化；空中落下的物体，由于地心引力的作用而越落越快。上述物体运动状态的变化是由于物体间的相互作用而产生的，这种作用也称为机械作用。物体间相互的机械作用，还能引起物体的变形，如杆件受拉力作用而伸长，受压力作用而缩短等。所以，力的概念可概括为：力是物体间相互的机械作用，其结果是使物体运动的状态发生变化或使物体发生变形。

这种相互的机械作用对物体产生两种效应，即引起物体机械运动状态的变化或使物体产生变形，前者称为力的外效应或运动效应；后者称为力的内效应或变形效应。

力的作用离不开物体，因此谈到力时，必须指出相互作用的两个物体，并且要根据研究对象的不同来明确受力体和施力体。

由实践可知，作用于物体的力因大小、方向和作用位置的不同，将使物体产生不同的效应。因此，力的大小、方向和作用点是力的三要素。

为了表示力的大小，必须确定力的单位。本书采用国际单位制，以“牛顿”作为力的单位，记作“N”；有时也以“千牛顿”作为单位，记作“kN”。

力的三要素表明力是矢量(简称力矢)。如图 1-1 所示，通常用有向线段表示力，线段 $AB$ 的长度按比例表示力的大小，箭头表示力的方向，$A$ 或 $B$ 表示力的作用点。通过力的作用点沿力的方向的直线称为力的作用线。文字符号用黑斜体字母例如 $\boldsymbol{F}$ 表示力的矢量，而力的大小用普通斜体字母 $F$ 表示。

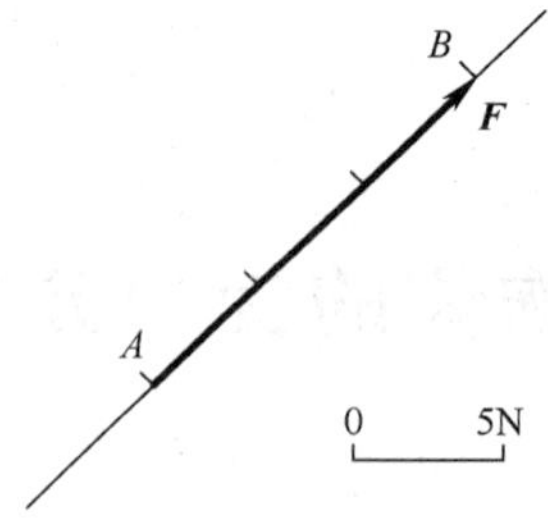


图 1-1　力的表示法

若力 $\boldsymbol{F}$ 在平面 $Oxy$ 中，则其矢量表达式为

$$\boldsymbol{F}=\boldsymbol{F}_x+\boldsymbol{F}_y=F_x i+F_y j \tag{1-1}$$

式中，$\boldsymbol{F}_x$、$\boldsymbol{F}_y$ 分别表示力 $\boldsymbol{F}$ 沿平面直角坐标轴 $x$、$y$ 方向上的两个分力；$F_x$、$F_y$ 分别表示力 $\boldsymbol{F}$ 在坐标轴 $x$、$y$ 上的投影大小；$i$、$j$ 分别为坐标轴 $x$、$y$ 上的单位矢量。

力 $\boldsymbol{F}$ 在坐标轴上的投影方法为：过力矢 $\boldsymbol{F}$ 的起点 $A$ 和终点 $B$，分别向 $x$ 轴作垂线，得垂足 $a$、$b$，则线段 $ab$ 称为力在 $x$ 轴上的投影，以 $\boldsymbol{F}_x$ 表示。同理可得力 $\boldsymbol{F}$ 在 $y$ 轴上的投影为 $\boldsymbol{F}_y$。投影正负号的规定为：由起点 $a$ 到终点 $b$（或 $a'$ 到 $b'$）的指向与坐标轴正向相同时为正，反之为负。设 $\boldsymbol{F}$ 与 $x$ 轴正向的夹角为 $\alpha$，则图 1-2 中力 $\boldsymbol{F}$ 在 $x$ 轴和 $y$ 轴上的投影分别为

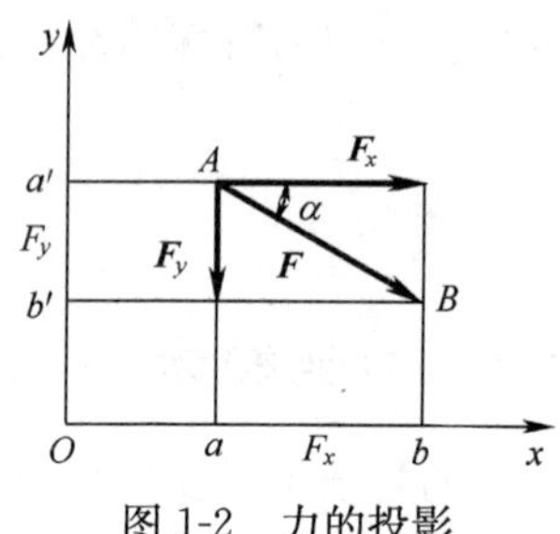


图 1-2　力的投影

$$\begin{cases} F_x=F\cos\alpha \\ F_y=-F\sin\alpha \end{cases} \tag{1-2}$$

若已知力的投影 $F_x$、$F_y$，则力 $\boldsymbol{F}$ 的大小及方向夹角分别为

$$\begin{aligned} F&=\sqrt{F_x^2+F_y^2} \\ \tan\alpha&=\left|\frac{F_y}{F_x}\right| \end{aligned} \tag{1-3}$$

当有 $n$ 个力共同作用时，需要采用合力投影定理。设一刚体上受力系 $\boldsymbol{F}_1$、$\boldsymbol{F}_2$、…、$\boldsymbol{F}_n$ 作用，力系中各力的作用线共面且汇交于同一点（称为平面汇交力系），可将此力系合成为一个合力 $\boldsymbol{F}_R$，且有

$$\boldsymbol{F}_R=\boldsymbol{F}_1+\boldsymbol{F}_2\cdots+\boldsymbol{F}_n=\sum \boldsymbol{F}_i \tag{1-4}$$

可见，平面汇交力系的合力矢量等于力系各分力矢量之和。

根据式(1-2)可得

$$\begin{cases} F_{Rx}=F_{1x}+F_{2x}+\cdots+F_{nx}=\sum F_{ix} \\ F_{Ry}=F_{1y}+F_{2y}+\cdots+F_{ny}=\sum F_{iy} \end{cases} \tag{1-5}$$

式(1-5)称为合力投影定理，即力系的合力在某轴上的投影等于力系中各分力在同轴上投影的代数和。

### 1.1.2　力的性质

实践证明，力具有下述性质：

**性质 1**(二力平衡条件):刚体上仅受两个力作用而平衡的充分必要条件是:此二力必须等值、反向、共线,即 $\boldsymbol{F}_1=\boldsymbol{F}_2$(图 1-3)。只受两个力作用而平衡的刚体称为二力体。如果刚体是杆件,则称为二力杆。

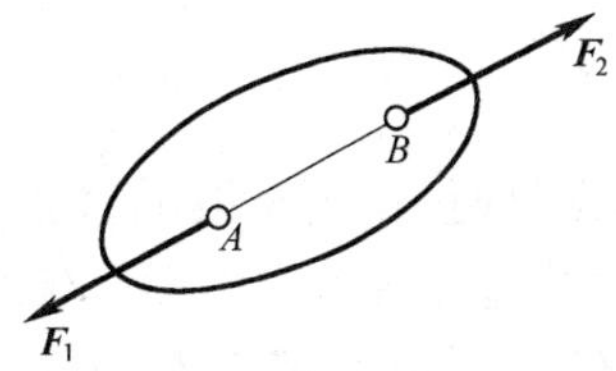


图 1-3　二力平衡

**性质 2**(力的可传性):作用于刚体上的力可沿其作用线移动到该刚体上任一点,而不改变此力对刚体的作用效果(图 1-4)。

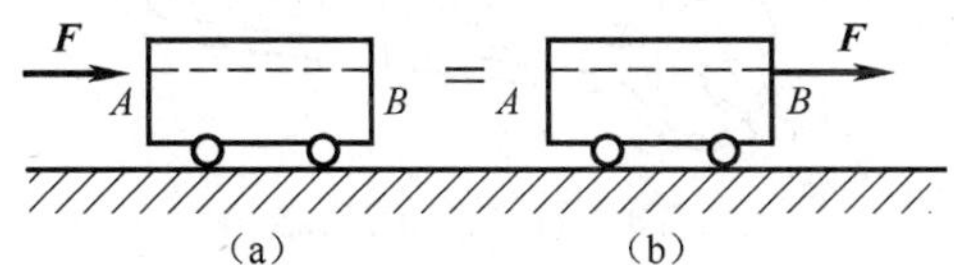


图 1-4　力的可传性

**性质 3**(力的平行四边形法则):作用于物体上同一点的两个力的合力也作用于该点,且合力的大小和方向可用以这两个力为邻边所作的平行四边形的对角线来确定(图 1-5)。该性质说明,力矢量可按平行四边形法则进行合成或分解,合力矢量 $\boldsymbol{F}_R$ 与分力矢量 $\boldsymbol{F}_1$、$\boldsymbol{F}_2$ 间的关系符合合力投影定理运算法则(图 1-6),即

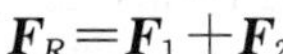

$$\boldsymbol{F}_R=\boldsymbol{F}_1+\boldsymbol{F}_2$$

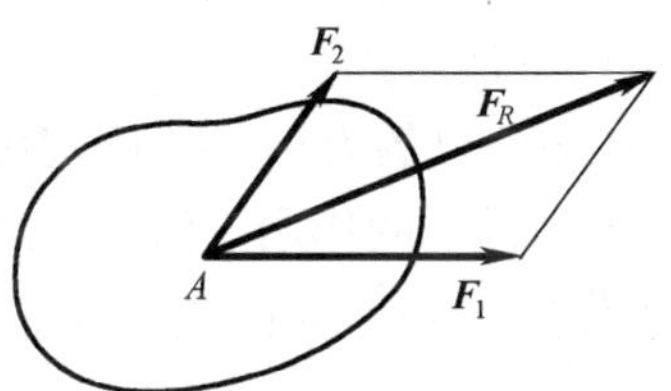


图 1-5　力的合成

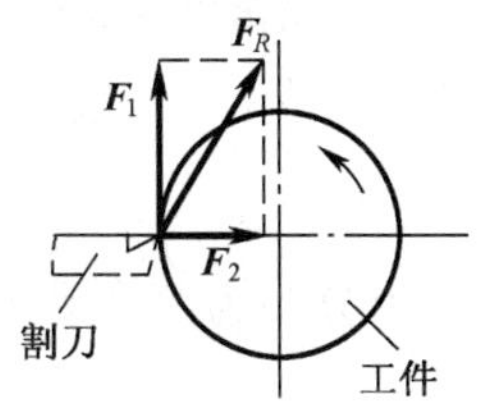


图 1-6　力的分解

**性质 4**(作用与反作用定律):两物体间相互作用的力总是同时存在,并且两力等值、反向、共线、分别作用于两个物体上。这两个力互为作用与反作用。

性质 4 是由牛顿提出的(牛顿第三定律),它概括了自然界中物体间相互作用的关系,表明一切力总是成对出现的,揭示了力的存在形式和力在物体间的传递方式。

## 1.2 力矩和力偶

### 1.2.1 力矩

1. 力矩的概念

如图 1-7 所示，用扳手转动螺母时，作用于扳手 $A$ 点的力 $\boldsymbol{F}$ 可使扳手与螺母一起绕中心点 $O$ 转动。由经验可知，力的这种转动作用不仅与力的大小、方向有关，还与转动中心至力的作用线的垂直距离 $d$ 有关。因此，定义 $\boldsymbol{F}\cdot\boldsymbol{d}$ 为力使物体对点 $O$ 产生转动效应的度量，称为力 $\boldsymbol{F}$ 对点 $O$ 之矩，简称力矩，用 $M_O(\boldsymbol{F})$ 表示，即

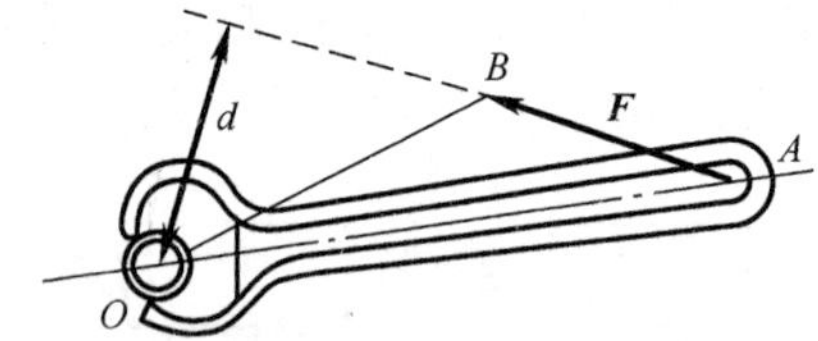


图 1-7　力矩的概念

$$M_O(\boldsymbol{F})=\pm Fd \tag{1-6}$$

式中，$O$ 点为力矩中心，简称矩心；$d$ 为力臂；乘积 $Fd$ 为力矩的大小；符号"±"表示力矩的转向，规定在平面问题中，逆时针转向的力矩取正号，顺时针转向的力矩取负号，故平面上的力对点之矩为代数量。

力矩的单位为 N·m 或 kN·m。

应当注意：一般来说，同一个力对不同点产生的力矩是不同的，因此不指明矩心而求力矩是无任何意义的。在表示力矩时，必须标明矩心。

从力矩的定义可知，力矩有以下性质：

(1)力 $\boldsymbol{F}$ 对 $O$ 点之矩不仅取决于 $\boldsymbol{F}$ 的大小，还与矩心的位置即力臂 $d$ 有关。

(2)力 $\boldsymbol{F}$ 对于任一点之矩，不因该力的作用点沿其作用线移动而改变。

(3)力的大小等于零或力的作用线通过矩心时，力矩等于零。

2. 合力矩定理

若力 $\boldsymbol{F}_R$ 是平面汇交力系 $\boldsymbol{F}_1$、$\boldsymbol{F}_2$、…、$\boldsymbol{F}_n$ 的合力，由于力 $\boldsymbol{F}_R$ 与力系等效，则合力对任一点 $O$ 之矩等于力系各分力对同一点之矩的代数和，即

$$M_O(\boldsymbol{F}_R)=M_O(\boldsymbol{F}_1)+M_O(\boldsymbol{F}_2)+\cdots+M_O(\boldsymbol{F}_n)=\sum M_O(\boldsymbol{F}_i) \tag{1-7}$$

式(1-7)称为合力矩定理。

当力矩的力臂不易求出时，常将力分解为两个易确定的分力(通常是正交分解)，然后应用合力矩定理计算力矩。

**例 1-1**　如图 1-8 所示，数值相同的三个力按不同方式分别施加在同一扳手的 $A$ 端。若 $F=200\text{N}$，试求三种情况下力对点 $O$ 之矩。

**解：**图示三种情况下，虽然力的大小、作用点和矩心均相同，但力的作用线各异，致使力臂均不相同，因而在三种情况下，力对 $O$ 点之矩不同。根据式(1-7)可求出力对点 $O$ 之矩分别为：

(1)图 1-8(a)中，

$$M_O(\boldsymbol{F})=-Fd=-200\times200\times10^{-3}\times\cos30^\circ\approx-34.64(\text{N}\cdot\text{m})$$

(2)图 1-8(b)中，

$$M_O(\boldsymbol{F})=Fd=200\times200\times10^{-3}\times\sin30^\circ=20(\text{N}\cdot\text{m})$$

(3)图 1-8(c)中，

$$M_O(\boldsymbol{F})=-Fd=-200\times200\times10^{-3}=-40(\text{N}\cdot\text{m})$$

由计算结果看出，第三种情况下(力臂最大时)力矩值最大，这与我们的实际体验是一致的。

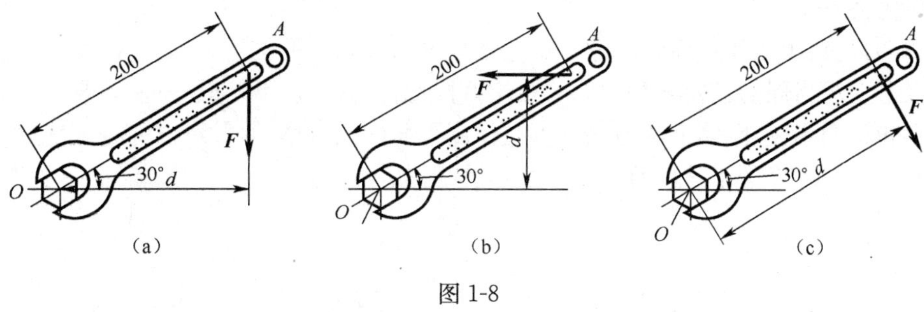


图 1-8

## 1.2.2 力偶

1. 力偶的概念

在生活和生产实践中，常见到某些物体同时受到大小相等、方向相反、作用线互相平行且不共线的两个力作用的情况。例如，人用手拧水龙头时，作用在水龙头上的两个力 $\boldsymbol{F}$ 和 $\boldsymbol{F}'$，如图 1-9(a)、(b)所示；司机用双手转动方向盘的作用力 $\boldsymbol{F}$ 和 $\boldsymbol{F}'$，如图 1-9(c)、(d)所示。

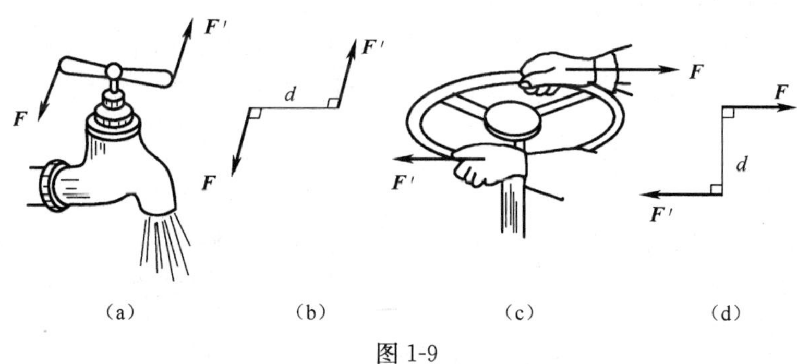


图 1-9

这一对等值、反向、不共线的平行力组成的特殊力系称为力偶，记作$(\boldsymbol{F},\boldsymbol{F}')$。两个或两个以上力偶的组合称为力偶系。

力对刚体的运动效应包括移动和转动两种，但力偶对刚体的作用效应仅仅是使其产生转动。力偶的两力作用线所决定的平面称为力偶的作用面，两力作用线间的垂直距离称为力偶臂。力学中，用力偶的任一力的大小 $F$ 与力偶臂 $d$ 的乘积再冠以相应的正负号，作为力偶在其作用面内使物体发生转动效应的度量，称为力偶矩，记作 $M(\boldsymbol{F},\boldsymbol{F}')$或 $M$，即

$$M(\boldsymbol{F},\boldsymbol{F}')=M=\pm Fd \tag{1-8}$$

式中，符号“±”表示力偶的转向。一般规定，力偶逆时针转动时取正号，顺时针转动时取负号。

力偶矩的单位为 N·m 或 kN·m。

由实践可知，力偶对刚体作用的转动效应取决于力偶的三要素：力偶矩的大小、力偶的转向和力偶作用面的方位。凡是三要素相同的力偶彼此等效。

2. 力偶的基本性质

(1)力偶在任一轴上投影的代数和为零，故力偶无合力，即力偶不能与一个力等效，也不能简化为一个力。

(2)力偶对于其作用面内任意一点之矩与该点(矩心)的位置无关，它恒等于力偶矩。

根据上述力偶的三要素和力偶的性质，可以对力偶做以下等效处理：只要保持力偶矩的大小和转向不变，刚体上的力偶可以在作用平面内任意移动，并可以同时改变力偶中力的大小和力偶臂的长短，而不改变其作用效果。力偶可以用带箭头的弧线表示(图 1-10)。

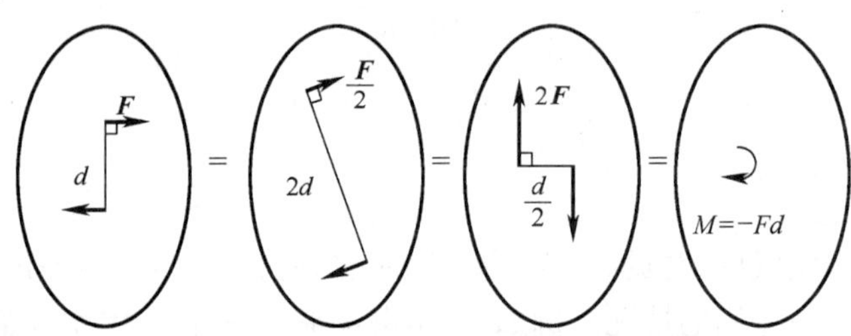


图 1-10　力偶的等效处理

3. 平面力偶系的合成

作用于同一平面内的一组力偶称为平面力偶系。可以证明，平面力偶系可以合成为一个合力偶，此合力偶之矩等于原力偶系中各力偶之矩的代数和。即

$$M=M_1+M_2+\cdots+M_n=\sum M_i \tag{1-9}$$

4. 力的平移定理

作用在刚体上的力可以从原作用点等效地平行移动到刚体内任一指定点，但必须在该力与指定点所决定的平面内附加一力偶，其力偶矩等于原力对指定点之矩。这就是力的平移定理，其证明过程如图 1-11 所示。

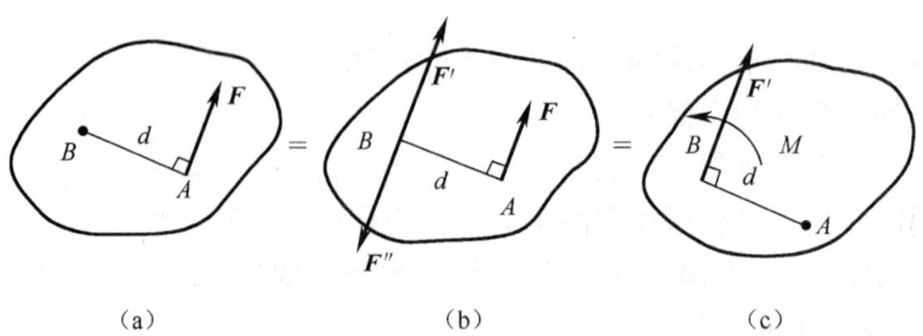


图 1-11　力的平移定理

## 1.3 物体的受力分析与受力图

### 1.3.1 约束和约束力

自然界的一切事物总是以各种形式与周围的事物互相联系又互相制约的。在工程上，各种构件的运动都受到与它相联系的其他构件的限制。一个物体的运动受到周围其他物体的限制，这种限制条件称为约束。如前所述，力的作用是使刚体的运动状态发生变化，而约束的存在限制了物体的运动，于是，约束一定有力作用于被约束的物体上，约束作用于该物体上的限制其运动的力，称为约束力。作用于被约束物体上的约束力以外的力统称为主动力，如重力、推力等。可见，在约束力的三要素中，约束力的大小是未知的，它与主动力的值有关；约束力的方向与物体被限制的运动方向相反；约束力的作用点在约束与被约束物体的接触处。

下面介绍几种在工程中常遇到的简单的约束类型和确定约束力方向的方法。

1. 柔索约束

属于这类约束的有绳索、链条和胶带等。柔索本身只能承受拉力，不能承受压力。其约束特点是限制物体沿着柔索伸长方向的运动，因此它只能给物体提供拉力，这类约束的约束力常用符号 $\boldsymbol{F}$ 表示。

如图 1-12(a)所示，起吊一减速箱箱盖，链条对箱盖的约束力作用在链条与箱盖的接触点上，方向沿着链条的中心线，指向背离受力体。当链条或皮带绕过轮子时，约束力沿轮缘的切线方向，如图 1-12(b)所示。

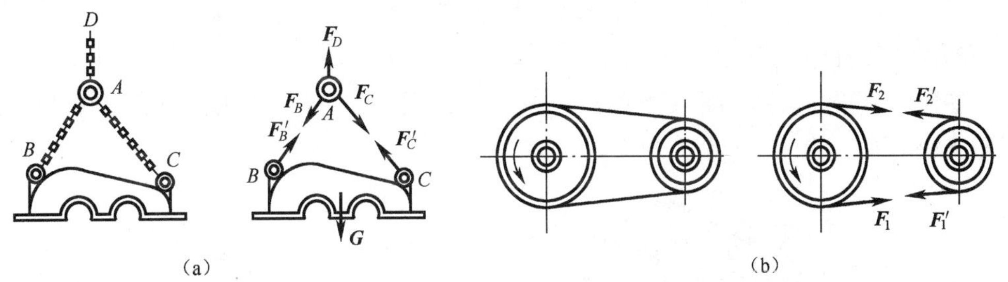


图 1-12 柔性约束

2. 光滑接触面约束

当两物体接触面上的摩擦力可略去不计时，即构成光滑接触面(简称光滑面)约束。此时，被约束的物体可以沿接触面滑动或沿接触面的公法线方向脱离，但不能沿公法线方向压入接触面。因此，光滑接触面约束力的作用线沿接触面公法线方向，指向被约束物体，恒为压力，称为法向约束力，常用 $\boldsymbol{F}_{\mathrm{N}}$ 表示，如图 1-13 所示。

3. 圆柱形铰链约束

两个带有圆孔的物体用光滑圆柱形销钉相连接，受约束的两个物体都只能绕销钉轴线转动。此时，销钉便对被连接的物体沿垂直于销钉轴线方向的移动形成约束，称为圆柱形铰链约束。

一般根据被连接物体的形状、位置及作用，圆柱形铰链约束可分为以下几种形式。

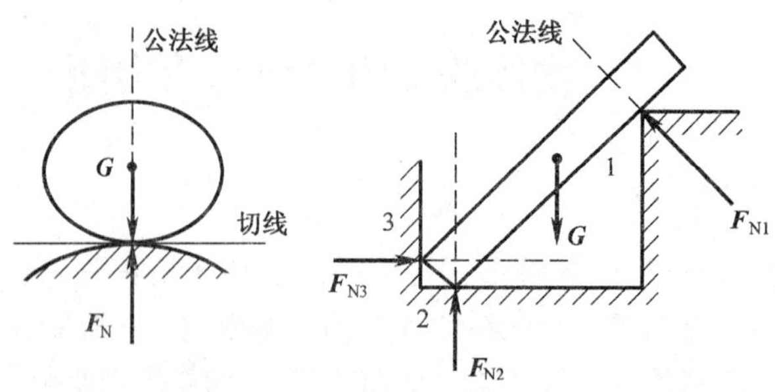


图 1-13　光滑接触面约束

1)中间铰链约束

图 1-14 所示的中间铰链约束结构本质上属于光滑面约束,但由于接触点不定,故中间铰链对物体的约束力特点是作用线通过销钉中心,垂直于销钉轴线,方向不定,可表示为如图 1-14(d)所示的单个力 $\boldsymbol{F}$ 和未知角 $\alpha$ 或正交分力 $\boldsymbol{F}_x$、$\boldsymbol{F}_y$。

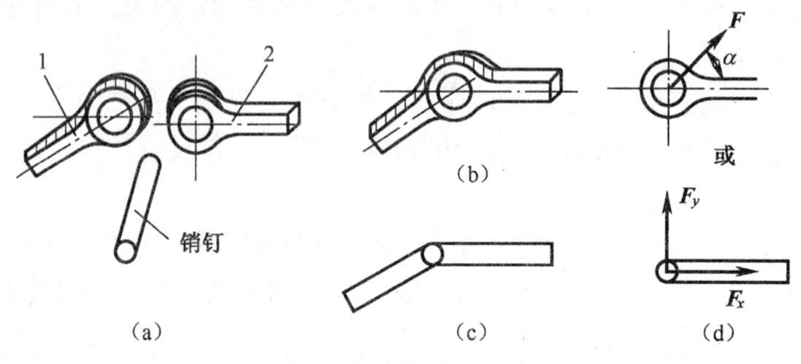


图 1-14　中间铰链约束

2)固定铰链约束

如图 1-15 所示,将中间铰链结构的中杆换成支座,且与基础固定在一起,则构成固定铰链支座约束。约束力的特点与中间铰链相同。

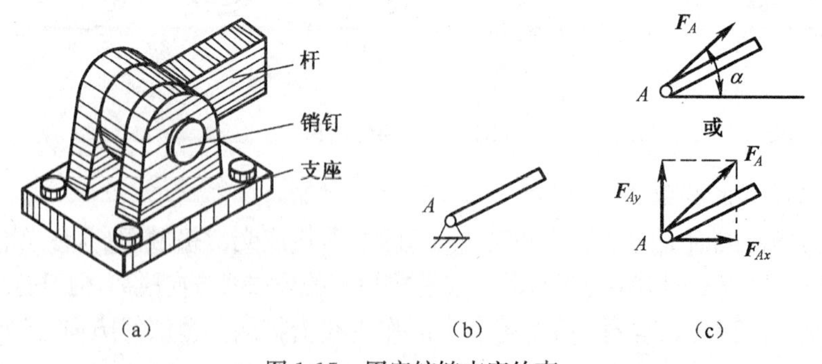


图 1-15　固定铰链支座约束

3)活动铰链支座约束

将固定铰链支座底部安放若干滚子,并与支承面接触,则构成活动铰链支座,又称辊轴支座。活动铰链支座只能限制构件沿支承面垂直方向的移动,不能阻止物体沿支承面的运动或绕销钉轴线的转动。因此,其约束力通过销钉中心,垂直于支承面,指向不定,如图 1-16 所示。

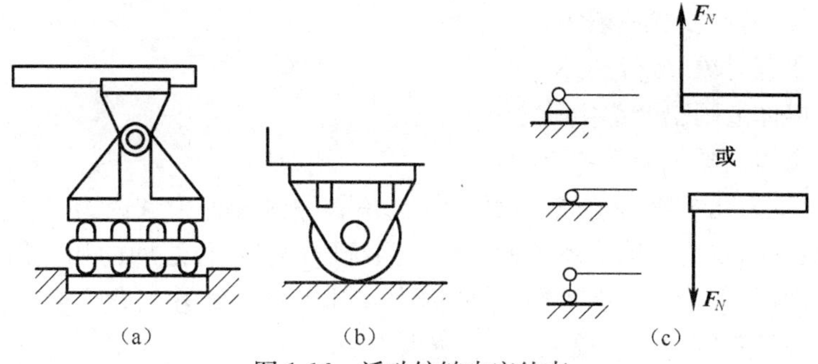

图 1-16　活动铰链支座约束

4)二力杆约束

不计自重,两端均用铰链的方式与周围物体相连接,且不受其他外力作用的杆件,称为链杆。它是二力杆或二力构件。

根据二力平衡条件,链杆的约束力必沿杆件两端铰链中心的连线,指向不定,如图1-17 所示。

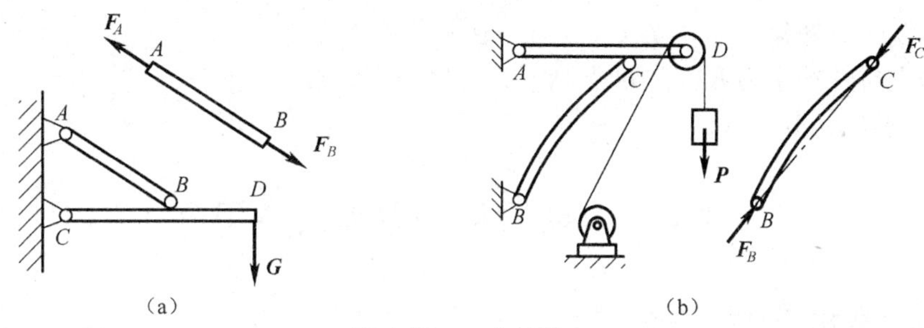

图 1-17　二力杆约束

4. 固定端约束

建筑物上的阳台、车床上的刀具、立于路边的电线杆等均不能沿任何方向移动或转动,构件所受到的这种约束称为固定端约束。约束力如图 1-18 所示,用两个正交分力 $\boldsymbol{F}_{Ax}$、$\boldsymbol{F}_{Ay}$ 表示限制构件移动的约束作用,一个约束力偶 $M_A$ 表示限制构件转动的约束作用。

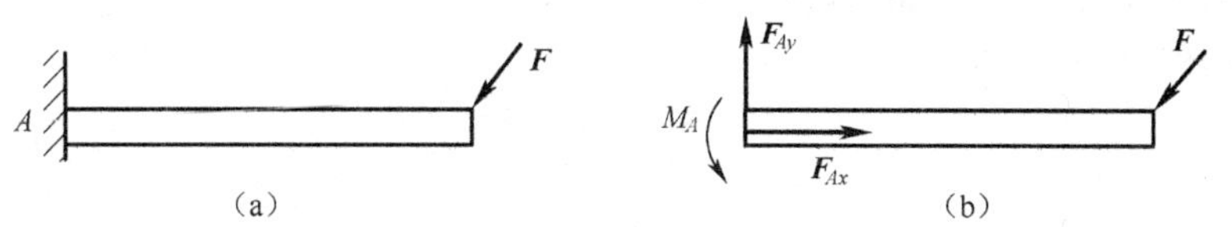

图 1-18　固定端约束

## 1.3.2　受力图

解决静力学问题时,首先要明确研究对象,再考虑它的受力情况,然后用相应的平衡方程计算。工程中的结构与机构十分复杂,为了清楚地表达出某个物体的受力情况,必须将它从与其相联系的物体中分离出来。分离的过程就是解除约束的过程。在解除约束的地方用相应的约束力来代替约束的作用。被解除约束后的物体叫分离体。在分离体上画出物体所受的全部主动力和约束力,该图称为研究对象的受力图。以上整个过程就是对所研究的对象进行受力分析。

画受力图的基本步骤一般为：

(1)确定研究对象，取分离体；

(2)在分离体上画出全部主动力；

(3)在分离体上画出全部约束力。

如研究对象为几个物体组成的物体系统，还必须区分外力和内力。物体系统以外的周围物体对系统的作用力称为系统的外力。系统内部各物体之间的相互作用力称为系统的内力。随着所取系统的范围不同，某些内力和外力也会相互转化。由于系统的内力总是成对出现的，且等值、共线、反向，在系统内自成平衡力系，不影响系统整体的平衡，因此，当研究对象是物体系统时，只画作用于系统上的外力，不画系统的内力。下面举例说明受力图的画法。

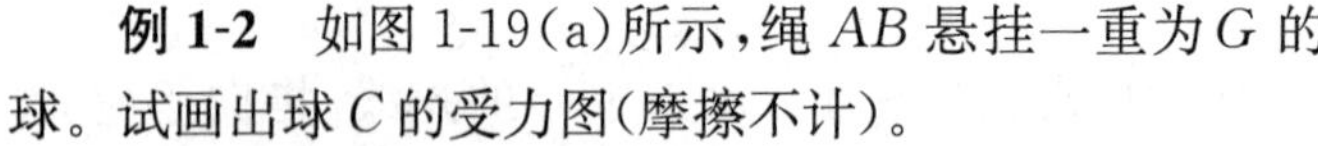

**例 1-2** 如图 1-19(a)所示，绳 $AB$ 悬挂一重为 $G$ 的球。试画出球 $C$ 的受力图(摩擦不计)。

**解**：以球为研究对象，画出球的分离体图。

在球心点 $C$ 处标上主动力 $\boldsymbol{G}$(重力)；在解除约束的点 $B$ 处画上柔性约束力 $\boldsymbol{F}_B$，在 $D$ 点画上光滑接触面约束力 $\boldsymbol{F}_{\mathrm{ND}}$，如图 1-19(b)所示。

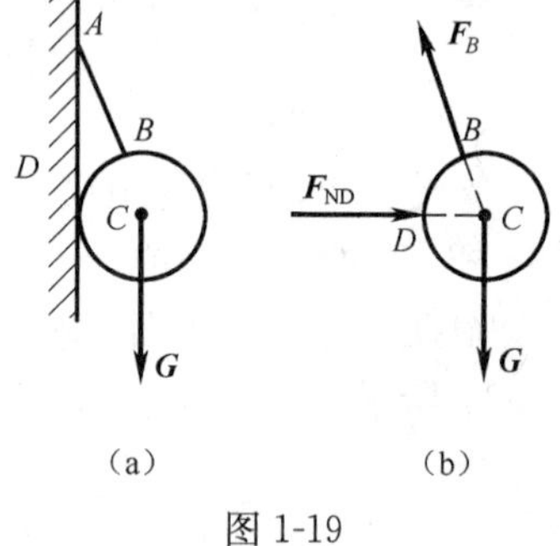


图 1-19

## 1.4 力系的平衡方程及应用

### 1.4.1 力系的平衡方程

力系按作用线的分布情况分类可分为：①各力的作用线都在同一平面内的力系，称为平面力系；②各力的作用线不在同一平面内的力系，称为空间力系。在这两类力系中，作用线交于一点的力系称为汇交力系；作用线相互平行的力系称为平行力系；作用线任意分布(既不完全交于一点又不完全平行)的力系称为任意力系。各种力系经过简化和对简化结果的讨论，可得出如下平衡方程：

(1)平面汇交力系的平衡方程：

$$\sum F_x = 0$$
$$\sum F_y = 0$$

(2)平面平行力系的平衡方程：

$$\sum F_x = 0 (\text{或} \sum F_y = 0)$$
$$\sum M_o(F) = 0$$

(3)平面任意力系的平衡方程：

$$\sum F_x = 0$$
$$\sum F_y = 0$$
$$\sum M_o(F) = 0$$

(4)空间任意力系的平衡方程：

$$\sum F_x = 0, \sum F_y = 0, \sum F_z = 0$$

$$\sum M_x(\boldsymbol{F}) = 0, \sum M_y(\boldsymbol{F}) = 0, \sum M_z(\boldsymbol{F}) = 0$$

在应用平衡方程解平衡问题时，应注意以下几个问题：

(1)为了使计算简化，一般应将矩心选在几个未知力的交点上，并尽可能使较多的力的作用线与投影轴垂直或平行。

(2)计算力矩时，如果力臂不易计算，而它的正交分力的力臂容易求得，则可以用合力矩定理计算。

(3)解题前应先判断系统中的二力构件或二力杆。

(4)在解具体问题时，应根据已知条件和便于解题的原则，选用平衡条件的一种形式。

## 1.4.2 力系平衡方程的应用

综上所述，各种力系有其对应的平衡方程组，皆可解与其平衡方程组对应的未知数，应用这种方法可确定工程中构件在平衡时的未知力。具体解题步骤如下：

(1)确定研究对象，画受力图。应将已知力和未知力共同作用的物体作为研究对象，选取分离体画受力图。

(2)选取投影坐标轴和矩心，列平衡方程。列平衡方程前应先确定力的投影坐标轴和矩心的位置。恰当选取坐标轴的矩心可使单个平衡方程中未知量的个数减少，便于求解。

(3)求解未知量，讨论结果。将已知条件代入方程式中，联立方程求解未知量。必要时可对影响求解结果的因素进行讨论；计算结果中出现负号时，说明所设方向与实际受力方向相反。

**例 1-3** 如图 1-20(a)所示。已知梁长 $l$=2m，$F$=100N，求固定端 $A$ 处的约束力。

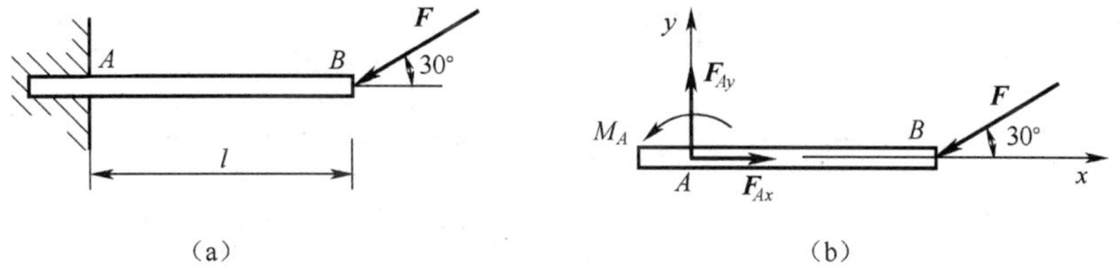


图 1-20 求固定端的约束力

**解**：(1)取梁为分离体，画受力图。梁受到 $B$ 端已知力 $\boldsymbol{F}$ 和固定端点 $A$ 的约束力 $\boldsymbol{F}_{Ax}$、$\boldsymbol{F}_{Ay}$，受到约束力偶 $M_A$ 的作用，是平面任意力系，如图 1-20(b)所示。

(2)建立直角坐标系 $Axy$，列平衡方程：

$$\sum F_x = 0, F_{Ax} - F\cos 30^\circ = 0$$

$$\sum F_y = 0, F_{Ay} - F\sin 30^\circ = 0$$

$$\sum M_A(F) = 0, M_A - Fl\sin 30^\circ = 0$$

(3)求解未知量

将已知条件 $l$=2m，$F$=100N 分别代入平衡方程，解得

$$F_{Ax} \approx 86.6\text{N}$$

$$F_{Ay}=50.0\text{N}$$

$$M_A=100\text{N}\cdot\text{m}$$

计算结果均为正,说明各未知量的实际方向均与假设方向相同。

## 思考与练习题

1.“合力一定比分力大”这种说法对不对?为什么?试举例说明。

2. 凡两端用铰链连接的直杆均为二力杆,对吗?

3. 试将作用于点 $A$ 的力 $\boldsymbol{F}$ 依下述条件分解为两个力:(1)沿 $AB$、$AC$ 方向(图 1-21(a));(2)已知分力 $\boldsymbol{F}_1$(图 1-21(b));(3)一分力沿已知方位 $MN$,另一分力要数值最小(图 1-21(c))。

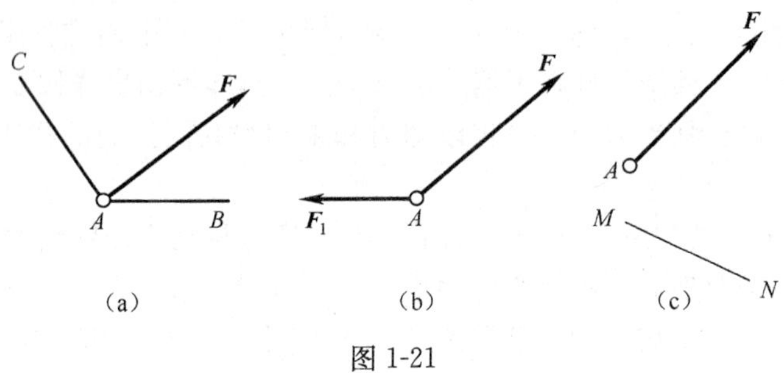


图 1-21

4. 力偶可不可以用力来平衡,为什么?

5. 试求图 1-22 所示各种情况下力 $\boldsymbol{F}$ 对点 $O$ 的力矩。

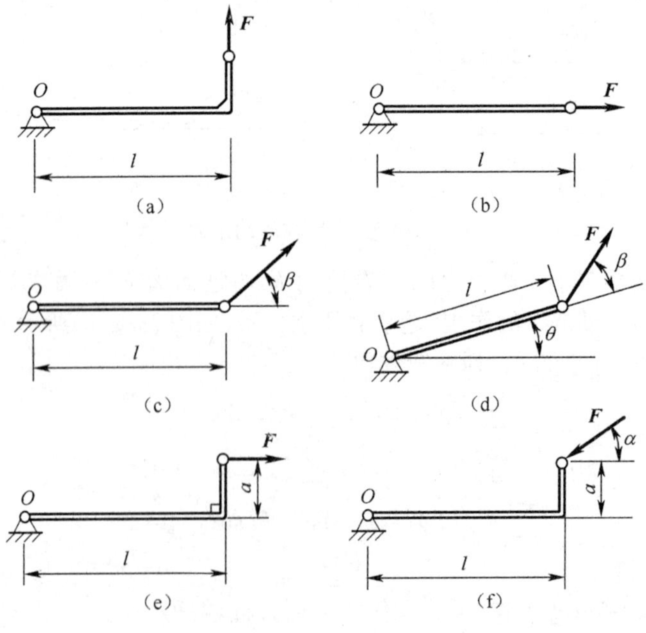


图 1-22

6. 画出图 1-23 所示结构中指定物体的受力图。

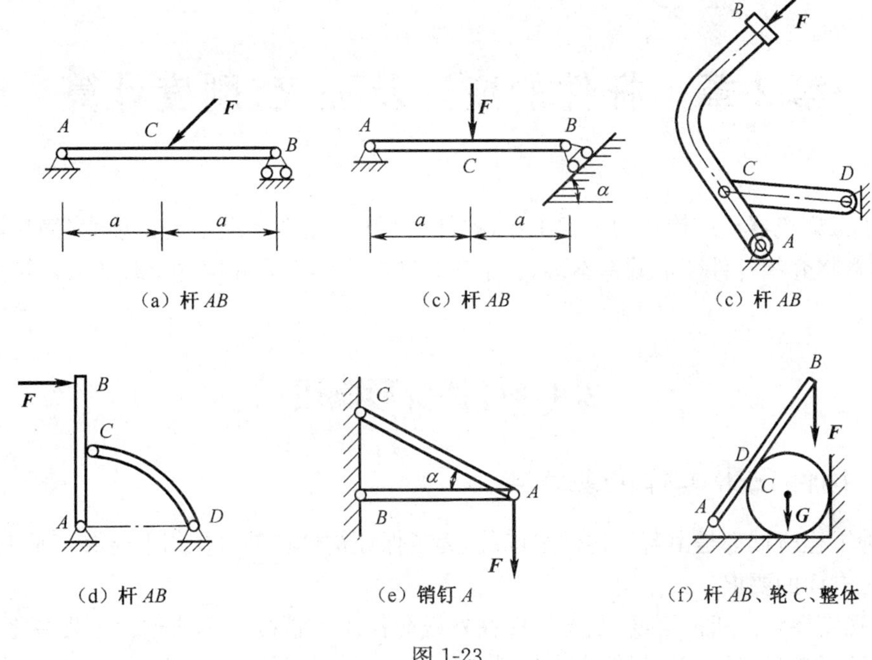


图 1-23

7. 如图 1-24 所示，已知梁受载荷，试求支座的约束力。

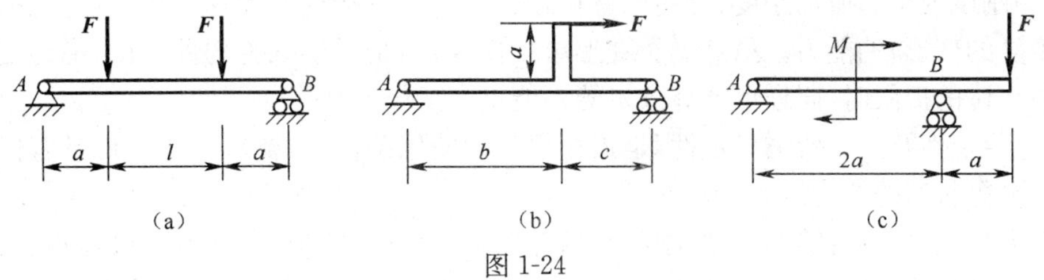


图 1-24

# 第 2 章　杆件的变形及强度、刚度计算

为了保证机器或结构物的正常工作，构件必须有足够的承受载荷的能力（简称承载能力）。本章将介绍杆件变形的基本形式、金属材料的力学性质和构件承载能力计算的基础理论。

## 2.1　杆件变形概述

### 2.1.1　构件正常工作的基本要求

各种工程机械都是由若干构件组成的，为了保证构件在外力作用下能够正常工作，必须满足三方面的要求：

(1)强度要求。所谓强度，是指构件在外载荷作用下抵抗破坏或过大塑性变形（外载荷去掉后不能恢复的变形）的能力。构件发生断裂或发生过量塑性变形势必影响其正常工作。

(2)刚度要求。所谓刚度，是指构件在外载荷作用下抵抗过大弹性变形（外载荷去掉后能恢复的变形）的能力。虽然这类变形可以恢复，但是对于某些构件来说，弹性变形超过某一允许的极限时，同样可能导致机器不能正常工作。

(3)稳定性要求。所谓稳定性，是指在规定的使用条件下，要求受压构件具有保持原有直线平衡状态的能力。

综上所述，具有足够的强度、刚度和稳定性是设计构件时必须满足的最基本、最主要的条件。在设计构件时，不仅要满足安全的因素，还要考虑经济的因素。本章的学习任务是在保证构件既安全又经济的前提下，建立构件强度、刚度和稳定性计算的理论基础，从而为构件的选材及合理的截面形状与尺寸的设计提供依据。

### 2.1.2　变形固体及其基本假设

自然界中的一切物体，在外力作用下或多或少都会产生变形。在第 2 章中，由于变形对平衡问题的研究影响不大，所以把物体视为刚体。而在本章中，要研究强度、刚度和稳定性问题，物体的变形是不可忽略的。所以，通常把构成构件的材料视为变形固体。

为了便于分析和简化计算，常略去变形固体的一些次要性质。为此，对变形固体做以下假设：

(1)均匀性假设。认为构成变形固体的物质毫无空隙地充满整个几何容器，并且各处具有相同的性质。

(2)各向同性假设。认为材料在各个不同的方向具有相同的力学性能。

实践证明，根据上述假设所建立的理论和计算的精度是符合工程要求的。

## 2.1.3 杆件变形的基本形式

在机器或结构物中，构件的形式是多种多样的，若构件的长度远大于横截面的尺寸，则称为杆件或杆。轴线为直线的杆件称为直杆。各横截面的形状、尺寸完全相同的杆件称为等截面杆，否则称为变截面杆。

杆件在工作时的受力情况是各不相同的，受力后所产生的变形也不相同。对于杆件来说，其受力后所产生的变形有以下几种基本形式：

(1)轴向拉伸与压缩。例如，简易吊车的拉杆和压杆受力后的变形就属于轴向拉伸或压缩变形(图 2-1)。

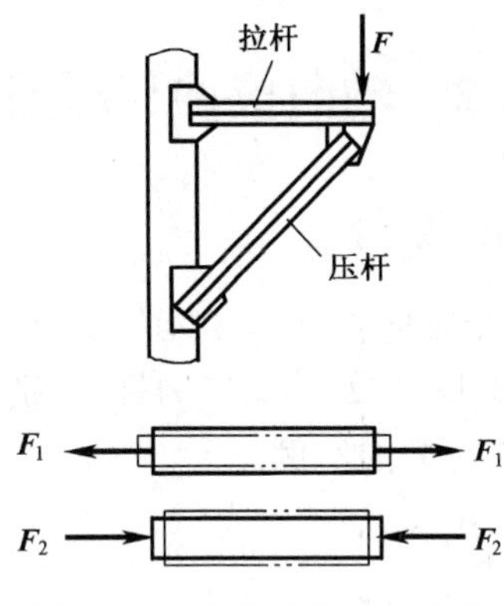


图 2-1　轴向拉伸与压缩变形

(2)剪切。例如，铆钉连接中的铆钉受力后的变形就属于剪切变形(图 2-2)。

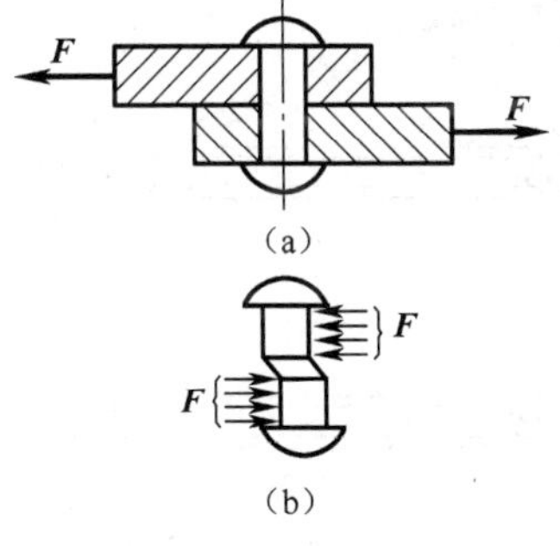


图 2-2　剪切变形

(3)扭转。例如，机器中的传动轴受力后的变形就属于扭转变形(图 2-3)。

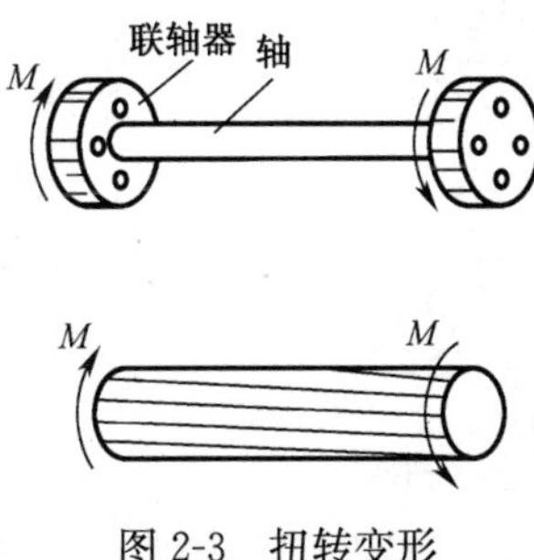


图 2-3　扭转变形

(4)弯曲。例如,桥式起重机的横梁受力后的变形就属于弯曲变形(图 2-4)。

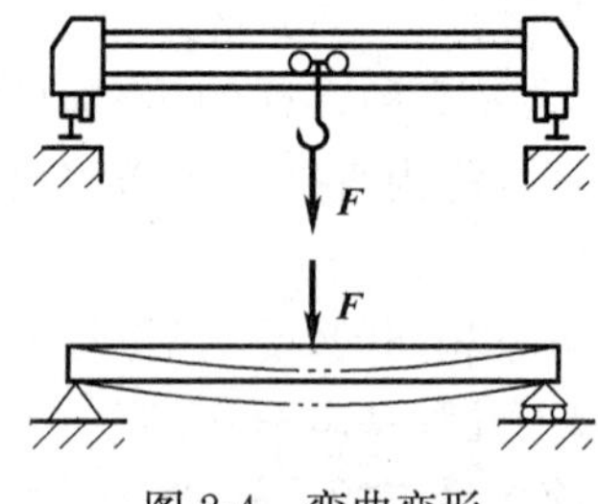


图 2-4 弯曲变形

杆件的变形比较复杂时,是这几种基本变形的组合,称为组合变形。

# 2.2 轴向拉伸与压缩

## 2.2.1 轴向拉伸与压缩的概念

在机器和结构物中,杆件承受轴向拉伸与压缩的实例是很多的。图 2-5 所示的起重机吊架中,当不计杆的自重时,杆 $BC$、$AB$ 均为二力杆,分别受到轴向拉伸与压缩。图 2-6 所示内燃机连杆也是轴向拉伸与压缩的实例。

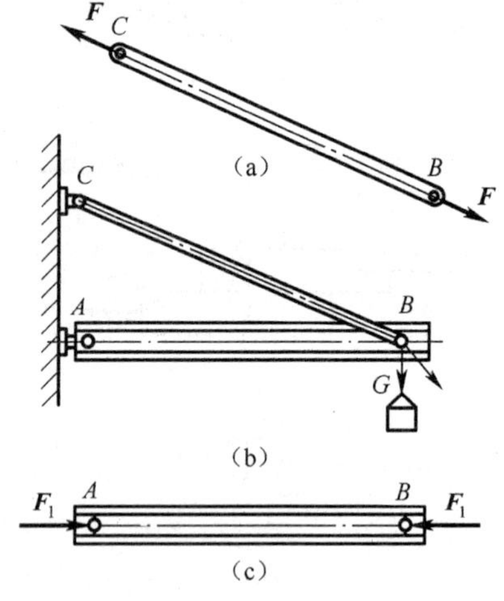


图 2-5 起重机吊架

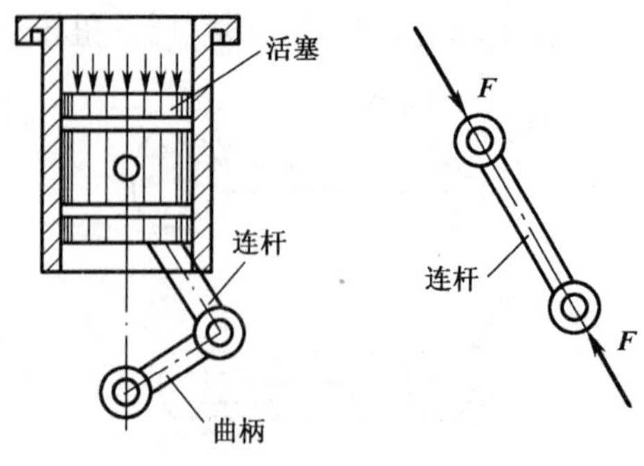


图 2-6 内燃机

上述两例中的杆件均可抽象为等直杆。它们的受力特点是作用于杆件上的外力(或外力的合力)的作用线与杆件的轴线重合;变形特点是沿轴线方向伸长或缩短。这种变形形式称为轴向拉伸或压缩。

所以,若把这些杆件的形状和受力情况进行简化,都可以简化成图 2-7 所示的受力简图。图中实线表示受力前的形状,虚线表示受力变形后的形状。

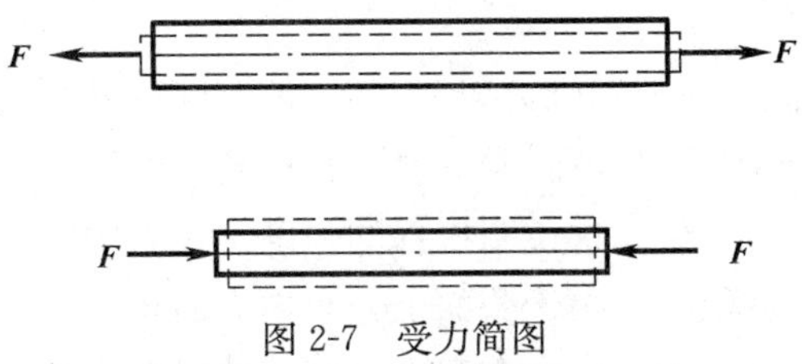

图 2-7　受力简图

## 2.2.2 横截面上的内力和应力

1. 截面法和轴力

在外力作用下,构件发生变形,同时,构件内部相连各部分之间产生相互作用。这种由于外力的作用而引起的构件内部相互作用力的改变,称为附加内力,简称内力。内力由外力引起,随外力的增大而增大,当增大到某一极限值时,构件将发生破坏。

由刚体静力学可知,为了分析两物体之间的相互作用力,必须将两物体分离。同样,要分析构件的内力,也必须假想地沿某一截面将杆件切开。由连续性假设可知,内力是作用在切开截面上的连续分布力。

求内力的方法就是截面法。下面求如图 2-8(a)所示的两端受拉力 $\boldsymbol{F}$ 作用的杆件任一横截面 $m$—$m$ 上的内力。为了求出横截面上的内力,可假想地用与杆件轴线垂直的平面在 $m$—$m$ 截面处将杆件截开,取左段为研究对象(图 2-8(b)),用分布内力的合力 $\boldsymbol{F}_N$ 来代替右段对左段的作用,建立平衡方程,可得 $\boldsymbol{F}_N=\boldsymbol{F}$。

若取右段为研究对象(图 2-8(c)),建立平衡方程,计算可得 $\boldsymbol{F}'_N=\boldsymbol{F}$。

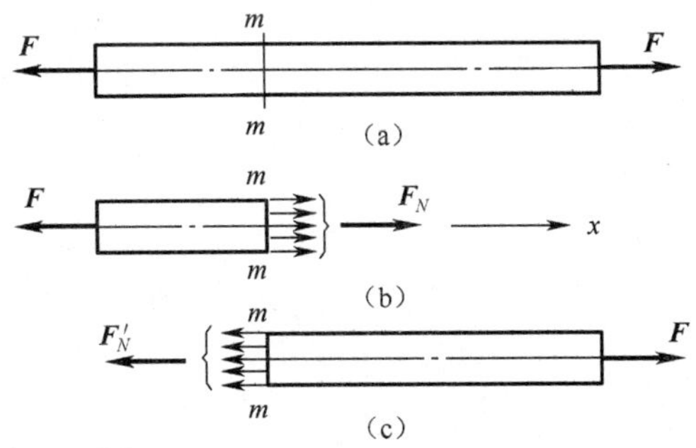

图 2-8　截面法求轴力

上述假想地把杆件分成两部分,以显示并确定内力的方法称为截面法。截面法是分析杆件内力的基本方法,其过程一般包括以下三个步骤:

(1)假想截开。在需要求内力的截面位置,假想地将杆截成两部分。

(2)保留代换。将两部分中的任意部分留下,并把移去部分对留下部分的作用力以杆在截面上的内力代替。

(3)平衡求解。建立留下部分的平衡方程，根据其上的已知外力计算杆在截面上的未知内力。

由于 $\boldsymbol{F}_N$ 与轴线重合，故称为轴力。通常规定：拉伸时轴力指出截面为正；压缩时轴力指向截面为负。如果将轴力方向总是设定为指出截面，那么计算结果为正值，则轴力为拉力；计算结果为负值，则轴力为压力。

2. 横截面上的应力

在确定了拉(压)杆横截面上的轴力以后，还不能判断杆件是否有足够的强度。例如，用同一材料制成粗细不同的两根杆在相同的拉力下，两杆的轴力自然是相同的，但当拉力逐渐增大时，细杆必定先被拉断。这说明拉杆的强度不仅与轴力的大小有关，而且与横截面面积有关，即构件的危险程度取决于截面上分布内力的集度，而不是取决于分布内力的总合。为此，引入了应力的概念。内力在截面上分布的集度称为应力。

通常，截面上一点处的应力可分解为垂直于截面的正应力 $\sigma$ 和相切于截面的切应力 $\tau$，如图 2-9 所示。

在我国法定计量单位中，应力的单位为 Pa($N/m^2$)，称为帕斯卡，简称帕。常用单位还有 kPa、MPa、GPa，其中 $1kPa=10^3Pa$，$1MPa=10^6Pa$，$1GPa=10^9Pa$。工程上常用单位是 MPa($N/mm^2$)。

欲求横截面上的应力，必须研究横截面上轴力的分布规律。图 2-10 所示为一受拉等截面直杆，受力前在杆的表面画上与轴线平行的纵向直线 $ac$、$bd$ 和与轴线垂直的横向直线。受拉后观察到，横向线仍相互平行；纵向线移至 $a'c'$、$b'd'$ 位置，但仍为直线。由此可知，各纵向线的伸长量均相等。不难想象，垂直于杆件轴线的横截面在变形后仍为一平面。由此可以推断出，内力在横截面上是均匀分布的，这一结论已被实验所证实。即横截面上各点处的应力大小相等，其方向与横截面上轴力 $\boldsymbol{F}_N$ 一致，故为正应力，即

$$\sigma=\frac{F_N}{A} \tag{2-1}$$

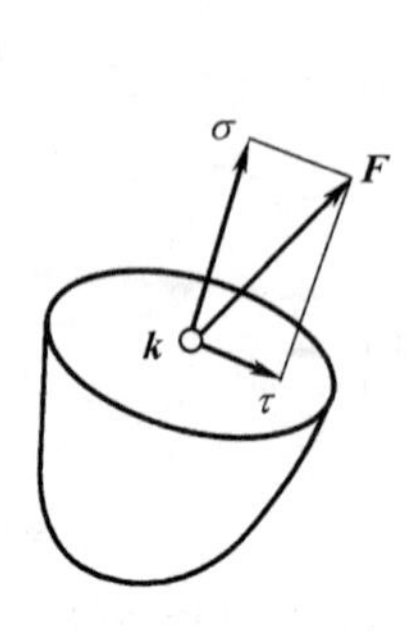


图 2-9 应力分解

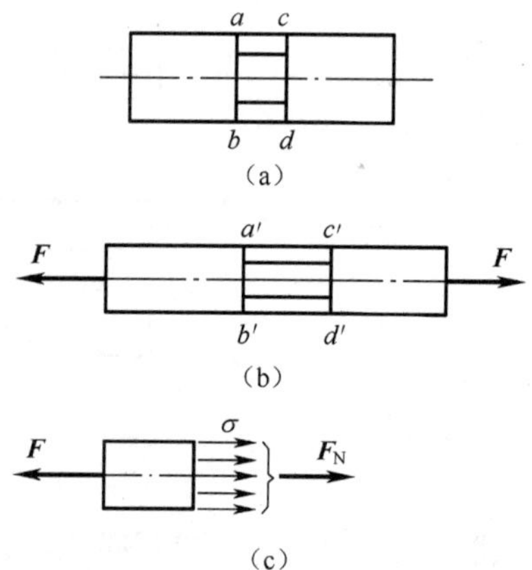


图 2-10 拉伸变形实验

式中，$A$ 为杆横截面面积。正应力的正负号与轴力的正负号一致，即拉应力为正，压应力为负。

### 2.2.3 金属材料的力学性能

材料的力学性能是指材料在外力作用下，在变形和破坏方面表现出的种种性能。

材料的力学性能是通过试验方法得出的。试验不仅是确定材料的力学性能的唯一方法，也是建立理论和验证理论的重要手段。下面讨论在常温、静载下材料的力学性能。

为便于比较试验结果，将材料按国家标准《金属材料拉伸试验法》(GB/T 228—1987)制成标准试件。一般金属材料采用圆形截面试件(图 2-11)。

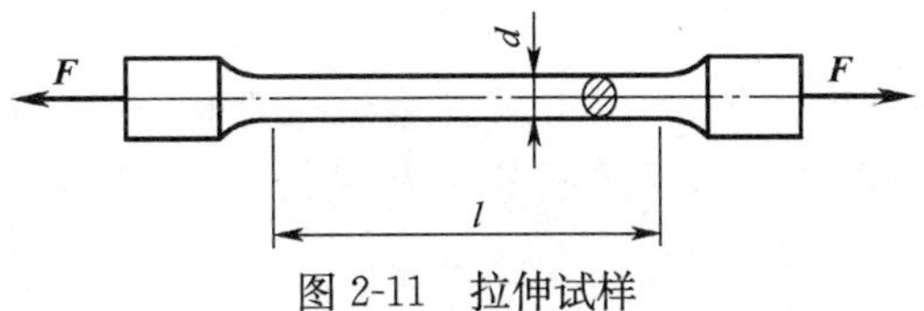


图 2-11　拉伸试样

用划线与打冲眼等方法，在试件表面确定一有效工作总长度 $l_0$(标距)。按规定，圆形试件的标距 $l_0$ 与横截面直径 $d_0$ 的关系为 $l_0=10d_0$ 或 $l_0=5d_0$。用于测定压缩试验力学性能的试件为短圆柱，其高度 $h$ 为直径 $d$ 的 1.5～3 倍，短试件能防止受轴向压力时丧失稳定而变弯。

1. 低碳钢拉伸时的力学性能

碳的质量分数 $\omega<0.25\%$ 的钢称为低碳钢。低碳钢是机械工程中最常用的钢材之一，它所表现出的力学性能比较全面也比较典型。将低碳钢制成标准试样，在室温下把试样装入拉伸试验机的夹头上，缓慢加载，并记录下拉力 $\boldsymbol{F}$ 与对应标距 $l$ 的伸长量 $\Delta l$ 之间的关系。若以纵坐标表示拉力 $\boldsymbol{F}$、横坐标表示伸长量 $\Delta l$，便可得到 F-$\Delta l$ 曲线图(图 2-12(a))。为了消除试样尺寸的影响，将载荷 $\boldsymbol{F}$ 除以试样原来的横截面面积 $A$，得到应力；将变形 $\Delta l$ 除以试样的原长 $l$，得到应变 $\varepsilon$，这样得到的曲线称为应力-应变曲线($\sigma$-$\varepsilon$ 曲线)。$\sigma$-$\varepsilon$ 曲线的形状与 $F$-$\Delta l$ 曲线相似(图 2-12(b))。

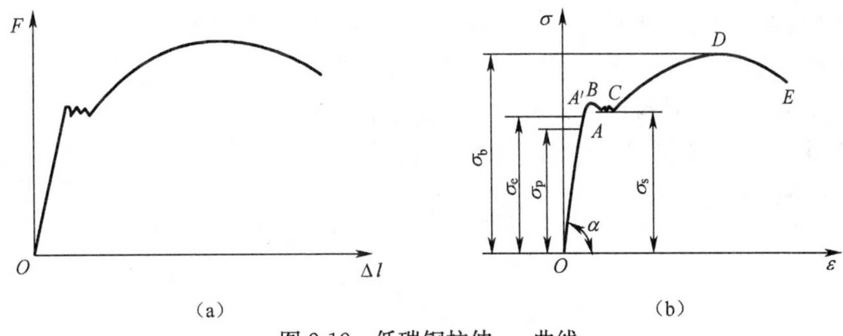


图 2-12　低碳钢拉伸 $\sigma$-$\varepsilon$ 曲线

下面来讨论应力-应变曲线，它大致可分为四个阶段：

(1)弹性阶段。图 2-12(b)中 $OA$ 为一直线段，说明该段内应力和应变成正比。直线部分的最高点 $A$ 所对应的应力值 $\sigma_P$，称为比例极限。当应力超过比例极限后，图中的 $AA'$ 段已不是直线，但当应力值不超过 $A'$ 点所对应的应力 $\sigma_e$ 时，如将外力卸去，试样的变形也随之消失，即为弹性变形，$\sigma_e$ 称为弹性极限。比例极限和弹性极限的概念不同，但实际上 $A$ 点和 $A'$ 点非常接近，工程上对两者不作严格区分。

(2)屈服阶段。当应力超过弹性极限后，图上出现接近水平的小锯齿形波动段 $BC$，这种应力变化不大而应变显著增加的现象称为材料的屈服。$BC$ 段对应的过程为屈服阶段；屈服阶段的最低应力值 $\sigma_s$ 称为材料的屈服极限。

(3)强化阶段。屈服阶段后，材料抵抗变形的能力有所恢复。这种材料恢复抵抗变形能力的现象称为材料的强化，$CD$ 段对应的过程称为材料的强化阶段。曲线最高点 $D$ 所对应的应力值 $\sigma_b$ 称为材料的强度极限，是材料所能承受的最大应力。

(4)缩颈阶段。应力达到强度极限后，在试样较薄弱的截面处发生急剧的局部收缩，出现缩颈现象。从试验机上则可看到试样所受拉力逐渐降低，最终试样被拉断。曲线上为一段下降曲线 $DE$。

试样拉断后，弹性变形消失，残留下来的是塑性变形，其大小可用来衡量材料的塑性。常用的塑性指标(图 2-13)为伸长率 $\delta$ 和断面收缩率 $\Psi$，分别为

$$\delta=\frac{l_1-l}{l}\times 100\% \tag{2-2}$$

$$\Psi=\frac{A-A_1}{A}\times 100\% \tag{2-3}$$

式中 $l$——标距原长；

$l_1$——拉断后标距的长度；

$A$——试样初始横截面面积；

$A_1$——拉断后缩颈处的最小横截面面积。

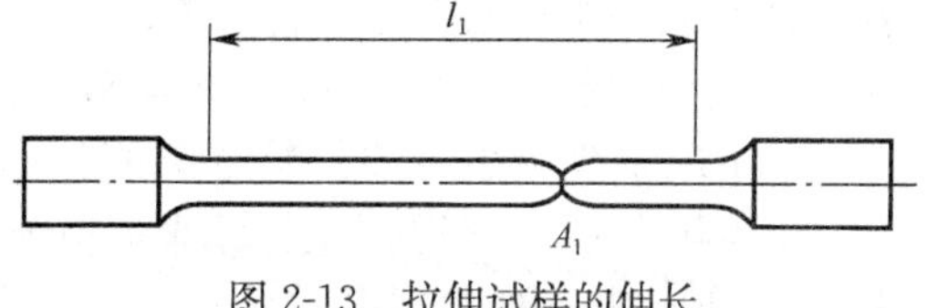


图 2-13 拉伸试样的伸长

工程上通常把伸长率 $\delta\geqslant 5\%$ 的材料称为塑性材料，如钢、铜和铝等；把 $\delta\leqslant 5\%$ 的材料称为脆性材料，如铸铁、砖石等。

2. 铸铁及其他金属材料拉伸时的力学性质

铸铁等其他金属材料拉伸试验和低碳钢拉伸试验的做法相同，但材料显示出的力学性能有差异。图 2-14 给出了锰钢、硬铝、退火球墨铸铁和 45 钢的应力-应变曲线。这些都是塑性材料，但前 3 种材料无明显的屈服阶段。

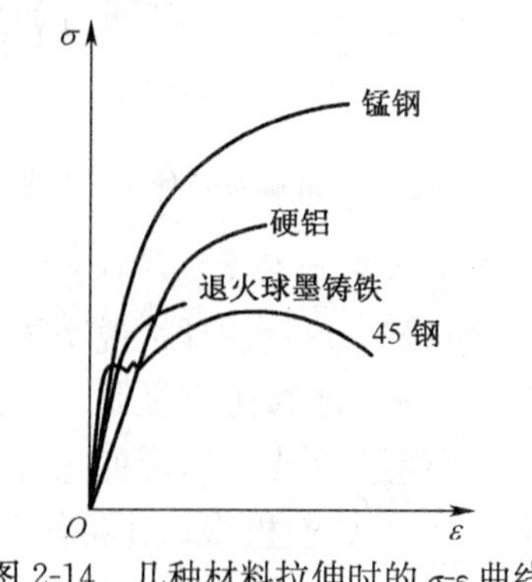


图 2-14 几种材料拉伸时的 $\sigma$-$\varepsilon$ 曲线

图 2-15 是铸铁拉伸时的 $\sigma$-$\varepsilon$ 曲线。由图可见，曲线无明显的直线部分，既无屈服阶

段，也无缩颈现象；断裂时应变很小，端口垂直于试样轴线。铸铁的伸长率 $\delta$ 通常只有 0.5%～0.6%，是典型的脆性材料。强度极限 $\sigma_b$ 是脆性材料惟一的强度指标。

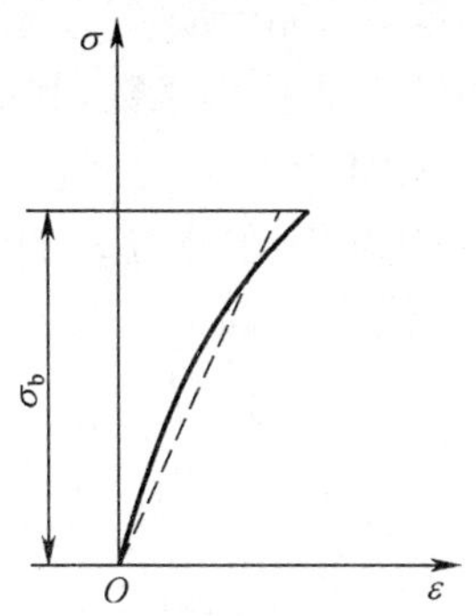


图 2-15　铸铁拉伸时的 $\sigma$-$\varepsilon$ 曲线

3. 材料压缩时的力学性能

图 2-16 为低碳钢压缩时的 $\sigma$-$\varepsilon$ 曲线，虚线代表拉伸时的 $\sigma$-$\varepsilon$ 曲线。从图中可以看出，在弹性阶段和屈服阶段，两曲线是重合的。进入强化阶段后，两曲线逐渐分离，压缩曲线上升。由于应力超过屈服极限后，试样被越压越扁，横截面面积不断增大，因此，无法测出低碳钢的抗压强度极限。

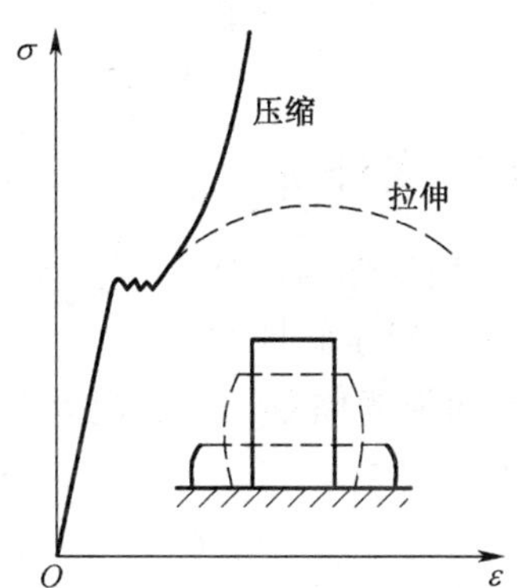


图 2-16　低碳钢压缩时的 $\sigma$-$\varepsilon$ 曲线

铸铁压缩时的 $\sigma$-$\varepsilon$ 曲线如图 2-17 所示，虚线为拉伸时的 $\sigma$-$\varepsilon$ 曲线。从图中可以看出，铸铁压缩时的强度极限 $\sigma_{bc}$ 比拉伸时的强度极限 $\sigma_b$ 高出 4～5 倍，因此，工程上常用脆性材料做受压构件。其破坏形式为沿 45°左右的斜面剪断。

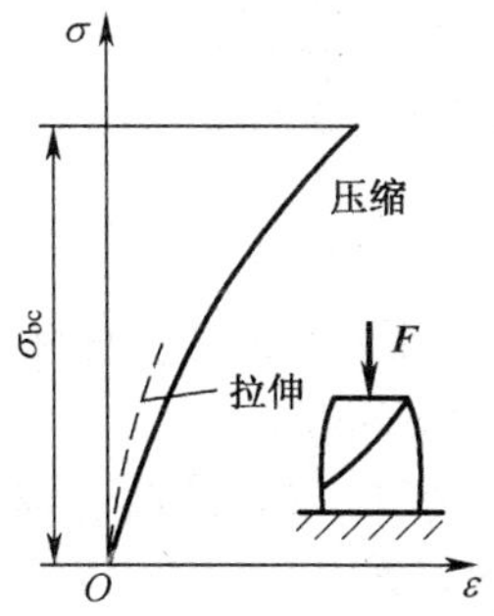


图 2-17　铸铁压缩时的 $\sigma$-$\varepsilon$ 曲线

4. 胡克定律和泊松比

由低碳钢的拉压试验可知，当应力在比例极限以内时，应力与应变成正比，即

$$\sigma=E\varepsilon \tag{2-4}$$

式(2-4)就是拉压胡克定律。式中的 $E$ 为比例系数，其值与材料的性质有关，称为材料的弹性模量，它的单位与应力的单位相同。

若有一等截面直杆，横截面面积为 $A$，在外力 $F$ 的作用下，杆的轴向伸长量为 $\Delta l$，杆的横向收缩量为 $\Delta d$，此时杆的纵向线应变为

$$\varepsilon=\frac{\Delta l}{l} \tag{2-5}$$

横向线应变为

$$\varepsilon'=\frac{\Delta d}{d} \tag{2-6}$$

实验表明，当应力在比例极限以内时，横向线应变 $\varepsilon'$ 和纵向线应变 $\varepsilon$ 成正比，且符号相反，即

$$\varepsilon'=-\mu\varepsilon \tag{2-7}$$

式中，$\mu$ 为比例系数，称为材料的泊松比。

若将式(2-1)和(2-5)代入式(2-4)，则得胡克定律的另一表示式

$$\Delta l=\frac{F_N l}{EA} \tag{2-8}$$

## 2.2.4 轴向拉(压)杆的强度计算

为了保证拉(压)杆安全正常地工作，必须使杆内的最大工作应力不超过材料的极限应力 $\sigma_u$。对于塑性材料，取 $\sigma_u=\sigma_s$；对于脆性材料，取 $\sigma_u=\sigma_b$ 或 $\sigma_u=\sigma_{bc}$。但为了保证构件安全可靠地工作，还应留有适当的强度储备。一般把极限应力除以大于 1 的安全系数 $n$ 所得的结果称为许用应力$[\sigma]$，即

$$[\sigma]=\frac{\sigma_u}{n} \tag{2-9}$$

式中，$n$ 对应于塑性材料时，一般取值为 1.5～1.8；$n$ 对应于脆性材料时，一般取值为 2.0～3.5。

在确定安全系数具体数值时应根据载荷和应力的性质、计算的准确性、材料的性质和材质的不均匀性、构件的重要程度、构件的工艺质量、机器运行条件和工作环境状况等方面加以综合考虑，也可参照相关设计手册选取。

综上所述，受轴向拉、压杆件的强度条件为

$$\sigma=\frac{F_N}{A}\leqslant[\sigma] \tag{2-10}$$

式中，$F_N$ 和 $A$ 分别为危险截面上的轴力及横截面面积。

利用强度条件可以解决以下三类问题：

(1)校核强度。如已知杆件的尺寸、所受载荷和材料的许用应力，则应用式(2-10)可以对拉(压)杆进行强度校核。

(2)设计截面尺寸。已知杆件所受载荷和材料的许用应力，确定杆件所需的最小横截

面面积 $A$。由式(2-10)得

$$A \geqslant \frac{F_N}{[\sigma]} \tag{2-11}$$

(3)确定承载能力。已知杆件的横截面尺寸及材料的许用应力，则由强度条件可确定杆件能承受的最大轴力 $F_N$，其计算公式为

$$F_N \leqslant A[\sigma] \tag{2-12}$$

**例 2-1** 图 2-18 所示为空心圆截面杆，外径 $D=20\text{mm}$，内径 $d=15\text{mm}$，承受轴向载荷 $F=20\text{kN}$ 作用，材料的屈服应力 $\sigma_s=235\text{MPa}$，安全因数 $n_s=1.5$，试校核该杆的强度。

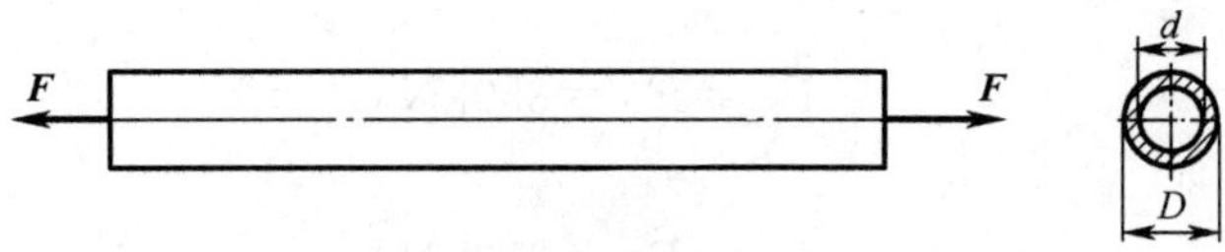


图 2-18

**解：**(1)求杆的轴力。

杆为等截面杆，用截面法求其轴力为

$$F_N = F = 20\text{kN}$$

(2)求杆件横截面上的正应力。

$$\sigma = \frac{F_N}{A} = \frac{4F}{\pi(D^2-d^2)} = \frac{4\times20\times10^3}{\pi[(0.02)^2-(0.015)^2]}$$

$$\approx 1.45\times10^8(\text{Pa}) = 145(\text{MPa})$$

(3)校核强度。

根据公式可知，材料的许用应力为

$$[\sigma] = \frac{\sigma_s}{n_s} = \frac{235\times10^6}{1.5} \approx 1.56\times10^8(\text{Pa}) = 156(\text{MPa})$$

可见 $\sigma<[\sigma]$，说明杆件能够安全工作。

**例 2-2** 如图 2-19 所示，简易吊车由等长的两杆 $AC$ 及 $BC$ 组成，在节点 $C$ 受到载荷 $G=350\text{kN}$ 的作用。已知杆 $AC$ 由两根槽钢构成，$[\sigma_{AC}]=160\text{MPa}$，杆 $BC$ 由一根工字钢构成，$[\sigma_{BC}]=160\text{MPa}$，试选择两杆的截面面积。

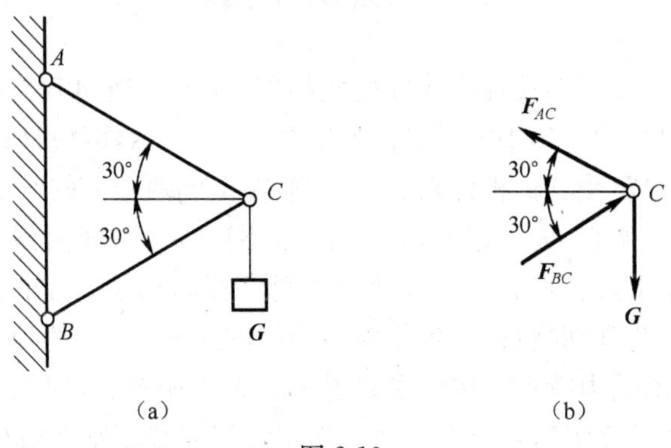


图 2-19

**解：**(1)求 $AC$ 杆和 $BC$ 杆所承受的外力。

取节点 $C$ 为研究对象，其受力如图 2-19(b)所示。列平面汇交力系的平衡方程

$$\sum F_x = 0 \qquad F_{BC}\cos30^\circ - F_{AC}\cos30^\circ = 0$$

$$\sum F_y = 0 \qquad F_{AC}\sin30^\circ + F_{BC}\sin30^\circ - G = 0$$

代入数据，得

$$F_{AC} = F_{BC} = 350\text{kN}$$

(2)确定 $AC$ 杆和 $BC$ 杆所承受的轴力。

$AC$ 杆和 $BC$ 杆均为二力杆，其轴力大小等于杆端的外力，即

$AC$ 杆

$$F_{N1} = F_{AC} = 350\text{kN}$$

$BC$ 杆

$$F_{N2} = F_{BC} = 350\text{kN}$$

(3)确定截面面积大小。

由 $A \geqslant \frac{F_N}{[\sigma]}$ 得 $AC$ 杆截面面积

$$A_1 \geqslant \frac{F_{N1}}{[\sigma_{AC}]} = \frac{350 \times 10^3}{160} = 2187.5(\text{mm}^2)$$

由于 $AC$ 杆由两根槽钢构成，每一根的截面面积为

$$\frac{A_1}{2} = 1093.75\text{mm}^2$$

$BC$ 杆截面面积

$$A_2 \geqslant \frac{F_{N2}}{[\sigma_{BC}]} = \frac{350 \times 10^3}{100} = 3500(\text{mm}^2)$$

(4)确定型钢号数。

查附录的型钢表，10 号槽钢的截面面积为 1274.8$\text{mm}^2$。

因为 1274.8$\text{mm}^2$ > 1093.75$\text{mm}^2$，所以 $AC$ 杆用两根 10 号槽钢。

因为 3550$\text{mm}^2$ > 3500$\text{mm}^2$，所以 $BC$ 杆用一根 20a 号工字钢。

## 2.3 剪切和挤压

工程实际中，常需要用连接件将构件彼此相连，如传递横向载荷的连接件有铆钉、柱销、铰制孔用螺栓，以及键连接中的键等。如图 2-20(a)所示，两块钢板用铆钉连接。当钢板受力的作用后，铆钉就受到钢板传来的右上侧、左下侧两个力的作用。作用在铆钉上的这对力，与铆钉的轴线垂直，大小相等，方向相反，不作用在一条直线上，但相距极近。在这样的一对力的作用下，铆钉的 $m-n$ 截面的相邻截面将出现相互的错动变形，如图 2-20(b)所示，这种变形称为剪切变形，产生相对错动的截面 $m-n$ 称为剪切面。

可见，剪切变形的受力特点是构件受到了一对大小相等、方向相反、作用线平行且距离很近的外力。剪切的变形特点是在这两力作用线间的截面发生相对错动。

另外，铆钉在承受剪切作用的同时，钢板的孔壁和铆钉的圆柱表面间还将产生挤压作用。所谓挤压，就是在外力作用下，两个构件在接触表面上相互压紧的现象。挤压会使构

件表面产生局部塑性变形。

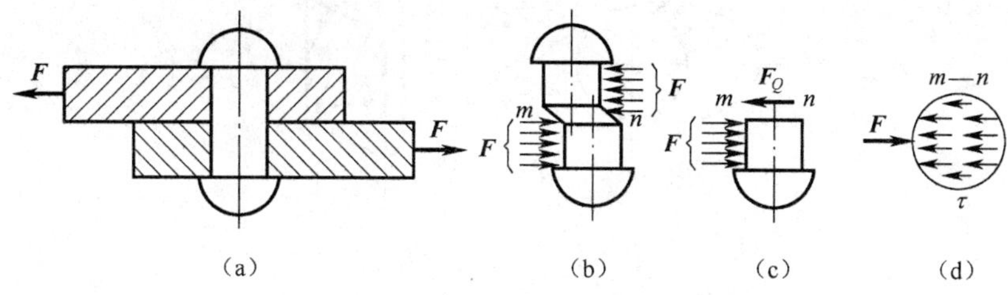


图 2-20 铆钉连接及铆钉的受力、变形情况

## 2.3.1 剪切强度

要确定剪切应力,首先要求出内力,求内力时仍可采用截面法。如图 2-20(c)所示,内力 $F_Q$ 由平衡方程可得 $F_Q=F$,$F_Q$ 称为剪力。

切应力的方向与剪力 $F_Q$ 同向并位于截面内,但应力的分布较为复杂。在工程中为了方便计算,假设其应力在面积为 $A$ 的剪切面内均匀分布(图 2-20(d)),于是可以得出切应力 $\tau$ 的计算式为

$$\tau=\frac{F_Q}{A} \tag{2-13}$$

剪切强度条件为

$$\tau=\frac{F_Q}{A}\leqslant[\tau] \tag{2-14}$$

式中$[\tau]$为许用切应力,且$[\tau]=\frac{\tau_u}{n}$。

## 2.3.2 挤压强度

两构件间产生挤压作用时,其接触表面称为挤压面,挤压面上的压强称为挤压应力。挤压应力仅分布于接触面附近的区域,其分布状况比较复杂,一般假设其均匀分布。挤压应力 $\sigma_{jy}$的计算公式为

$$\sigma_{jy}=\frac{F_{jy}}{A_{jy}} \tag{2-15}$$

挤压强度条件为

$$\sigma_{jy}=\frac{F_{jy}}{A_{jy}}\leqslant[\sigma_{jy}] \tag{2-16}$$

式中 $F_{jy}$为挤压面上的挤压力,$A_{jy}$为挤压面积。若接触面为平面,则挤压面积就为实际接触面积;对于螺栓、销等连接件,挤压面为半圆柱面,在实用计算中,以实际接触面积的正投影面积作为挤压面积,如图 2-21 所示,$A_{jy}=d\delta$。

**例 2-3** 有一连接如图 2-22 所示,已知 $\alpha=30\text{mm}$,$b=80\text{mm}$,$c=10\text{mm}$,$F=120\text{kN}$,许用切应力$[\tau]=80\text{MPa}$,许用挤压应力$[\sigma_{jy}]=200\text{MPa}$,试校核构件的剪切、挤压强度。

**解:**(1)分析物体的受力情况。

由于构件两部分的受力情况相同,所以只需研究其中一部分即可。现以右半部分为研究对象,剪切面、挤压面如图 2-22(b)所示。

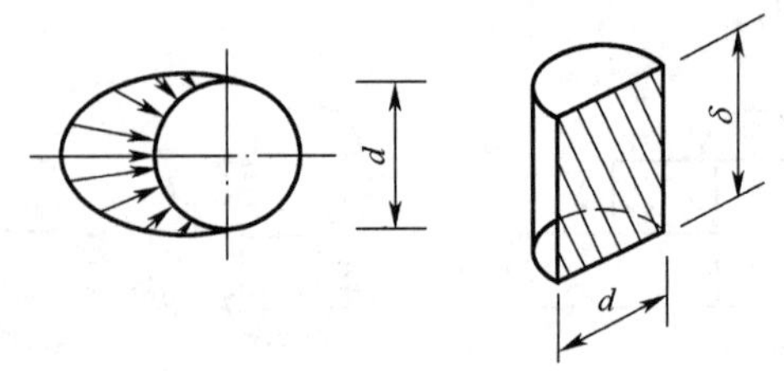

图 2-21　半圆柱挤压面

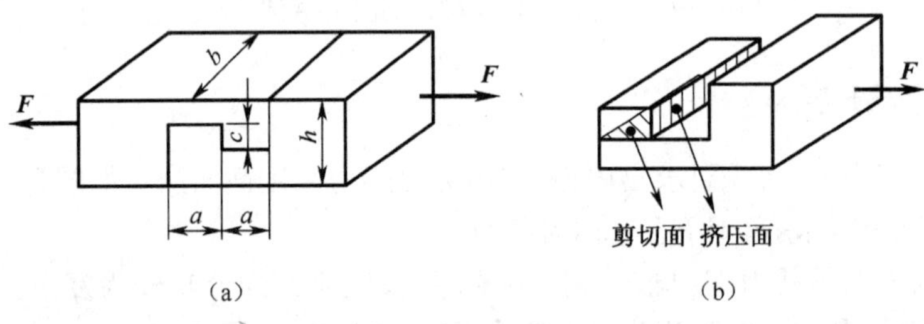

图 2-22

(2)校核剪切强度。

由图 2-22(b)可知，剪切面积 $A=ab=30\times80=2400(\text{mm}^2)$，剪力 $F_Q=F=120\text{kN}$，根据剪切实用计算的强度条件，校核剪切强度

$$\tau=F_Q/A=120\times10^3/2400=50(\text{MPa})\leqslant[\tau]$$

所以剪切强度足够。

(3)校核挤压强度。

由图 2-22(b)可知，挤压面积 $A_{jy}=bc=80\times10=800(\text{mm}^2)$，挤压力 $F_{jy}=F=120\text{kN}$，根据挤压实用计算的强度条件，校核挤压强度为

$$\sigma_{jy}=F_{jy}/A_{jy}=120\times10^3/800=150(\text{MPa})\leqslant[\sigma_{jy}]$$

所以挤压强度足够。

## 2.4　圆轴的扭转

扭转变形是构件的基本变形形式之一。以扭转为主要变形的杆件称为轴，而工程中的轴大多是圆形截面的，称为圆轴。

### 2.4.1　圆轴扭转的概念

在工程实际及日常生活中，经常会遇到一些发生扭转变形的杆，如图 2-23 所示汽车方向盘的操纵杆、图 2-24 所示旋紧螺钉时的螺丝刀、钻孔时的钻头等。这些杆件在工作时受到两个转动方向相反的力偶作用，它们均为扭转变形的实例。

从这两个实例中可以看出，杆件扭转变形的受力特点为作用在杆两端的一对力偶，大小相等，方向相反，而且力偶作用面垂直于杆轴线。其受力特点为杆件的各横截面绕杆轴线发生相对转动，杆轴线始终保持直线。这种变形称为扭转变形。

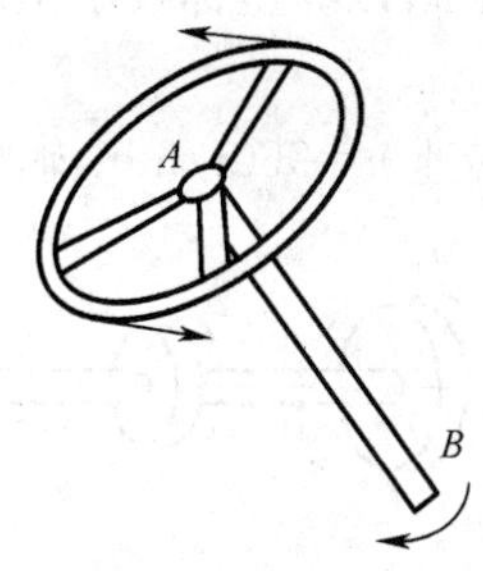


图 2-23　汽车转向盘操纵杆的扭转

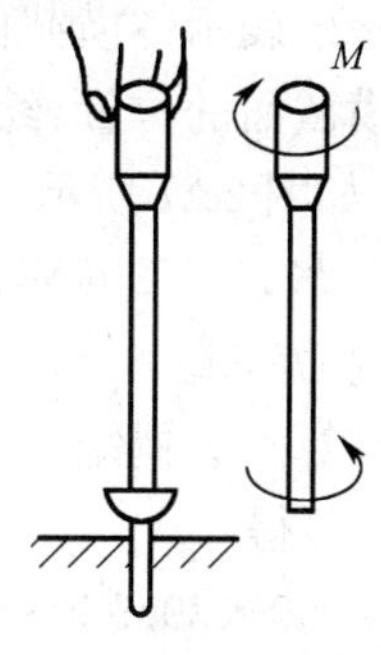


图 2-24　起子

### 2.4.2　扭矩与扭矩图

1. 外力偶矩的计算

工程实际中，作用在轴上的外力偶矩一般并不是直接给出的，通常已知的是轴传递的功率 $P$(kW)和轴的转速 $n$(r/min)，因此，作用在轴上的外力偶矩要运用下式来确定：

$$M_e = 9550P/n \tag{2-17}$$

2. 扭矩与扭矩图

如 2-25(a)所示等截面圆轴两端面上作用有一对平衡外力偶 $M_e$。现用截面法求圆轴横截面上的内力。可假想地将轴从 $m-m$ 横截面处截开，以左段为研究对象，如图 2-25(b)所示。轴原来处于平衡状态，现在去掉了右段，但右段对左段的作用还保留着，所以左段还应该平衡。根据平衡条件 $\sum M=0$，$m-m$ 横截面上必有一个内力偶与 $A$ 端面上的外力偶 $M_e$ 平衡。该内力偶称为扭矩，用 $T$ 表示，单位为 N·m。

为了使不论取左段还是右段求得的扭矩大小、符号都一致，对扭矩的正负号规定如下：用右手螺旋法则将扭矩表示为矢量，即右手的四指弯曲方向表示扭矩的转向，大拇指表示扭矩矢量的指向，若矢量的指向离开截面，则扭矩为正，反之为负，如图 2-26 所示。当横截面上的扭矩的实际转向未知时，一般先假设扭矩为正。若求得结果为正则表示扭矩实际转向与假设相同；若求得结果为负则表示扭矩实际转向与假设相反。

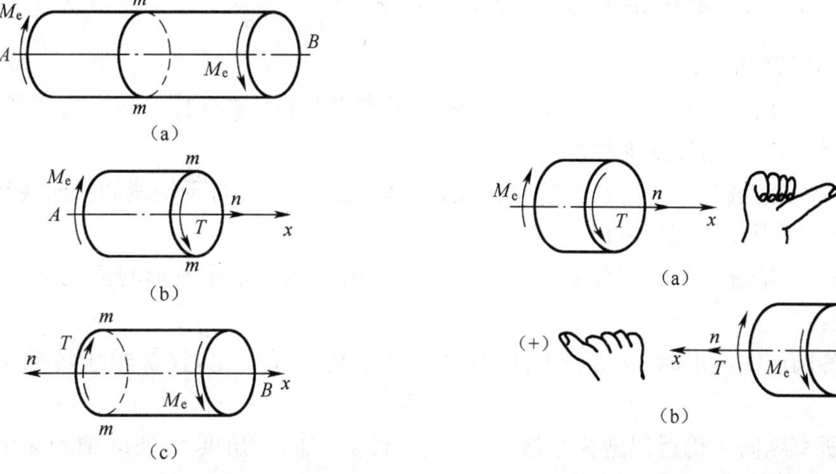


图 2-25　扭矩的求解

图 2-26　扭矩的正负规定

为了清楚地表示各横截面上的扭矩沿轴线变化的规律，以纵坐标表示扭矩的大小，以横坐标表示横截面的位置，绘制的图形称为扭矩图。

**例 2-4** 如图 2-27 所示，一传动系统的主轴 $ABC$ 的转速 $n=960\text{r/min}$，输入功率 $P_A=30\text{kW}$，输出功率 $P_B=20\text{kW}$、$P_C=10\text{kW}$。试绘制主轴 $ABC$ 的扭矩图。

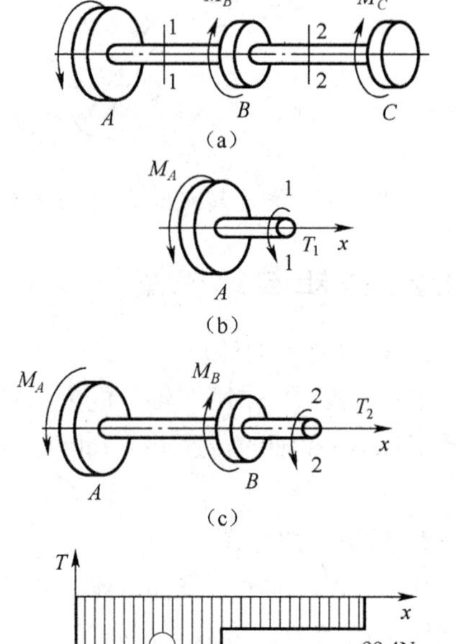

图 2-27

**解**：(1)计算外力偶矩。

由式(2-17)得

$M_A=9550\times30/960\approx298.4(\text{N}\cdot\text{m})$

同理可得

$M_B\approx199\text{N}\cdot\text{m}$　　$M_C\approx99.4\text{N}\cdot\text{m}$

$M_A$ 为主动力偶矩，其转向与主轴相同；$M_B$、$M_C$ 为阻力偶矩，其转向与主轴相反。

(2)计算扭矩。

将轴分成 $AB$、$BC$ 两段，逐段计算扭矩。

对 $AB$ 段(图 2-27(b))

$$\sum M_x=0\qquad T_1+M_A=0$$

可得

$$T_1=-M_A=-298.4\text{N}\cdot\text{m}$$

对 $BC$ 段(图 2-27(c))

$$\sum M_x=0\qquad T_2+M_A-M_B=0$$

可得

$$T_2=-M_A+M_B=-99.4\text{N}\cdot\text{m}$$

(3)画扭矩图。

根据以上计算结果，按比例画出扭矩图(图 2-27(d))。由图可知，最大扭矩发生在 $AB$ 段内，其值为 $T_{\max}=298.4\text{N}\cdot\text{m}$。

## 2.4.3 圆轴扭转时的应力与强度计算

1. 圆轴扭转时的应力

在研究了横截面的内力——扭矩后，还应考虑应力的计算。由于应力与变形有关，因此先从观察圆轴的扭转变形出发。

取一等截面圆轴，将左段固定，并在圆轴表面画出一组平行于轴线的纵向线和一组表示横截面的圆周线，如图 2-28(a)所示。

在轴的右端施加一力偶使其变形，如图 2-28(b)所示。在小变形的情况下，通过试验可以看到：

(1)各圆周线的形状、大小及圆周线之间的距离均无变化，仅绕轴线转动了不同的角度。

(2)所有纵向线仍近似地为直线，只是同时倾斜了同一角度 $\gamma$，使圆轴表面上的矩形变为同样大小的平行四边形。

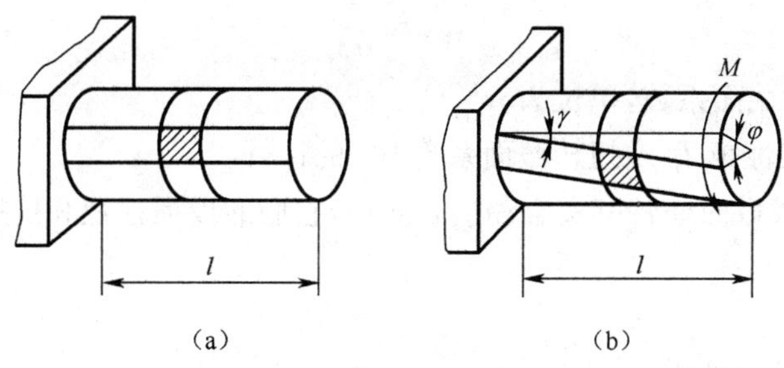

图 2-28　圆轴的扭转变形

根据观察到的现象可知，圆轴扭转后，各横截面相对地转过了一个角度，但仍保持为互相平行的平面，而且圆轴大小与形状保持不变，这就是圆轴扭转时的平面假设。

根据圆轴扭转时的平面假设，可以得出：

(1)扭转变形时，由于圆轴相邻横截面间的距离不变，即圆轴没有纵向变形发生，所以横截面上没有正应力。

(2)扭转变形时，各纵向线同时倾斜了相同的角度；各横截面绕轴线转动了不同的角度，相邻截面产生了相对转动并相互错动，发生了剪切变形，所以横截面上有切应力。又因截面半径长度不变，所以切应力方向与半径垂直。

应用静力学平衡条件、变形的几何条件及胡克定律，可以推导出圆轴扭转时横截面上各点切应力的计算公式(推导过程略)为

$$\tau_\rho=\frac{T}{I_P}\rho \tag{2-18}$$

式中　$T$——横截面上的扭矩(N·m)；

$\rho$——点到圆心的距离(m)；

$I_P$——横截面对圆心的极惯性矩，也称为截面二次极矩($m^4$)。

式(2-18)表明横截面上任一点的切应力 $\tau_\rho$ 与该点到圆心的距离 $\rho$ 成正比，其方向垂直于半径。实心圆轴和空心圆轴横截面上切应力的分布如图 2-29 所示。

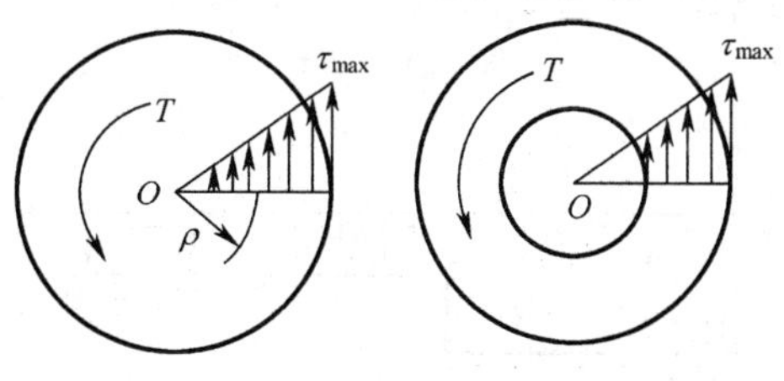

图 2-29

当 $\rho=R$ 时($R=\frac{D}{2}$)，圆轴横截面上边缘点的切应力最大，其值为

$$\tau_{max}=\frac{TR}{I_P}$$

若令 $W_P=\frac{I_P}{R}$，则上式变为

$$\tau_{max}=\frac{T}{W_P} \tag{2-19}$$

式中，$W_P$ 称为扭转截面系数，单位为 $m^3$。

2. 圆截面极惯性矩 $I_p$ 及扭转截面系数 $W_p$ 的计算

工程中，轴的横截面通常有实心和空心两种，它们的极惯性矩和抗扭截面系数按下列公式计算：

(1)实心轴

设直径为 $D$，极惯性矩

$$I_p=\pi D^4/32\approx 0.1D^4$$

扭转截面系数

$$W_p=2I_p/D=2\pi D^4/(32D)=\pi D^3/16\approx 0.2D^3$$

(2)空心轴

设外径为 $D$，内径为 $d$，$\alpha=d/D$，极惯性矩

$$I_p=\pi D^4/32-\pi d^4/32=\pi D^4(1-\alpha^4)/32\approx 0.1D^4(1-\alpha^4)$$

扭转截面系数

$$W_p=2I_p/D=\pi D^3(1-\alpha^4)/16\approx 0.2D^3(1-\alpha^4)$$

3. 圆轴扭转时的强度计算

为了保证圆轴安全正常地工作，要求圆轴的最大工作应力 $\tau_{max}$ 小于材料的许用切应力 $[\tau]$，即

$$\tau_{max}=\frac{T}{W_p}\leqslant[\tau] \tag{2-20}$$

**例 2-5** 阶梯圆轴 $ABC$ 的直径如图 2-30(a)所示，轴的材料的许用切应力 $[\tau]=60\text{MPa}$，力偶矩 $M_1=5\text{kN}\cdot\text{m}$，$M_2=3.2\text{kN}\cdot\text{m}$，$M_3=1.8\text{kN}\cdot\text{m}$。试校核该轴的强度。

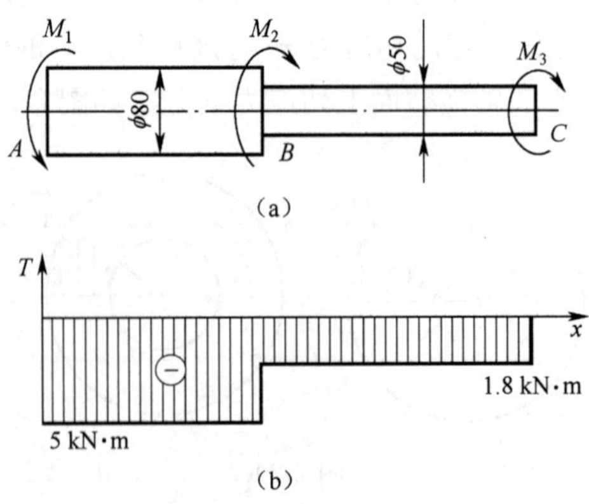


图 2-30

**解：**阶梯圆轴的扭矩图如图 2-30(b)所示。因 $AB$ 段、$BC$ 段的扭矩、直径各不相同，整个轴的最大应力所在横截面即危险截面的位置无法确定，故分别校核。

(1)校核 $AB$ 段的强度

$AB$ 段的最大切应力为

$$\tau_{\max}=\frac{T}{W_{\mathrm{p}}}=\frac{5\times10^3}{0.2\times0.08^3}=48.8\times10^6(\mathrm{Pa})=48.8(\mathrm{MPa})<[\tau]$$

故 $AB$ 段的强度是安全的。

(2)校核 $BC$ 段的强度

$BC$ 段的最大切应力为

$$\tau_{\max}=\frac{T}{W_{\mathrm{p}}}=\frac{1.8\times10^3}{0.2\times0.05^3}=72\times10^6(\mathrm{Pa})=72(\mathrm{MPa})>[\tau]$$

故 $BC$ 段的强度不够。

综上所述，阶梯圆轴的强度不够。

## 2.5 梁的弯曲

### 2.5.1 弯曲的概念与实例

弯曲变形是工程实际中最常见的一种变形，如图 2-31 所示的火车轮轴、图 2-32 所示的桥式起重机大梁等，在外力作用下其轴线都将会发生弯曲变形。这些杆件的共同受力特点是在通过杆轴线的面内，受到力偶或垂直于轴线的外力作用。其变形特点是：杆的轴线被弯成一条曲线。这种变形称为弯曲变形。在外力作用下产生弯曲变形或以弯曲变形为主的杆件，习惯上称为梁。

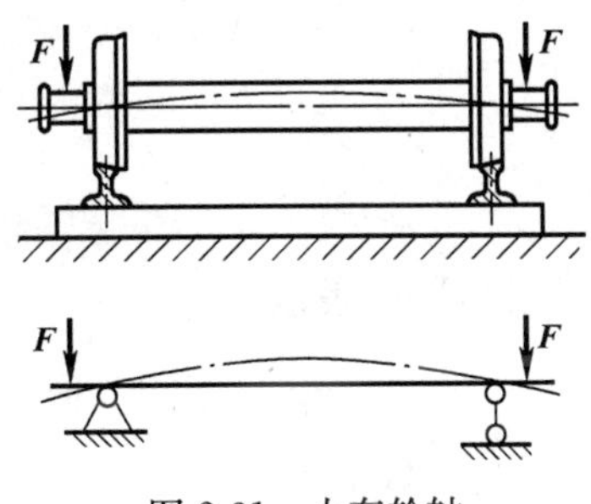


图 2-31　火车轮轴

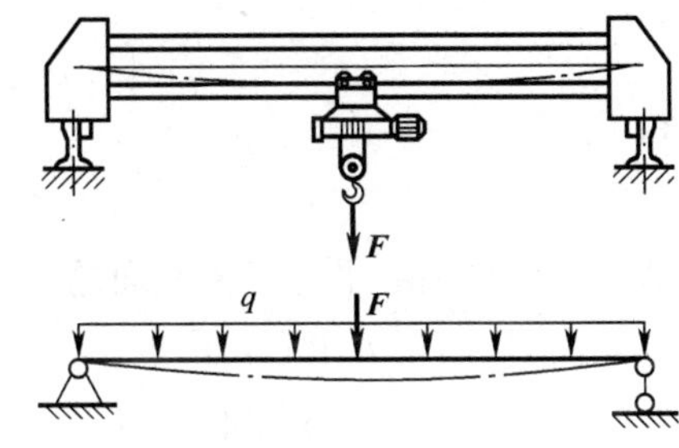


图 2-32　桥式起重机大梁

工程上使用的直梁的横截面一般都有一个或几个对称轴。由横截面的对称轴与梁的轴线组成的平面称为纵向对称面。当作用于梁上的所有外力都位于梁的纵向对称平面时，梁的轴线在纵向对称平面内被弯成一条光滑的平面曲线，这种弯曲变形称为平面弯曲(图 2-33)。

工程上梁的截面形状、载荷及支承情况一般都比较复杂。为了便于分析和计算，必须对梁进行简化，包括梁本身的简化、载荷的简化以及支座的简化等。通常进行简化后，可将梁归纳为三类：

(1)简支梁。梁的两端分别用铰链支座约束，大多数情况一端是固定绞支座约束，另一端是活动铰支座约束。这种约束形式的梁称为简支梁，如图 2-32 所示。

(2)外伸梁。约束形式与简支梁相同，但梁的一端或两端伸出支座之外的梁称为外伸梁，如图 2-31 所示。

(3)悬臂梁。梁的一端为固定端约束,另一端为自由端约束的梁称为悬臂梁,如图2-34 所示。

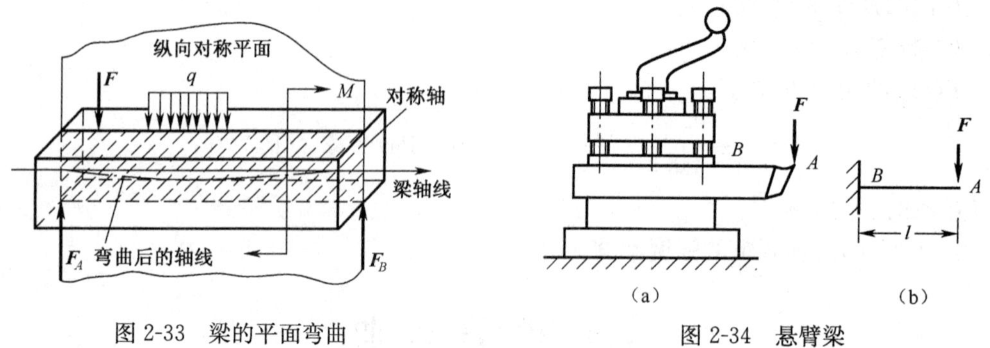


图 2-33 梁的平面弯曲

图 2-34 悬臂梁

## 2.5.2 弯曲内力和弯矩图

1. 弯曲内力——弯矩和剪力

如图 2-35(a)所示的简支梁 $AB$,现在来确定其横截面 1—1 上的内力。首先用平衡方程求出支座反力 $F_A$ 和 $F_B$,然后采用截面法求横截面 1—1 上的内力。假想在横截面 1—1 处将梁截开,将梁分成左、右两段。若取左段为研究对象(图 2-35(b)),由平衡条件可知,在横截面 1—1 上必定有维持左段梁平衡的横向力 $F_s$ 以及力偶 $M$。按平衡条件,有

$$\sum F_y=0 \qquad F_A-F_1-F_s=0$$

得

$$F_s=F_A-F_1$$

这个力的作用线平行于横截面的内力,称为剪力,用符号 $F_s$ 表示。

以截面形心 $C_1$ 为矩心,有

$$\sum M_{C_1}=0 \qquad -F_Ax+F_1(x-a)+M=0$$

得

$$M=F_Ax-F_1(x-a)$$

这个作用平面垂直于横截面的内力偶的力偶矩称为弯矩,用符号 $M$ 表示。

同理,若取右段梁为研究对象,同样可以求得横截面 1—1 上的内力 $F_s$ 和 $M$,但与取左段梁的结果相比,应该是等值反向,符合作用与反作用的关系。

梁弯曲时横截面上的内力一般包含剪力和弯矩这两个内力元素。虽然这两者都影响梁的强度,但是对于跨度与横截面高度之比较大的非薄壁截面梁($\frac{l}{h}>5$),剪力的影响是很小的,一般均略去不计。

为了使从左、右段梁上求得同一截面内的弯矩具有相同的符号,对外力矩的正负作如下规定:取左段梁为研究对象时,对截面形心产生顺时针转动效应的外力矩(包括力偶矩)取正号;反之取负号。取右段梁为研究对象时,对截面形心产生逆时针转动效应的外力矩(包括力偶矩)取正号;反之取负号。

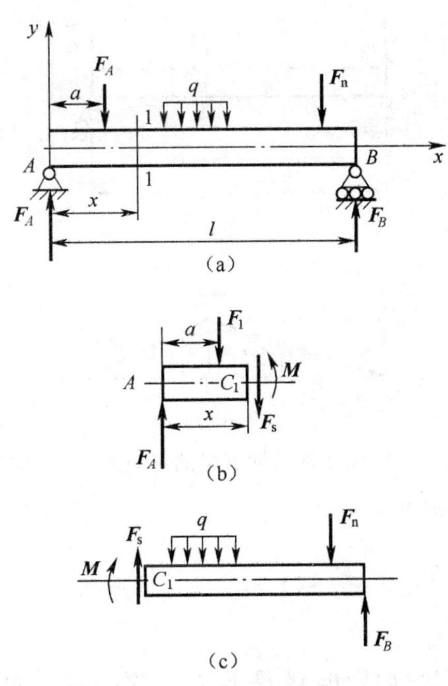


图 2-35　梁的弯曲内力

这样，实际计算中就可以不必截取研究对象，然后通过平衡方程去求弯矩了，而可以直接根据截面左侧或右侧梁上的外力来求横截面上的弯矩。

2. 弯矩图

一般情况下，梁截面上的弯矩是随横截面位置的变化而连续变化的。为了描述其变化规律，用坐标 $x$ 表示横截面沿梁轴线的位置，将梁各横截面上的弯矩表示为坐标 $x$ 的函数，即

$$M=M(x)$$

这个函数表达式称为弯矩方程，通常把弯矩方程用图像表示，称为弯矩图。

弯矩图的基本作法是先求出梁支座的约束力，沿梁轴线取截面坐标 $x$，再建立剪力方程和弯矩方程，然后应用函数作图法画出 $M(x)$ 的函数图象，即为弯矩图。

**例 2-6**　图 2-36(a)所示为简支梁 $AB$，在横截面 $C$ 处承受集中载荷 $F$ 作用。试建立梁的弯矩方程，并画出弯矩图。

**解：**(1)求支座反力。

由静力平衡方程得

$$F_A=\frac{bF}{l} \qquad F_B=\frac{aF}{l}$$

(2)列弯矩方程。

由于在截面 $C$ 处作用有集中截荷 $F$，故应以该截面为分界面，将梁划分为 $AC$ 与 $CB$ 两段，分段建立弯矩方程。

对 $AC$ 段，取 $x_1$ 截面的左侧梁研究，可得弯矩方程为

$$M(x_1)=F_Ax_1=\frac{bF}{l}x_1 \quad (0\leqslant x_1\leqslant a)$$

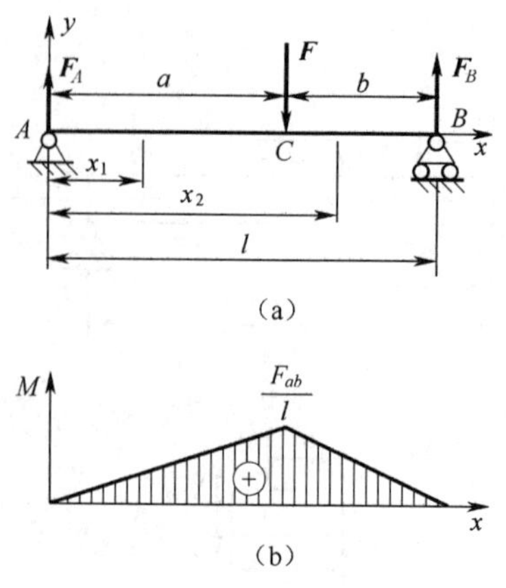


图 2-36　简支梁的弯矩图

同理，对 $CB$ 段可得弯矩方程为

$$M(x_2)=F_A x_2-F(x_2-a)=\frac{Fa}{l}(l-x_2)\quad (a\leqslant x_2\leqslant l)$$

(3)绘制弯矩图。

由函数作图法可知，$AC$ 段内弯矩 $M$ 是 $x_1$ 的一次函数，弯矩图为一斜直线，因 $x_1=0$ 处，$M=0$，$x_1=a$ 处 $M=Fab/l$，故连接两点就得到 $AC$ 段的弯矩图。同理，可作出 $CB$ 段的弯矩图(图 2-36(b))。由图可见，$C$ 截面上弯矩最大，其值为

$$M_{max}=Fab/l$$

## 2.5.3 弯曲应力和强度计算

1. 纯弯曲时横截面上的应力

由于在讨论梁的应力时略去剪力的影响，而将横截面上只有弯矩产生的弯曲称为纯弯曲。为了确定纯弯曲时横截面上的应力，首先要分析纯弯曲梁的变形，找出其应力分布规律，以便确定出应力。

如图 2-37 所示，取一矩形截面等直梁，弯曲前在其表面画两条横向线 $mm$、$nn$，再画两条纵向线 $aa$、$bb$，然后在其两端作用外力偶 $M$，梁将发生平面纯弯曲变形。

(1)横向线 $mm$ 和 $nn$ 仍为直线且与纵向线正交，仅相对转动了一个微小角度。

(2)纵向线 $aa$ 和 $bb$ 弯成了曲线，且 $aa$ 线缩短，而 $bb$ 线伸长。

由试验结果可以假设，变形前为平面的梁的横截面变形后仍保持为平面，且仍垂直于变形后梁的轴线。这就是弯曲变形的平面假设。根据平面假设，同时设想梁由无数条纵向纤维组成，从图 2-34(b)可知，梁的下部纤维伸长，上部纤维压缩。由于变形的连续性，沿梁的高度一定有一层纵向纤维既不伸长又不缩短。这一既不伸长又不缩短的纵向纤维层称为中性层，中性层与横截面的交线称为中性轴(图 2-38(a))。由此可以推断出，梁发生纯弯曲时，横截面上只有正应力。

由图 2-37(b)还可知，距中性层越远的纤维，变形量越大，由此可以推断，该处的正应力越大，故最大正应力必发生在横截面的上下边缘处，而中性轴上的正应力为零。横截面上正应力的分布规律如图 2-38(b)所示。通过分析可知，中性轴 $z$ 必通过横截面的形心，

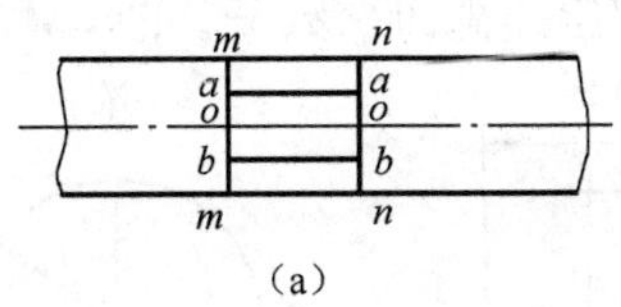


(a)

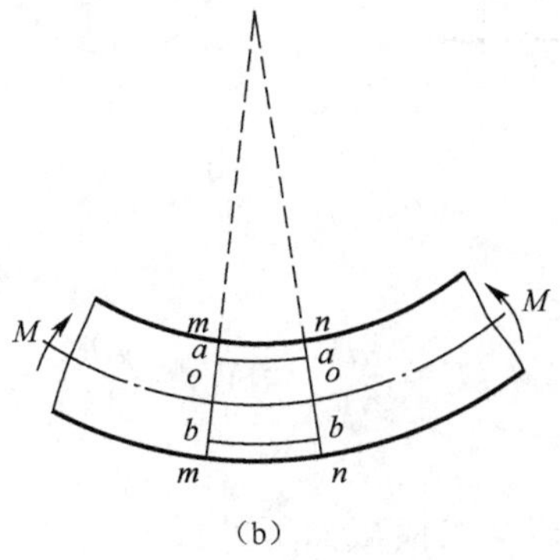


(b)

图 2-37　梁的变形

且垂直于纵向对称面。

利用变形几何关系、物理关系、静力学关系的推导(推导从略),可得纯弯曲时横截面上正应力的计算公式

$$\sigma=\frac{M}{I_z}y \tag{2-21}$$

式中　$M$——横截面的弯矩(N·m);

$y$——点到中性轴的距离(m);

$I_z$——横截面对中性轴的惯性矩,也称为截面的二次矩($m^4$)。

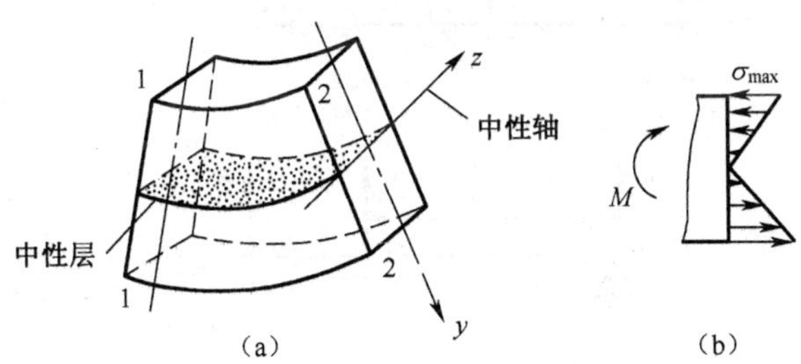


图 2-38　弯曲应力的分布

横截面上的最大正应力为

$$\sigma_{max}=\frac{M}{I_z}y_{max}$$

若令 $W_z=\frac{I_z}{y_{max}}$,则上式变为

$$\sigma_{max}=\frac{M}{W_z} \tag{2-22}$$

式中,$W_z$ 称为弯曲截面系数,单位为 $m^3$。

2. 常用截面的二次矩 $I_z$ 和弯曲截面系数 $W_z$ 的计算(图 2-39)

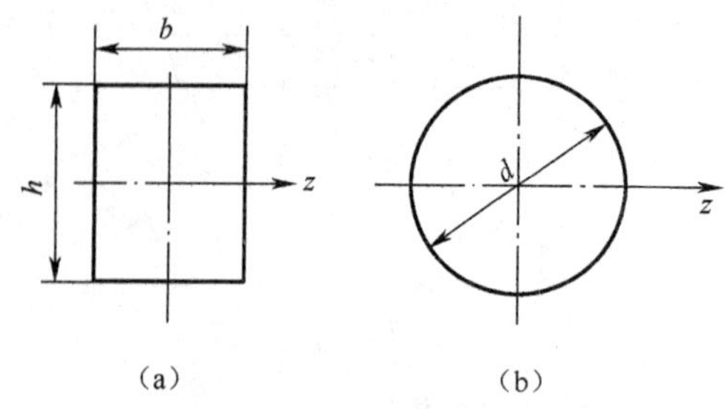


图 2-39　矩形和圆形截面

实心圆截面的 $I_z$ 和 $W_z$ 为

$$I_z=\frac{\pi d^4}{64} \qquad W_z=\frac{\pi d^3}{32}$$

3. 梁弯曲时的强度计算

梁弯曲时的强度条件为整个梁横截面上的最大正应力 $\sigma_{\max}$ 不超过材料的许用应力 $[\sigma]$，即

$$\sigma_{\max}=\frac{M}{W_z}\leqslant[\sigma] \tag{2-23}$$

**例 2-7**　图 2-40 所示为螺旋压板装置，已知工件受到的压紧力 $F=2.5\text{kN}$，板长为 $3a$，$a=50\text{mm}$，压板材料的许用应力 $[\sigma]=140\text{MPa}$，试校核压板的弯曲强度。

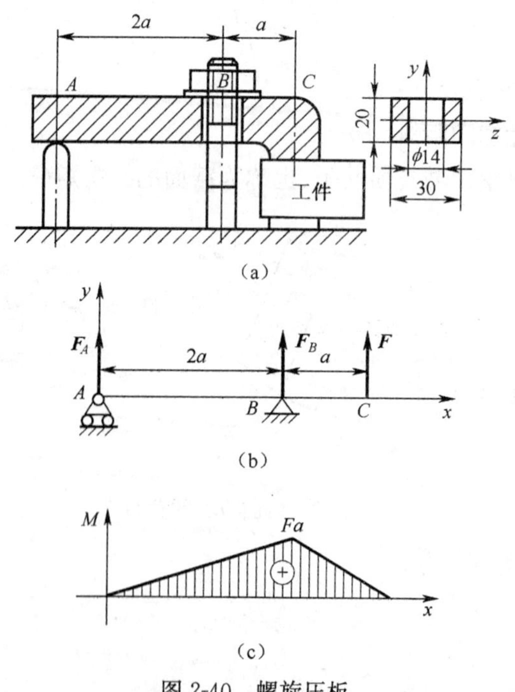


图 2-40　螺旋压板

**解:**压板产生弯曲变形，建立压板的力学模型，如图 2-40(b)所示的外伸梁。画该梁的弯矩图如图 2-40(c)所示。从弯矩图上可见，$B$ 截面的弯矩最大，其值为

$$M_{\max}=Fa=2.5\times10^3\times50=1.25\times10^5(\text{N}\cdot\text{mm})$$

$B$ 截面的抗弯截面系数最小，其值为

$$I_z=\frac{30\times 20^3}{12}-\frac{14\times 20^3}{12}\approx 1.07\times 10^4(\text{mm}^4)$$

$$W_z=\frac{I_z}{y_{\max}}=\frac{1.07\times 10^4}{10}=1.07\times 10^3(\text{mm}^3)$$

校核压板的弯曲强度

$$\sigma_{\max}=\frac{M_{\max}}{W_z}=\frac{1.25\times 10^5}{1.07\times 10^3}\approx 117(\text{MPa})<[\sigma]=140\text{MPa}$$

压板的强度足够。

## 2.6 强度计算中的几个问题

### 2.6.1 弯曲与扭转组合变形的强度计算

前面几节分别研究了杆件在拉伸(压缩)、剪切、扭转和弯曲几种基本变形下的强度问题。工程实际中有许多构件在载荷作用下，常常同时产生两种或两种以上基本变形，这种情况称为组合变形。工程机械中的轴类构件工作时大多数都会发生弯曲与扭转的组合变形。如图 2-41(a)所示的一端固定、一端自由的圆轴，$A$ 端装有半径为 $R$ 的圆轮，在轮上 $C$ 点处作用一切向水平力 $F$。其受力简图如图 2-41(b)所示，横向力 $F$ 使圆轴发生弯曲变形，力偶 $M_A$ 使圆轴发生扭转变形，故圆轴的变形为弯曲与扭转的组合变形，简称弯扭组合变形。

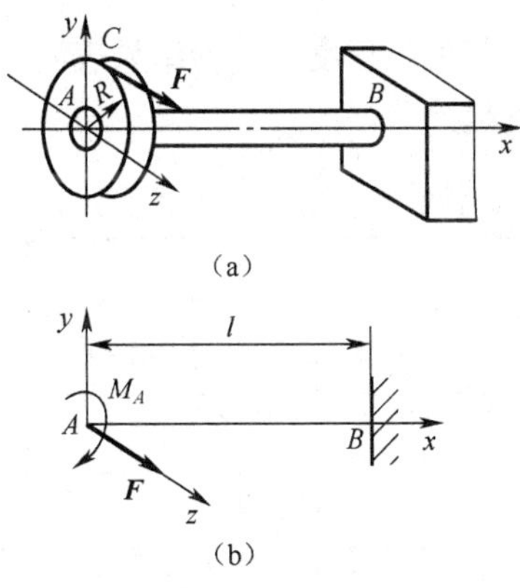


图 2-41 固定圆轴

工程中的轴一般为塑性材料制成的圆轴。在发生弯扭组合变形时，其危险截面上距中性轴最远处(圆的边缘处)分别产生最大扭转切应力 $\tau$ 和最大弯曲正应力 $\sigma$，两种应力叠加但不能取代数和，它们对轴的影响，可以用一个应力来代替，这个应力称为相当应力，以 $\sigma_r$ 表示。根据强度理论的内容，其中第三、第四强度理论适用于这类轴。强度条件分别为

$$\sigma_{r3}=\sqrt{\sigma^2+4\tau^2}\leqslant[\sigma] \tag{2-24}$$

或

$$\sigma_{r4}=\sqrt{\sigma^2+3\tau^2}\leqslant[\sigma] \tag{2-25}$$

将 $\sigma$、$\tau$ 的表达式代入，并利用圆杆 $W_p=2W_z$，得到圆轴承受弯扭组合变形的强度条件分别为

$$\sigma_{r3}=\frac{\sqrt{M^2+T^2}}{W_z}\leqslant[\sigma] \tag{2-26}$$

或

$$\sigma_{r4}=\frac{\sqrt{M^2+0.75T^2}}{W_z}\leqslant[\sigma] \tag{2-27}$$

式中 $[\sigma]$ 为材料的许用弯曲应力，可以从相关设计手册中查出。

## 2.6.2 应力集中的概念

等截面直杆受轴向拉伸或压缩时，横截面上的应力是均匀分布的。由于实际需要，有些零件必须有切口、切槽、油孔、螺纹以及车削螺纹等，还有些构件需要做成阶梯形杆，以致在这些部位上截面尺寸发生急剧变化。实验结果和理论分析表明，在零件尺寸突然改变处的横截面上，应力并不是均匀分布的，在孔、槽附近的局部范围内应力将显著增大。

这种由于截面的尺寸、形状突然变化而产生的局部应力显著增大的现象，称为应力集中。例如，图 2-42 所示构件孔边或槽边的最大应力 $\sigma_{max}$ 显著超过该截面的平均应力 $\sigma$。发生应力集中的截面上的最大应力 $\sigma_{max}$ 与同一截面上的平均应力 $\sigma$ 之比，称为理论应力集中系数。常用 $k$ 表示，即

$$k=\frac{\sigma_{max}}{\sigma}$$

应力集中系数反映了应力集中的程度。实验结果表明，截面尺寸改变得越急剧、角越尖、孔越小，应力集中的程度就越严重。

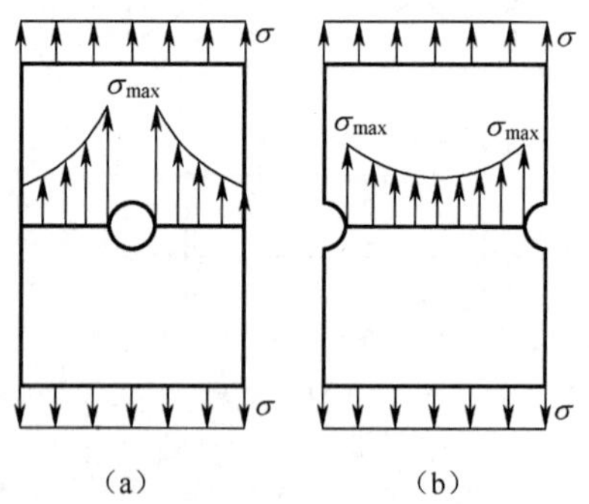


图 2-42 应力集中

各种材料对应力集中的敏感程度并不相同。在静应力作用下，对于塑性材料制成的零件可以不考虑应力集中的影响；而对于脆性材料制成的零件则必须考虑应力集中的影响。当零件受交变应力或冲击载荷作用时，不论是塑性材料还是脆性材料，应力集中对零件的强度都有严重影响。

因此，构件上应尽可能地避免带尖角的孔和槽，在阶梯轴的轴肩处要用圆弧过渡，而且要尽量使圆弧半径大一些。

## 思考与练习题

1. 在构件的强度计算中，为什么要提出内力和应力的概念？

2. 两根用不同材料制成的等截面直杆承受相同的轴向拉力，其横截面面积和长度都相等。试分析：(1)横截面上的应力是否相等？(2)强度是否相同？(3)绝对变形是否相同？为什么？

3. 图 2-43 所示为三种材料的 $\sigma$-$\varepsilon$ 曲线，试问哪种材料的强度高？哪种材料的刚度大？哪种材料的塑性好？

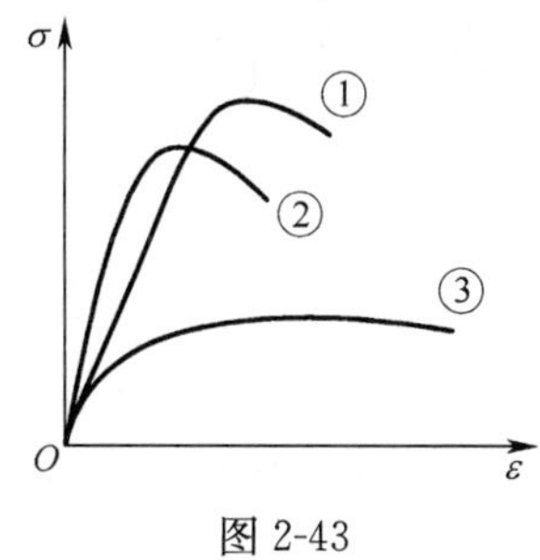


图 2-43

4. 圆轴在什么情况下发生扭转变形？试指出图 2-44 所示的各轴哪些发生了扭转变形。

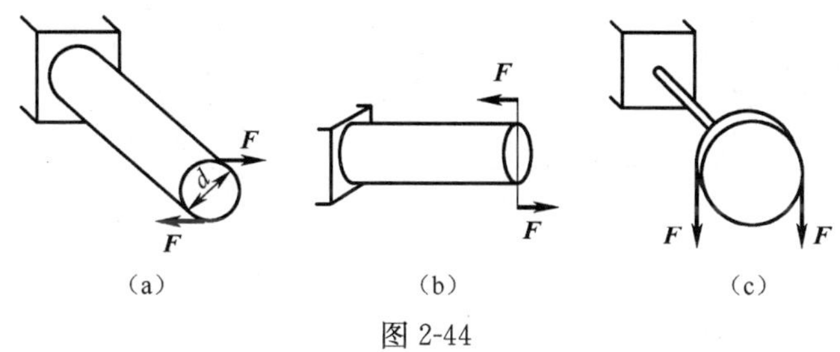


图 2-44

5. 圆轴扭转时截面上是否有正应力？为什么？

6. 为什么说空心轴比实心轴合理？

7. 什么情况下梁发生平面弯曲变形？

8. 挑东西的扁担常在中间折断，而游泳池的跳板则常在固定端处折断，为什么？

9. 矩形截面梁的高度增加一倍，梁的承载能力增加几倍？宽度增加一倍，承载能力又增加几倍？

10. 在圆杆上铣去一槽，如图 2-45 所示。已知杆受拉力 $F=10\text{kN}$ 作用，杆直径 $d=$

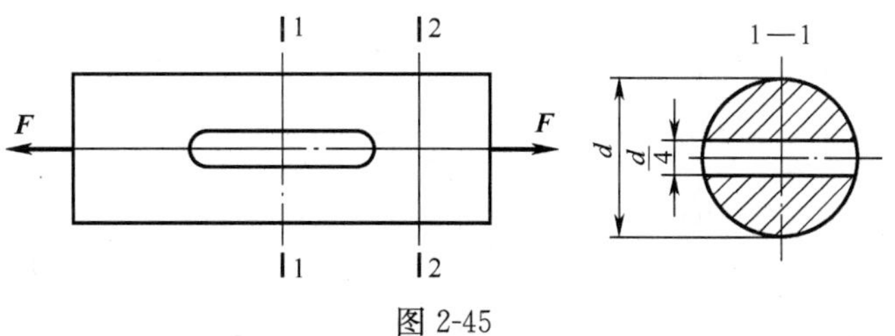


图 2-45

20mm，试求横截面 1—1 和 2—2 上的应力（铣去槽的横截面面积近似按矩形计算）。

11. 在图 2-46 所示简易吊车中，$AB$ 为钢杆，$BC$ 为木杆。木杆 $BC$ 的横截面面积 $A_1=3\times10^4\text{mm}^2$，许用应力$[\sigma_1]=3.5\text{MPa}$；钢杆 $AB$ 的横截面面积 $A_2=600\text{mm}^2$，许用应力$[\sigma_2]=140\text{MPa}$。试求许用荷载$[F]$。

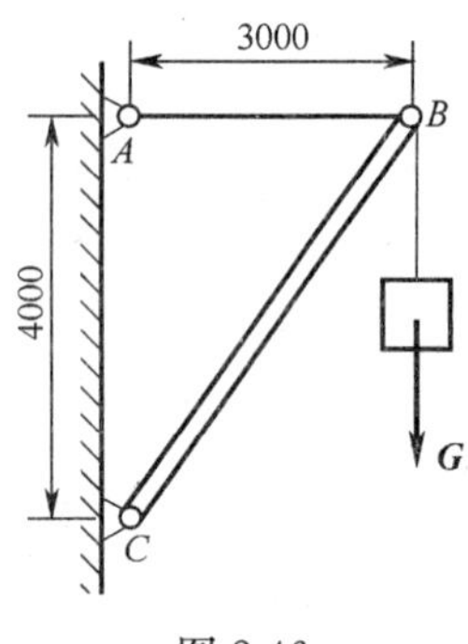


图 2-46

12. 图 2-47 所示为零件和轴用 $B$ 形平键连接，设轴径 $d=75\text{mm}$，平键的尺寸为 $b=20\text{mm}$，$h=12\text{mm}$，$l=120\text{mm}$，轴传递的扭矩 $T=2\text{kN}\cdot\text{m}$，平键的材料的许用切应力和许用挤压应力分别为$[\tau]=80\text{MPa}$、$[\sigma_{jy}]=100\text{MPa}$，试校核该平键的强度。

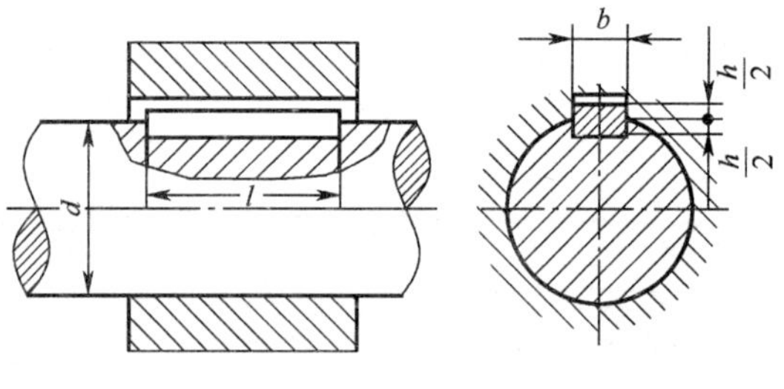


图 2-47

13. 作出图 2-48 所示各轴的扭矩图。

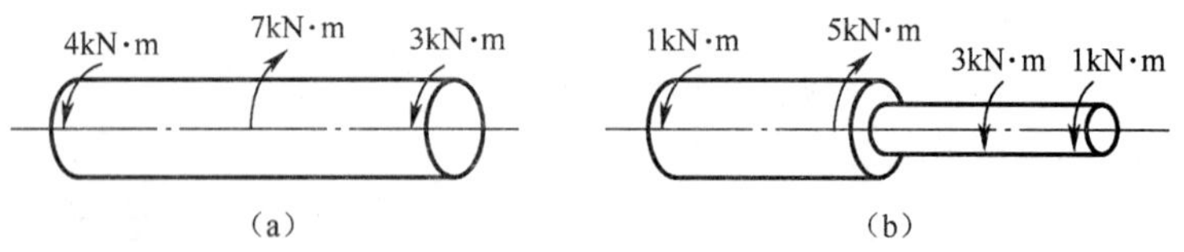


图 2-48

14. 如图 2-49 所示传动轴，转速 $n=200\text{r/min}$，主动轮 $A$ 输入功率 $P_1=60\text{kW}$，两个从动轮 $B$、$C$ 输出功率分别为 $P_2=20\text{kW}$，$P_3=40\text{kW}$。

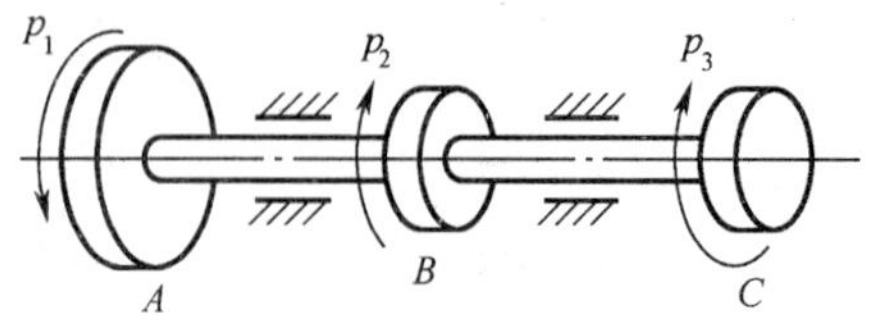


图 2-49

(1)试作轴的扭矩图；

(2)轮子如何布置比较合理？并求出这种方案的 $M_{\max}$。

15. 已知图 2-50 所示各梁的 $q$、$\boldsymbol{F}$、$l$、$M_o$、$a$，试画出弯矩图，并求出最大弯矩值。

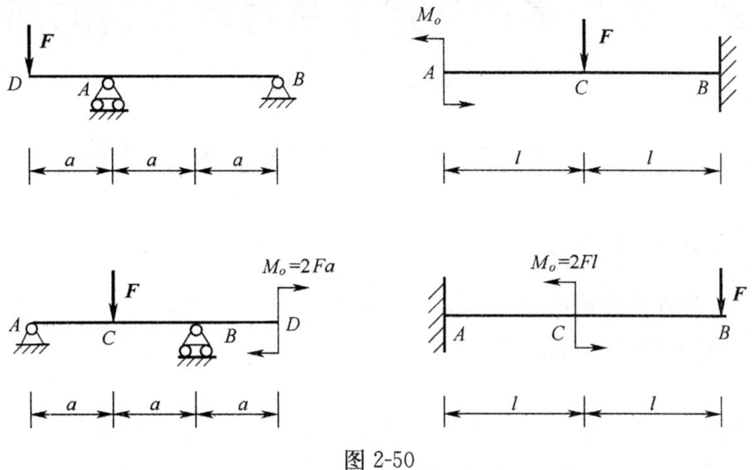


图 2-50

16. 图 2-51 所示为圆截面简支梁，已知截面直径 $d=50$mm，作用力 $F=6$kN，$a=500$mm，试确定梁的危险截面，并计算梁的最大弯曲正应力。

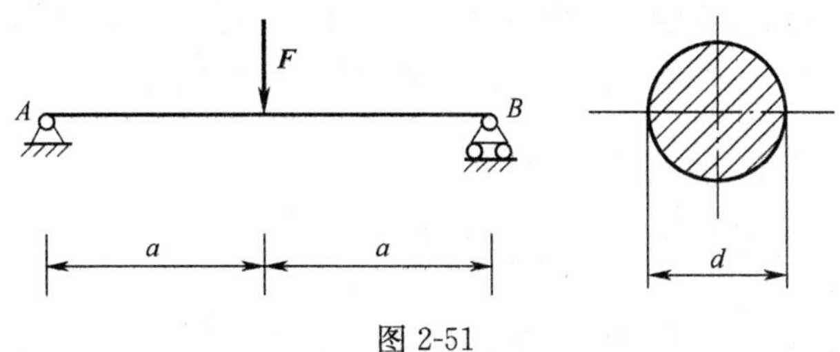


图 2-51

17. 图 2-52 所示为简支梁，已知作用均布荷载 $q=4$kN/m，$l=4$m，$[\sigma]=160$MPa，按正应力强度条件为梁选择工字钢型号。

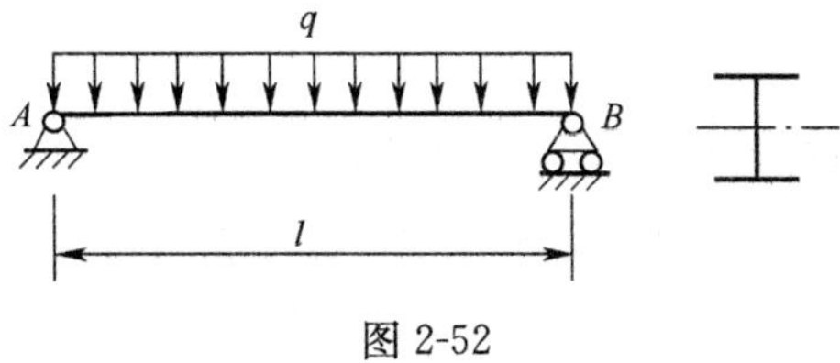


图 2-52

# 第 3 章　机械零件常用金属材料和钢的热处理

## 3.1　金属材料的力学性能和工艺性能

### 3.1.1　金属材料的力学性能

金属材料受到外力作用时表现出来的性能称为力学性能。力学性能主要是指强度、塑性、硬度、冲击韧性和疲劳强度等。

1. 强度

强度是指材料在外力作用下抵抗塑性变形和断裂的能力。强度指标用单位面积所承受的载荷表示，单位是 Pa，常用单位是 MPa。工程上常用的强度指标有屈服强度 $\sigma_s$ 和抗拉强度 $\sigma_b$。

2. 塑性

塑性是指材料在外力作用下产生塑性变形而不断裂的能力。常用的塑性指标有伸长率 $\delta$ 和断面收缩率 $\Psi$。伸长率和断面收缩率的计算公式如下：

$$\delta=\frac{l_1-l_0}{l_0}\times100\%$$

$$\Psi=\frac{S_0-S_1}{S_0}\times100\%$$

上式中，$l_0$ 为试样的原始标距；$l_1$ 为试样拉断后的标距；$S_0$ 为试样的原始横截面积；$S_1$ 为试样断裂处的横截面积。

材料的 $\delta$ 和 $\Psi$ 越大，材料的塑性越好。具有良好的塑性是保证零件安全工作、不发生突然脆断的必要条件。

3. 硬度

硬度是指材料表面抵抗硬物体压力的能力，是衡量材料软硬的依据。硬度的测试方法有很多，生产中常用布氏硬度试验法和洛氏硬度试验法两种。

1)布氏硬度试验法

如图 3-1 所示，其试验原理是用一定大小的载荷 $F$ 将直径为 $D$ 的淬硬钢球压入被测金属的表面，保持一定时间后卸除载荷，测出金属表面压痕的直径 $d$，以此计算球形压痕面积 $A$ 及其单位面积上所承受的平均压力 $F/A$ 作为材料的硬度值。布氏硬度的符号用 HB 表示。实际应用中一般不用计算，而是根据压痕直径 $d$ 的大小，从硬度表中直接查取。

2)洛氏硬度试验法

洛氏硬度试验法和布氏硬度试验法不同，它不是测量压痕的直径的大小，而是测量压痕的深度，以此来表示材料的硬度。如图 3-2 所示，其试验原理是用锥顶角为 120°的金刚石圆锥体或直径为 1.588mm 的淬火钢球为压头,先施加初载荷,然后再加主载荷,压入试样表面,保持一定时间后卸去主载荷,根据压痕的深度来衡量材料的硬度。

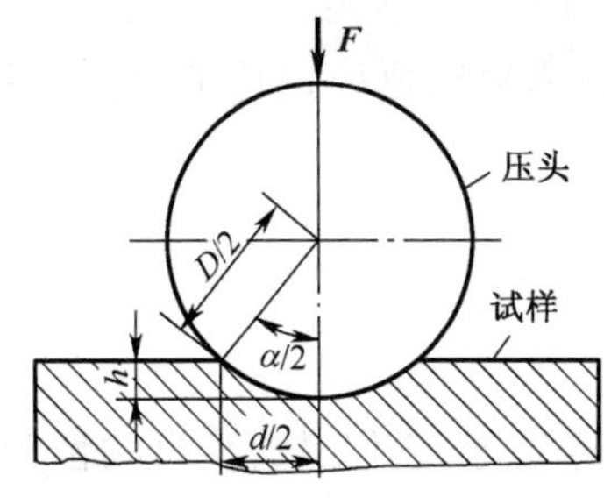


图 3-1 布氏硬度测试原理

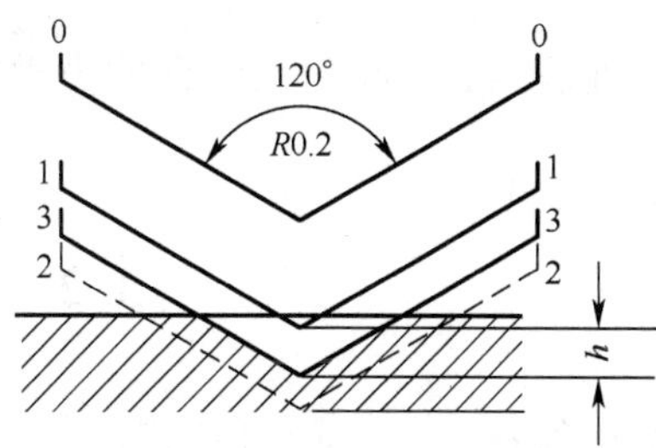


图 3-2 洛氏硬度测试原理

4. 冲击韧性

冲击韧性是反映金属材料在冲击载荷作用下抵抗破坏的能力。金属的韧性通常随加载速度提高而减小,用冲击韧度 $A_K$ 来表示。冲击韧度是通过冲击试验测定的。冲击试验中一次冲断试样单位截面积所消耗的冲击吸收功即为 $A_K$,其大小可从冲击试验机的刻度盘上直接读出。$A_K$ 的值越大,材料的韧性就越好。

5. 疲劳强度

疲劳强度是指材料经数次的应力循环或达到规定的循环次数才断裂的最大应力,即经过多次交变载荷作用的结果,用来表征材料抵抗疲劳断裂的能力。

### 3.1.2 金属材料的工艺性能

金属材料加工成型常用的四种基本加工方法是铸造、锻压、焊接和切削加工。

金属材料的工艺性能包括加工工艺性能和热处理工艺性能。其中,加工工艺性能是指材料加工成型的难易程度,分为铸造性、锻造性、焊接性和切削加工性等。

1. 铸造性

铸造是将熔化的金属浇注到铸型的型腔中,待其冷却后得到毛坯或直接得到零件的一种加工方法,铸造成型时所具有的特性称为铸造性。

2. 锻造性

锻造性是指金属材料在锻压加工时的难易程度。材料的塑性好,变形抗力小,则锻造性好;反之,则锻造性差。锻造性不仅与金属材料的塑性和塑性变形抗力有关,而且与材料的成分和加工条件有关。

3. 焊接性

焊接性是指金属材料是否容易用焊接的方法形成优良接头的性能。焊接性好的金属易获得没有裂纹、气孔、夹渣等缺陷的焊缝,并且焊接接头具有一定的力学性能。

4. 切削加工性

切削加工性是指金属材料在切削加工时的难易程度。切削加工性好的金属材料对切削刀具的磨损量小,切削用量大,加工表面的粗糙度数值小。切削加工性能的好坏与金属材料的成分、硬度、导热性、内部组织结构、加工硬化等因素有关,尤其与硬度关系较大。材料的硬度值为 170HBS~230HBS 最容易进行切削加工。

5. 热处理工艺性

材料的热处理工艺性是指材料的淬透性、淬硬性、变形开裂倾向、热处理介质的渗透能力等。

热处理能够提高和改善钢的力学性能，因此应充分利用热处理技术来发挥材料的潜力。

## 3.2 常用金属材料

常用金属材料主要包括碳钢、合金钢、铸铁、有色金属等，它们具有优良的性能，是工业领域的主要材料。

### 3.2.1 工业用钢

钢是含碳量为2.11%以下铁基合金的总称。它具有高的强度、塑性和韧性，并可用热处理的方法改善其力学性能和工艺性能。

钢按化学成分可分为碳素钢(非合金钢)、低合金钢和合金钢；按用途可分为结构钢、工具钢和特殊性能钢；按质量可分为普通钢、优质钢和高级优质钢；按含碳量可分为低碳钢(含碳量≤0.25%)、中碳钢(含碳量范围是0.25%~0.6%)和高碳钢(含碳量范围是0.6%~2.11%)。

1. 碳素钢

碳素钢是指含碳量小于2.11%，并含有少量硅、锰、磷、硫等杂质元素的铁碳合金。其中，硅、锰是有益元素，对钢有一定的强化作用；磷、硫是有害元素，分别增加钢的冷脆性和热脆性，应严格控制。

碳素钢有结构钢和工具钢之分。结构钢是制造一般机械零件和工程结构所用的钢，按质量又分为普通碳素结构钢和优质碳素结构钢。此外，结构钢还包括铸钢。

1)普通碳素结构钢(简称普通碳钢)

普通碳素结构钢的含碳量为0.06%~0.38%，有害元素磷、硫的含量较高。这类钢大多轧制成板材、型材(如圆钢、方钢、扁钢、工钢、槽钢、角钢等)及异型材(如轻轨等)。

普通碳钢牌号的表示方法是由屈服强度的“屈”字拼音首字母Q、屈服强度数值、质量等级符号、脱氧方法等四部分按顺序组成。

质量等级符号：A、B、C、D，其中A级磷、硫含量相对较高，D级最低。

脱氧方法：镇静钢Z、特殊镇静钢TZ、半镇静钢b、沸腾钢F。对于镇静钢和特殊镇静钢，符号Z和TZ可以省略。

例如，Q235-A·F表示屈服强度数值为235MPa的A级沸腾钢。

2)优质碳素结构钢(简称优质碳钢)

优质碳钢是按化学成分和力学性能供应的。钢中磷、硫及非金属夹杂物的含量较少，常用来制造需要经过热处理的各种较重要的机械零件。

优质碳钢的牌号用两位数字表示，该数字为平均含碳量的万分数。例如，45钢表示平均含碳量为0.45%的优质碳钢。如果是高级优质钢，则在牌号后面加“A”，沸腾钢加“F”，含锰量较高时加“Mn”。

3)铸钢

在重型机械、运输机械、冶金设备和国防工业中,许多形状复杂的零件很难用锻压等方法成型,用铸铁又不能满足性能要求,此时常采用铸钢件,如变速箱体、轧钢机架、水泵体等。GB/T 11352—1989 规定铸钢的牌号用“ZG”表示,后面的两组数字分别表示屈服强度和抗拉强度值,如 ZG310-570。

4)碳素工具钢

碳素工具钢的牌号用“T”表示,后面的数字为平均含碳量的千分数。若为高级优质钢,后面加注“A”,如 T10A。

2. 低合金高强度结构钢

低合金高强度结构钢是一类可焊接的低碳低合金工程结构用钢,主要加入我国的富产资源锰、钒、铌等元素,使其具有高的强度和韧性、良好的综合力学性能和耐蚀性能等。

GB/T 1591—1994 规定低合金高强度结构钢的牌号与普通碳钢相同,只是此类钢只有镇静钢和特殊镇静钢,因此,牌号中没有表示脱氧方法的符号。例如,Q390A 表示屈服强度为 390MPa 的 A 级质量的低合金高强度结构钢。常用的低合金高强度结构钢有 Q295、Q345、Q390、Q420 和 Q460。

3. 合金钢

为改善和提高钢的性能,在碳钢中加入一定量的合金元素便成为合金钢。常用的合金元素有硅、锰、铬、镍、铜、钒、钛、稀土元素等。合金钢只有经过热处理,才能使合金元素发挥作用,使其力学性能和特殊性能得到显著的提高。按用途的不同,合金钢分为合金结构钢、合金工具钢和特殊性能钢。

1)合金结构钢

合金结构钢按其用途和热处理特点,分为合金渗碳钢、合金调质钢、合金弹簧钢、滚动轴承钢等。除滚动轴承钢外,其余合金结构钢的牌号采用两位数字+元素+数字的方法来表示。前面的两位数字是钢中平均含碳量的万分数;合金元素后面的数字是该合金元素平均含量的百分数。合金元素的含量少于 1.5%时,只标明元素,不标明含量。

例如,20Mn2V 表示平均含碳量为 0.2%、平均含锰量为 2%、平均含矾量小于 1.5%的合金结构钢。若为优质钢,则在钢号末尾附加 A,如 20CrNi4A,38CrMoAlA 等。

滚动轴承钢是制造滚动轴承的专用钢,其牌号用“滚”或“G”和元素符号+数字表示,含碳量不标出,符号 Cr 后数字表示含铬量的千分数。例如,GCr15 表示含铬量为 1.5%。

(1)合金渗碳钢。渗碳钢是指经渗碳淬火、回火后使用的钢,用于制造表面承受强烈摩擦并承受动载荷的零件。这类零件要求材料表面具有高硬度,而心部具有较高强度和韧性。

常用的合金渗碳钢有 20Cr、20Mn2、20CrMnTi、20MnVB、20Cr2Ni4、18Cr2Ni4VA 等。

(2)合金调质钢。调质钢是指经调质处理(淬火加高温回火)后使用的钢,主要用于制造受力情况比较复杂的零件,如机器中传递动力的轴、连杆、齿轮等。这类零件要求具有良好的综合力学性能。

常用的合金调质钢有 40Cr、40MnVB、35CrMo、30CrMnSi、40CrMnMo、40CrNiMoA、

30CrMnTi 等。

(3)合金弹簧钢。弹簧钢是专用结构钢，主要用来制造各种弹簧和弹性元件。其成分是中、高碳(一般含碳量为 0.6%~0.9%)，加入以 Si、Mn 为主的合金元素以提高淬透性，同时也提高屈强比。

弹簧钢分为碳素弹簧钢和合金弹簧钢。常用碳素弹簧钢有 55Mn 和 65Mn；常用合金弹簧钢有 50CrVA 和 60Si2Mn。

(4)滚动轴承钢。滚动轴承钢是用来制造滚动轴承的内外圈及滚动体的专用钢，也可作为工具钢使用，用于制造精密量具、冷冲模、机床丝杠等耐磨件。它具有高的接触疲劳强度、高的硬度和耐磨性、足够的韧性和淬透性。

常用滚动轴承钢有 GCr9、GCr15 等。

2)合金工具钢

合金工具钢是在碳素工具钢的基础上加入少量合金元素制成的，由于合金元素的加入，提高了热硬性、耐磨性，改善了热处理性能。

合金工具钢的牌号表示方法与合金结构钢的相似，但含碳量用一位数字表示，即平均含碳量的千分数，当平均含碳量大于等于 1%时可省略。合金工具钢均属高级优质钢，牌号后不标“A”。

合金工具钢常用来制造各种刀具、量具和模具等，相应有刃具钢、模具钢和量具钢之分。

(1)刃具钢。刃具钢又分为低合金刃具钢和高速钢。

低合金刃具钢中的合金元素总量少，主要有铬、硅、锰等元素。常用的低合金刃具钢有 9SiCr、Cr06、Cr2、9Cr2 等。

高速钢是一种含钨、铬、钒、钼等合金元素较多的钢，高速钢有很高的热硬性，足够的强度、韧性和耐磨性，是重要的切削刀具材料，用来制造拉刀、插齿刀、钻头、各种成型刀具等。常用的高速钢有 W18Cr4V、W6Mo5Cr4V2、W6Mo5Cr4V2Al 等。

(2)模具钢。模具钢是用于制造冲压、锻造、成型和压铸等模具的钢。按使用状态，分为冷作模具钢和热作模具钢。

冷作模具钢用于制造各种冷冲模、冷挤压模、拉拔模和拉丝模等，要求这类钢应具有高硬度、高耐磨性，并要有足够的强度和韧性。工作时受力较小的小型冷作模具，可采用 9Mo2V；形状复杂、高精度的冷冲模采用 CrWMn；承受重载荷、形状复杂的高精度的冷作模采用 Cr12 和 Cr12MoV 等高碳高铬钢。

热作模具钢用于制造各种热锻模、热挤压模和压铸模等，工作时型腔表面温度可达到 600℃以上。常用热作模具钢有 3Cr2W8V、5CrMnMo 和 4Cr5MoSiV。热作模具钢的最终热处理一般采用调质或淬火后中温回火。

3)量具钢。量具是机械制造过程中控制加工精度的测量工具，量具钢应具有高硬度、高耐磨性、高尺寸稳定性和足够的韧性。

量具钢没有专用钢，对于简单量具，如卡尺、直尺、样板、量块等，采用 T10A、T11A、T12A、Cr2、9SiCr 等制造；复杂的、较精密的量具一般用低合金刃具钢制造；精度要求高的量具，如量块、塞规等，一般都采用热处理变形小的冷作模具钢或滚动轴承钢制造，如 CrWMn、CrMn；对要求耐蚀性的量具，可采用不锈钢如 3Cr13、4Cr13、9Cr18 等制造。

### 3.2.2 铸铁

铸铁是含碳量大于 2.11%的铁碳合金，与碳素钢相比，所含的碳和杂质较多，力学性能较差，不能锻造。但是，其具有优良的铸造性、减振性、耐磨性和切削加工性，而且成本低廉，生产设备和工艺简单，是机械制造中应用最多的金属材料。

根据碳在铸铁中存在形式的不同，常用铸铁分为白口铸铁、灰铸铁、可锻铸铁、球墨铸铁和合金铸铁等。

1. 白口铸铁

白口铸铁中碳以渗碳体的形式存在，断口呈亮白色，故称为白口铸铁。其性能硬而脆，极难切削加工，一般不用来制造机械零件，主要用作炼钢的原料。

2. 灰铸铁

灰铸铁中的碳多以片状石墨形式存在，断口呈灰色，故称为灰铸铁。其性能硬而脆，它是铸铁中用量最大的一种。常用于制作受力不大、冲击载荷小、需要减振和耐磨的零件，如机床床身、机座、箱壳、阀体等。

灰铸铁牌号由“HT”(灰铁)及数字组成，数字表示最低抗拉强度，如 HT200 表示最低抗拉强度为 200MPa 的灰铸铁。常用的灰铸铁有 HT150、HT200、HT350 等。

3. 可锻铸铁

可锻铸铁是由白口铸铁经可锻化退火而获得的具有团絮状石墨的铸铁。与灰铸铁相比，可锻铸铁具有较高的强度和一定的塑性、韧性，故称为可锻铸铁，实际上并不可锻。常用来制造汽车、拖拉机的薄壳零件、低压阀门和各种管接头等。国家标准 GB 9440—88 和 GB 5612—85 规定，可锻铸铁分为黑心可锻铸铁、珠光体可锻铸铁和白心可锻铸铁，其牌号分别由“KTH”、“KTZ”、“KTB”和两组数字组成。第一组数字表示最低抗拉强度，第二组数字表示最低伸长率。常用的可锻铸铁有 KTH330-08，KTH370-12，KTZ650-02 等。

4. 球墨铸铁

球墨铸铁中石墨呈球状，球状石墨对基体组织的割裂作用和应力集中都大为减小，因而有较高的力学性能，抗拉强度甚至高于碳钢。主要用于制造受力复杂、承受载荷大的零件，如曲轴、连杆、凸轮轴、齿轮等。

球墨铸铁的牌号由“QT”和两组数字组成，数字含义同可锻铸铁，如 QT400-18 表示最低抗拉强度为 400MPa、伸长率为 18%的球墨铸铁。常用的球墨铸铁有 QT400-18、QT600-3、QT900-2 等。

### 3.2.3 非铁金属及其合金

在工程中，通常将钢铁材料以外的金属或合金统称为非铁金属或有色金属。镁、铝、钛等合金密度小，强度高，具有良好的耐腐蚀性能；铜具有优良的导电、导热、抗蚀、抗磁等性能。

1. 铝与铝合金

工业纯铝密度小，导电、导热性好，主要用于制造电线、电缆、散热器以及对强度要求不高的耐腐蚀器皿等。

铝与硅、铜、锰、镁等合金元素组成的铝合金具有强度高、密度小的特点，可通过热处理进一步提高硬度。

铝合金按其工艺性能可分为适合于压力加工的变形铝合金和适用于铸造的铸造铝合金两大类。变形铝合金又分为能热处理强化的硬铝合金和不能热处理强化的防锈铝合金。铸造铝合金铸造性能好，但是塑性差，只能铸造成型。

1)变形铝合金

GB/T 3190—96 规定，变形铝合金牌号用“2×××～8×××”表示，第一位数字是按主要合金元素 Cu、Mn、Si、Mg+Si、Zn 和其他元素的顺序来表示组别，如 1 表示工业纯铝，2 表示 Al-Cu 合金，3 表示 Al-Mn 合金，4 表示 Al-Si 合金，5 表示 Al-Mg 合金，6 表示 Al-Mg-Si 合金，7 表示 Al-Zn-Mg-Cu 合金，8 表示 Al-Li 合金；第二位字母表示原始纯铝的改型情况，A 表示原始纯铝，其他字母表示原始纯铝的改型；最后两位数字用来区分同一组中不同的铝合金，如 2A11 表示以铜为主要合金元素的变形铝合金。

2)铸造铝合金

铸造铝合金的塑性较差，一般不进行压力加工，只用于铸造成型。其牌号用“ZL”加三位数字表示，第一位数字表示合金的类别，如 1 为 Al-Si 系，2 为 Al-Cu 系，3 为 Al-Mg 系，4 为 Al-Zn 系；后两位数字表示合金的顺序号，如 ZL102 表示 2 号铝硅系铸造铝合金。

2. 铜与铜合金

纯铜外观呈紫红色，俗称紫铜，具有很高的导电性、导热性和耐蚀性，塑性也很好，易于压力加工，广泛用于制作电线、电缆、电刷铜管等。

机械工程中常用的铜合金有黄铜和青铜。

1)黄铜

黄铜是指以铜和锌为主的合金。不含其他合金元素的黄铜为普通黄铜；含有其他合金元素的黄铜为特殊黄铜，如铅黄铜。

用于压力加工的普通黄铜的牌号用“H+数字”表示，数字表示平均含铜量的百分数，如 H62 表示平均含铜量为 62%、含锌量为 38% 的普通黄铜。铸造用黄铜的牌号用“ZCuZn+数字”表示，ZCuZn 表示铸造铜锌合金，数字表示平均含锌量的百分数，如 ZCuZn38 表示平均含锌量为 38%的铸造铜锌合金。

特殊黄铜是在铜锌合金的基础上加入 Al、Mn、Sn、Pb、Fe、Ni、Si 等元素后形成的合金，分为压力加工用和铸造用两种。压力加工用特殊黄铜的牌号用“H+主加元素化学符号+数字”表示，数字依次表示铜和主加元素平均含量的百分数，如 HPb59-1 表示平均含铜量为 59%、含铅量 1%、其余为锌的铅黄铜。

铸造用特殊黄铜的牌号与铸造用普通黄铜相同，在牌号后面依次加上加入元素的化学符号及平均含量的百分数，如 ZCuZn40Pb2 表示平均含锌量为 40%、含铅量为 2%、其余为铜的铸造黄铜。

2)青铜

青铜原指铜锡合金，又叫锡青铜。目前工业上应用的大多为不含锡而含 Al、Si、Pb、Be、Mn 等的铜合金统称青铜或无锡青铜。

青铜分为压力加工青铜和铸造青铜两种。压力加工青铜的牌号用“Q+主加元素符号＋数字”表示，数字表示加入元素平均含量的百分数，如 QSn4-3 表示平均含锡量为4%、含锌量为3%、其余为铜的锡青铜。铸造青铜的牌号用“ZCu＋主加元素符号＋数字”表示，如 ZCuSn3Zn8Pb6Ni1 表示平均含锡量为3%、含锌量为8%、含铅量为6%、含镍量为1%、其余为铜的铸造锡青铜。

## 3.3 钢的热处理

钢的热处理是指钢在固态下采用适当的方式进行加热、保温和冷却，以获得所需要的组织结构与性能的工艺。

热处理的目的在于改善材料的工艺性能和力学性能，提高工件的使用性能和寿命。热处理分为普通热处理和表面热处理。普通热处理是对工件整体进行热处理，根据加热温度和冷却方式的不同，又分为退火、正火、淬火和回火。其中，退火和正火常作为预先热处理，目的是消除铸、锻件的缺陷和内应力，改善切削加工性能，为最终热处理做准备；淬火加回火常作为最终热处理，目的是改善零件的力学性能，从而延长零件的寿命。表面热处理只对工件表层进行热处理，表面热处理分为表面淬火和化学热处理。

### 3.3.1 普通热处理

1. 退火

退火是将零件加热到适当的温度，保温一定时间后随炉缓慢冷却的一种热处理工艺。目的是消除高碳钢的内应力、细化晶粒、改善组织及切削加工性能。

2. 正火

正火是将钢加热到一定的温度，保温一定时间，再在空气中冷却的热处理工艺。主要用来提高低碳钢和低合金钢的硬度，使切削时切屑不粘刀。

3. 淬火

淬火是将钢加热到某一温度，保温一定时间，在水中或油中快速冷却的热处理工艺。淬火后的零件，其硬度和耐磨性会提高，但塑性、韧性下降，并产生了内应力。

4. 回火

回火是把淬火后的钢件重新加热到某一温度，保温一段时间，然后冷却到室温的热处理工艺。回火温度不同，其零件的性能也不同。因此，根据零件的使用要求和性能要求可将回火分为低温回火、中温回火和高温回火。

1)低温回火

低温回火的加热温度为150℃～250℃。各种量具、刃具和模具常采用低温回火处理，组织硬度为58HRC～64HRC。

2)中温回火

中温回火的加热温度为350℃～500℃，主要用于弹簧的热处理。回火后的硬度为35HRC～50HRC。

3)高温回火

高温回火的加热温度为500℃～650℃。高温回火后的硬度为20HRC～30HRC。淬火加高温回火相结合的热处理称为调质处理，广泛用于受力复杂、要求综合力学性能好的齿轮、轴类零件等。

### 3.3.2 表面热处理

1. 表面淬火

表面淬火是将工件表面快速加热到淬火温度后立即水冷，以改变其表面组织的局部热处理方法。主要适用于中碳钢零件，要求表面硬且耐磨、心部具有较高的韧性，如花键轴、齿轮等。

2. 化学热处理

化学热处理是把钢置于某种化学介质(碳、氮等)中，经加热、保温后，使介质中的元素渗入钢表层，以改变其表层的化学成分、组织和性能的热处理工艺。

常用的化学热处理是渗碳、渗氮和碳氮共渗。适于进行渗碳的钢是低碳钢，如 20、20Cr 等。

化学热处理的目的是提高工件表层的硬度、耐磨性和抗疲劳强度，而心部仍具有较高的强度和韧性。

## 思考与练习题

1. 金属材料有哪些基本的力学性能和工艺性能?

2. 什么是金属材料的强度、塑性和硬度，它们各有哪些主要指标?

3. 金属材料在什么情况下会产生疲劳破坏?

4. 一根标准拉力试棒的直径为 10mm，长度为 50mm。试验时测出材料在 26000N 时屈服，45000N 时断裂。拉断后试棒长 58mm，断口处直径为 7.75mm。试计算 $\sigma_s$、$\sigma_b$、$\delta$ 和 $\psi$。

5. 钢和铸铁的区别是什么? 二者在性能上有何差异?

6. 根据碳在铸铁中的形态，铸铁分为哪几种? 它们的性能特点如何?

7. 说明下列金属材料牌号或代号的含义及其主要用途：Q235，45，T12A，40Cr，GCr15，W18Cr4V，ZG270-500，HT150，H62。

8. 什么是钢的热处理? 常用的热处理方法有哪些? 它们各自的作用是什么?

9. 有下列零件，试选用它们的材料：螺钉，锉刀，钻头，冲模，齿轮弹簧，机床床身，滚动轴承，桥梁构件。

# 第 4 章　平面机构运动简图及自由度

## 4.1　机器的组成

图 4-1 所示为单缸内燃机，它由汽缸体、活塞、进气阀、排气阀、连杆、曲轴、凸轮、顶杆、齿轮等组成。其功用是使其燃烧的热能转变为曲轴转动的机械能。

图 4-2 所示为颚式破碎机，由电动机、带轮、V 带、带轮、偏心轴、动颚板、肘板、定颚板及机架组成。其功用是在电动机带动下，通过带传动，使动颚板产生平面运动，与定颚板一起压碎物料。

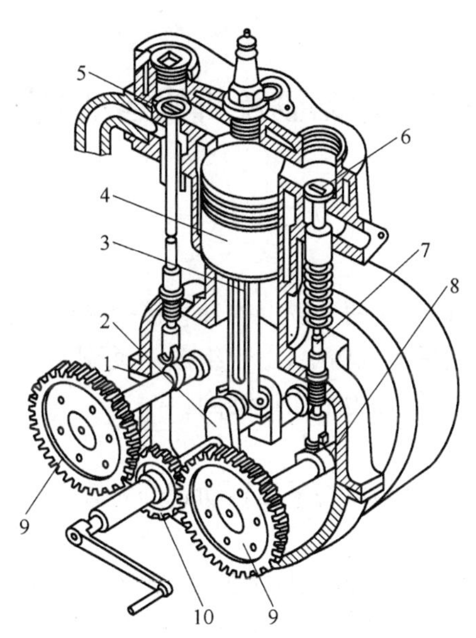


图 4-1　单缸内燃机

1—汽缸体；2—曲轴；3—连杆；4—活塞；5—进气阀；6—排气阀；7—顶杆；8—凸轮；9、10—齿轮。

通过上述例子可知，尽管机器类型很多，结构形式、性能和用途也各不相同，但是都具有以下三个共同特征：

(1)由若干实物组合而成；

(2)各实物之间具有确定的相对运动；

(3)能实现能量转换或完成有用的机械功。

一台完整的机器一般是由原动部分(图 4-2 中的电动机)、传动部分(图 4-2 中的带轮机构、连杆机构)、执行部分(图 4-2 中的动颚板)所组成,仅具有前两个特征的称为机构,工程上人们习惯把机械作为机器与机构的总称。

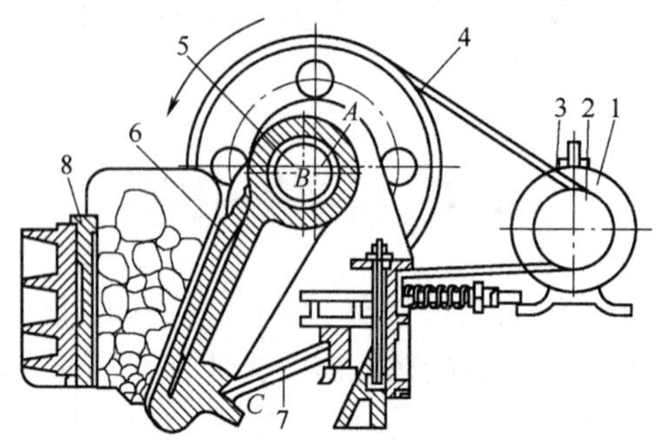


图 4-2 颚式破碎机

1—电动机;2,4—带轮;3—V 带;5—偏心轴;6—动颚板;7—肘板;8—定颚板。

## 4.2 运动副及机构运动简图

### 4.2.1 平面机构的运动副

1. 运动副的概念

构件组成机构时,两个构件或两个以上构件直接接触,并且构件之间能产生一定相对运动的连接称为运动副。在平面机构中,由于组成运动副的两个构件或两个以上构件的运动均为平面运动,故该运动副称为平面运动副。

2. 运动副的分类

根据两构件接触形式的不同,可将平面运动副分为低副和高副两大类。

1)低副

两构件通过面接触所构成的运动副称为低副,如图 4-3 所示。

平面低副按其相对运动形式的不同分为转动副和移动副。

(1)转动副。两构件间只能产生相对转动的运动副称为转动副,或称铰链,如图 4-3(a)所示。

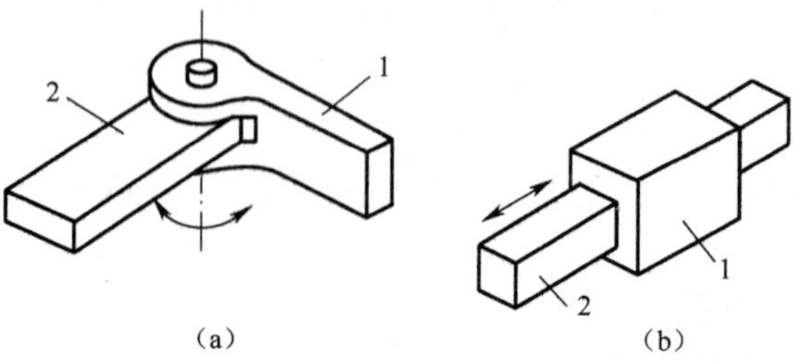


图 4-3 低副

(a)转动副;(b)移动副。

(2)移动副。两构件间只能产生相对移动的运动副称为移动副，如图 4-3(b)所示。

2)高副

两构件通过点接触或线接触所构成的运动副称为高副，如图 4-4 所示，凸轮与从动件在接触处 A(图 4-4(a))、轮齿 1 与轮齿 2(图 4-4(b))分别组成高副。

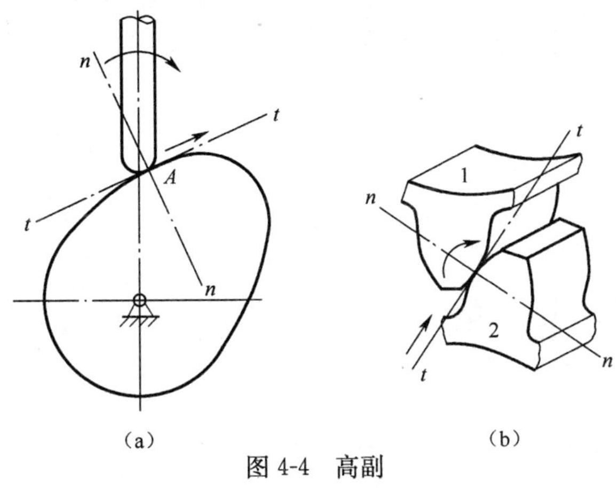


图 4-4　高副

## 4.2.2 机构运动简图

为了便于研究机构的运动，通常将机构中那些与运动无关的实际外形和具体结构略去，只用一些简单线条表示构件，用简单的规定符号表示运动副的类型，按一定比例确定出各运动副的相对位置及与运动有关的尺寸。这种表示机构各构件间相对运动关系的简单图形称为机构运动简图。

机构运动简图与它所表示的实际机构具有完全相同的运动特性。从机构运动简图中可以了解机构中构件的类型和数目、运动副的类型和数目、运动副的相对位置。利用机构运动简图可以表达一部复杂机器的传动原理，可以进行机构的运动和动力分析。

1. 平面机构的组成

机构中的构件可分为三类：

(1)机架。机构中相对固定的构件称为机架，它的作用是支承运动构件。

(2)主动件。给定运动规律的构件称为主动件，一般主动件与机架相连。

(3)从动件。机构中除主动件以外的全部活动件都称为从动件。

2. 机构运动简图的符号

常用机构运动简图的符号如表 4-1 所列。

表 4-1　机械运动简图符号(摘自 GB 4460—85)

| 名称 | 符　号 | 名称 | 符　号 |
|---|---|---|---|
| 固定构件 | | 三副元素构件 | |
| 两副元素构件 | | 转动副 | 2 1　2 1　2 1 |

（续）

| 名称 | 符　号 | 名称 | 符　号 |
|---|---|---|---|
| 移动副 | 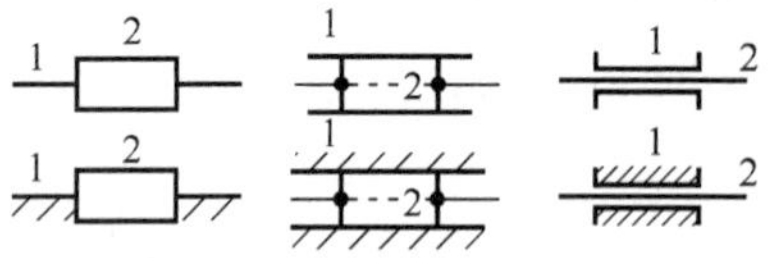 | 齿轮齿条机构 | 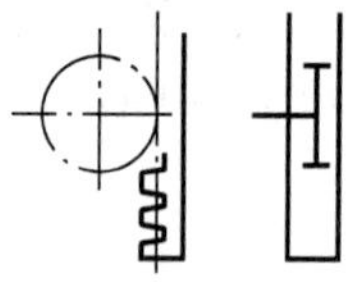 |
| 平面高副 | 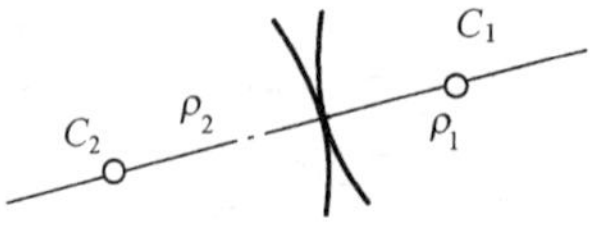 | 圆锥齿轮传动 | 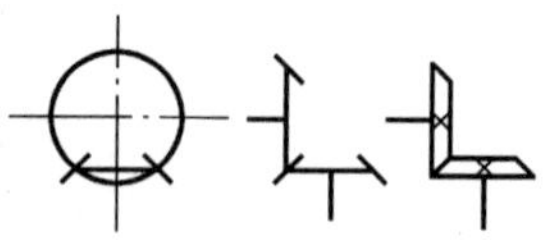 |
| 凸轮机构 | 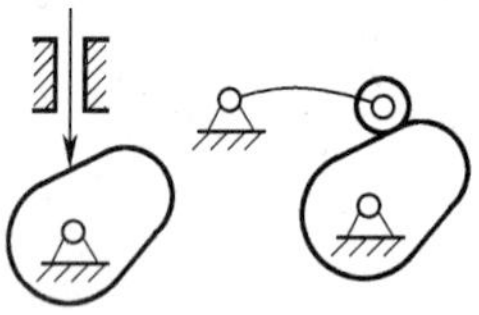 | 蜗杆蜗轮传动 | 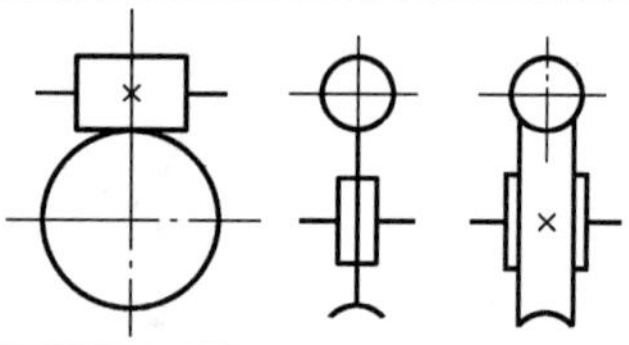 |
| 外啮合圆柱齿轮机构 | 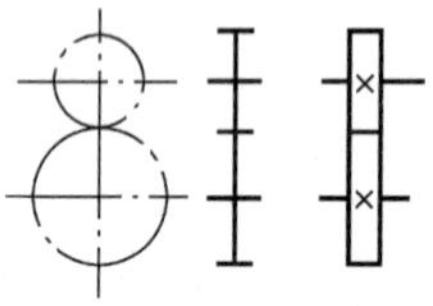 | 带传动 | 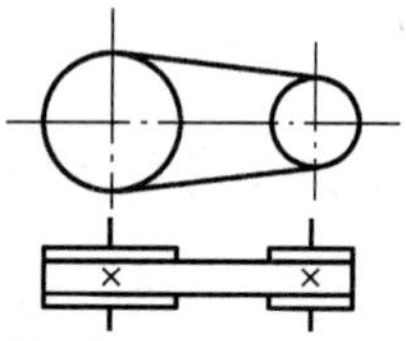 |
| 内啮合圆柱齿轮传动 | 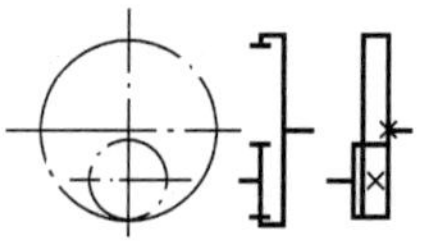 | 链传动 | 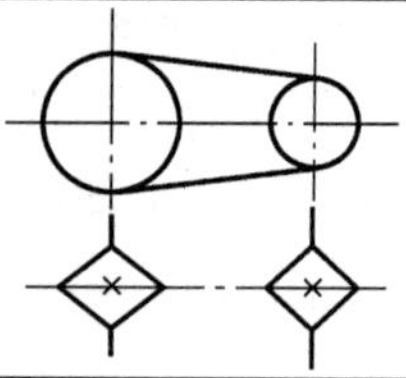 |

3. 平面机构运动简图的绘制

绘制平面机构运动简图的方法和步骤如下：

(1)分析机构的组成和运动情况。观察机构的运动情况，找出主动件、从动件和机架。从主动件开始，沿着传动路线分析各构件间的相对运动关系，确定机构中构件的数目。

(2)确定运动副的类型及其数目。根据相连两构件间的相对运动性质和接触情况确定机构中运动副的类型、数目及各运动副的相对位置。

(3)选择视图平面。为了能够清楚地表明各构件间的运动关系，对于平面机构，通常选择与各构件运动平面相平行的平面作为视图平面。

(4)选取适当的比例尺 $u_l$，绘制机构运动简图。根据机构实际尺寸和图纸大小确定适当的长度比例尺，按照各运动副间的距离和相对位置，用规定的符号和线条将各运动副连起来即为所要画的机构运动简图。图中各运动副顺次标以大写英文字母，各构件标以阿拉伯数字，用箭头标明主动件。

绘制机构运动简图的比例尺 $u_l$ 为

$$u_l = \frac{\text{实际长度(mm)}}{\text{图示长度(mm)}}$$

**例 4-1** 绘制图 4-2 所示颚式破碎机的机构运动简图。

**解**:(1)分析机构的组成及运动情况。

机构运动是由电动机将运动传递给带轮输入,而带轮和偏心轴连成一体(属同一构件),绕转动中心 $A$ 转动;偏心轴带动动颚板运动;肘板的一端与动颚板相连接,另一端与机架在 $D$ 点相连,如图 4-5(a)所示。这样,当偏心轴转动时便带动动颚板作平面运动,定颚板固定不动,从而将矿石轧碎。

由此可知,偏心轴为主动件,动颚板和肘板为从动件,定颚板和 $D$ 固定处为机架。该机构由机架和三个活动构件组成。

(2)确定运动副的类型及其数目。偏心轴与机架组成转动副 $A$;偏心轴与动颚板组成转动副 $B$;肘板与动颚板组成转动副 $C$;肘板与机架组成转动副 $D$。可见该机构共有四个转动副。

(3)选择视图平面。由于该机构中各运动副的轴线互相平行,即所有活动构件均在同一平面或相互平行的平面内运动,故选构件的运动平面为绘制简图的平面。

(4)选取适当的比例尺,绘制机构运动简图。按选定的比例尺,确定各运动副的相对位置,并按规定的符号绘出运动副,如图 4-5(b)中的四个转动副 $A$、$B$、$C$、$D$。然后用线段将同一构件上的运动副连接起来代表构件。连接 $A$、$B$ 为偏心轴,连接 $B$、$C$ 为动颚板,连接 $C$、$D$ 为肘板,并在图中机架上加画斜线,在偏心轴的主动件上标出箭头。这样便绘出了颚式破碎机的机构运动简图。

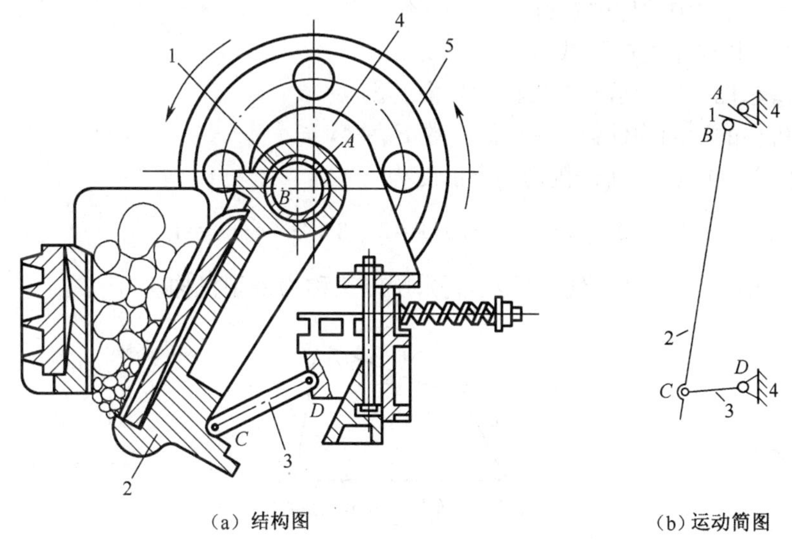


(a) 结构图　　(b) 运动简图

图 4-5　颚式破碎机运动简图的绘制

1—偏心轴;2—动颚板;3—肘板;4—机架;5—带轮。

# 4.3　平面机构的自由度

## 4.3.1　构件的自由度及其约束

由工程力学可知,一个构件作平面运动时具有沿 $x$ 轴和 $y$ 轴的移动以及绕垂直于

$xOy$ 平面的 $A$ 轴的转动三个独立的运动，如图 4-6 所示。构件的独立运动称为构件的自由度。所以，一个作平面运动的自由构件具有三个自由度。

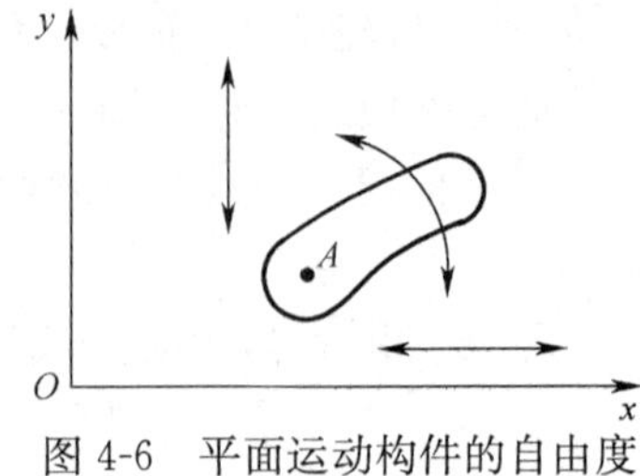

图 4-6　平面运动构件的自由度

## 4.3.2　平面机构自由度的计算

设一个平面机构由 $N$ 个构件组成，其中必有一个构件是机架，因机架为固定件，其自由度为零，故活动构件数 $n=N-1$。这 $n$ 个活动构件在没有通过运动副连接时，共有 $3n$ 个自由度，当用运动副将构件连接起来组成机构之后，其自由度就要减少。当引入一个低副时，自由度就减少两个；当引入一个高副时，自由度就减少一个。若机构中有 $P_L$ 个低副和 $P_H$ 个高副，则共减少 $(2P_L+P_H)$ 个自由度。于是，平面机构的自由度 $F$ 为

$$F=3n-2P_L-P_H \tag{4-1}$$

式中　$n$——活动构件数，$n=N-1$；

$P_L$——机构中的低副数目；

$P_H$——机构中的高副数目。

**例 4-2**　求图 4-7 所示连杆机构的自由度。

**解**：该机构的活动构件数 $n=3$，低副数 $P_L=4$，

高副数 $P_H=0$，则该连杆机构的自由度为

$$F=3n-2P_L-P_H=3\times3-2\times4-0=1$$

此机构的运动副全部是低副（转动副），所以又称为低副机构。

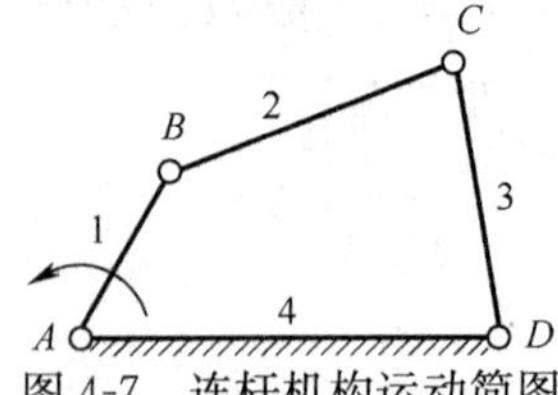

图 4-7　连杆机构运动简图

## 4.3.3　计算平面机构自由度时应注意的问题

应用式(4-1)计算平面机构的自由度时，应注意以下几种特殊情况。

1. 复合铰链

两个以上的构件同时在同一处形成的转动副称为复合铰链。图 4-8(a)所示是由三个构件组成的复合铰链，由图 4-8(b)可清楚地看出，构件 1 分别与构件 2、构件 3 构成两个转动副。依此类推，由 $m$ 个构件组成的复合铰链其转动副的个数应为 $m-1$。

**例 4-3**　计算图 4-9 所示直线机构的自由度。

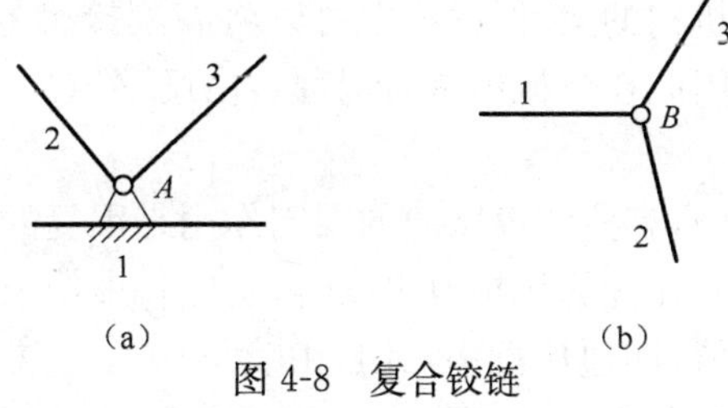

图 4-8　复合铰链

**解**：该机构的活动构件数 $n=7$，$A$、$B$、$D$、$E$ 为复合铰链，有两个转动副，所以，低副数 $P_L=10$，高副数 $P_H=0$，则该机构的自由度为

$$F=3n-2P_L-P_H=3\times7-2\times10-0=1$$

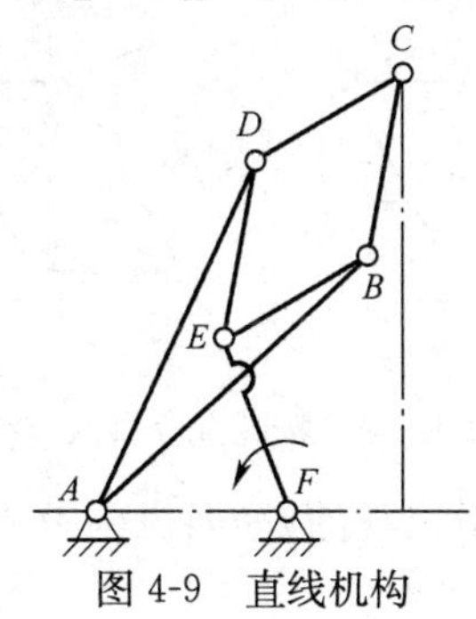

图 4-9　直线机构

2. 局部自由度

机构中某些自由度不影响整个机构运动的自由度，称为局部自由度。在计算机构自由度时应将局部自由度除去不算。

如图 4-10(a)所示的凸轮机构，为了减小高副处的摩擦，变滑动摩擦为滚动摩擦，常在从动件上装一滚子。当主动凸轮绕固定轴 $A$ 转动时，从动件在导路中上下往复运动。滚子和从动件组成一个转动副，显然，滚子的转动快慢与否对整个机构运动无任何影响，即可将从动件与滚子看成一体(图 4-10(b))。

由此可见，这种与机构运动无关的构件的自由度(局部自由度)，在计算机构自由度时应除去不计。此时，该机构的活动构件数 $n=2$，低副数 $P_L=2$，高副数 $P_H=1$，则该机构的自由度为

$$F=3n-2P_L-P_H=3\times2-2\times2-1=1$$

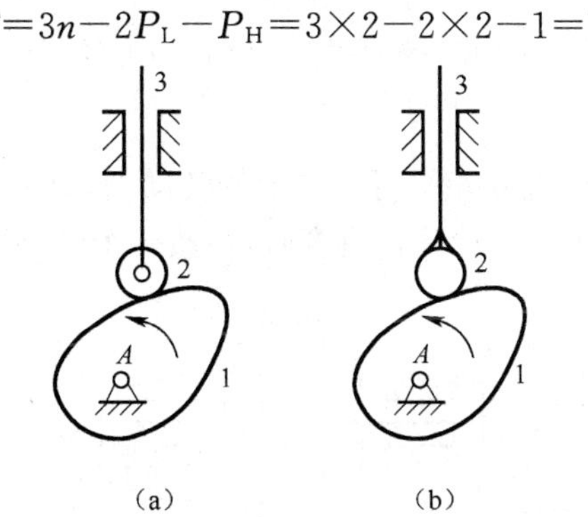

图 4-10　凸轮机构引入的局部自由度

1—主动凸轮；2—滚子；3—从动件。

局部自由度虽不影响机构的运动规律，但可以将高副接触处的滑动摩擦变为滚动摩擦，改善机构的工作状况，因此在机械中常有局部自由度存在。

3. 虚约束

在运动副引入的约束中，有些约束所起的限制作用是重复的，这种重复的不起独立限制作用的约束称为虚约束。在计算机构自由度时，也应将虚约束除去不计。

如图 4-11(a)所示的平行四边形机构，其自由度 $F=1$。若在构件 2 和 4 之间铰接一个与构件 1 长度相等且平行的构件 5(图 4-11(b))，对机构的运动并无影响。但若按式(4-1)计算机构的自由度时，会出现

$$F=3n-2P_{L}-P_{H}=3\times4-2\times6-0=0$$

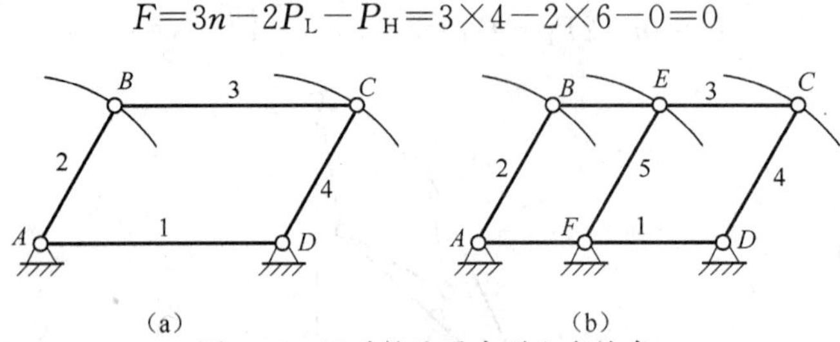

图 4-11　运动轨迹重合引入虚约束

虚约束是在特定的几何条件下出现的，平面机构中的虚约束常出现在下列场合：

1)重复移动副

两构件之间组成几个导路互相平行或重合的移动副，只有一个移动副起约束作用，其他则为虚约束，如图 4-12 所示。计算自由度时，只按一个移动副计算。

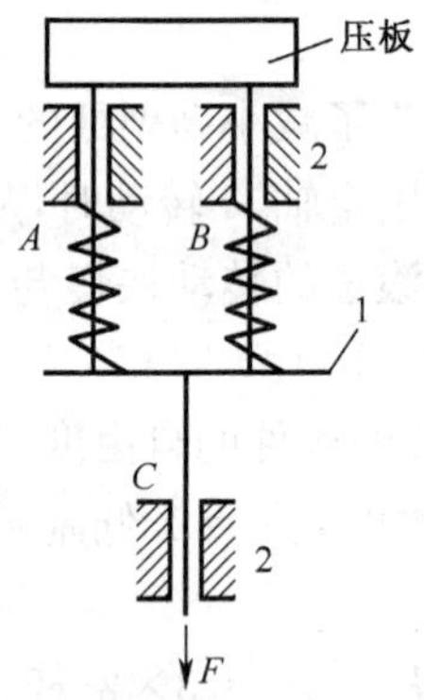

图 4-12　移动方向一致引入的虚约束

2)重复转动副

两构件之间组成几个轴线互相平行或重合的转动副，只有一个转动副起约束作用，其他则为虚约束，如图 4-13 所示。计算自由度时，只按一个转动副计算。

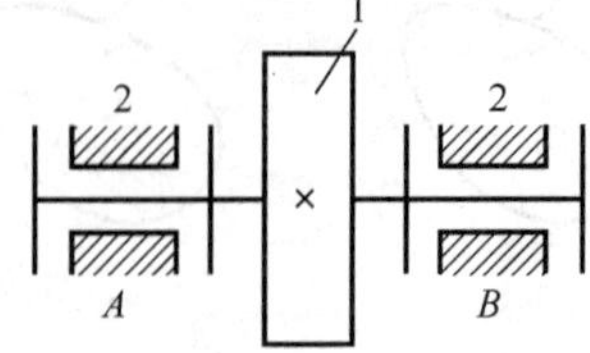

图 4-13　轴线重合引入的虚约束

3)重复轨迹

机构中两构件相连,连接前被连接件上连接点的轨迹和连接件上连接点的轨迹重合,则此连接引入的约束为虚约束,如图 4-11(b)所示。

4)重复高副

机构中对传递运动不起独立作用的对称部分(指高副)为虚约束。如图 4-14 所示的行星轮系,为了受力均衡,采用了三个行星轮 2、2′、2″对称布置,它们所起的作用完全相同。从运动的角度来看,只需要一个行星轮即可满足要求。因此,其中只有一个行星轮所组成的运动副为有效约束。

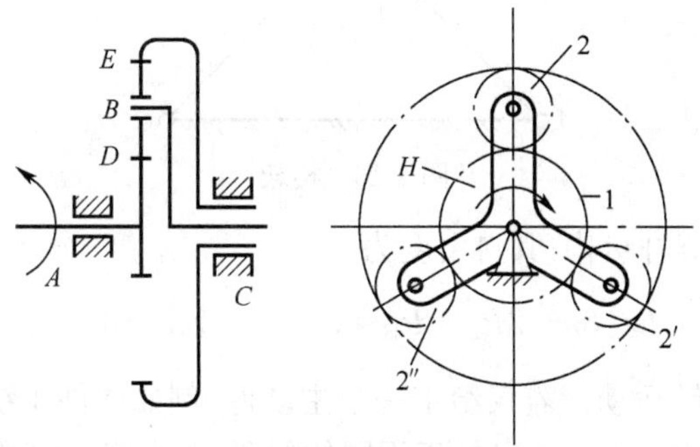


图 4-14 重复高副引入的虚约束

**例 4-4** 计算图 4-15(a)所示大筛机构的自由度。

**解:**机构中滚子自转为一个局部自由度。顶杆 7 与机架 8 在 $E$ 和 $E'$ 组成两个导路重合的移动副,其中之一为虚约束。$C$ 处是复合铰链。现将滚子与顶杆看成一体,除去虚约束 $E'$,如图 4-15(b)所示。该机构的活动构件数 $n=7$,低副数 $P_L=9$(7 个转动副和 2 个移动副),高副数 $P_H=1$,则该大筛机构的自由度为

$$F=3n-2P_L-P_H=3\times7-2\times9-1=2$$

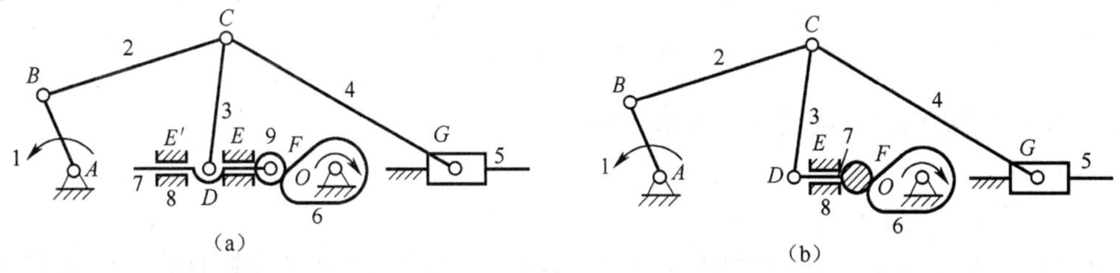


图 4-15 大筛机构的自由度

1—曲柄;2,3,4—连杆;5—滑块;6—偏心轮;

7—顶杆;8—机架;9—滚子。

## 4.3.4 平面机构具有确定运动的条件

机构是由若干个构件通过运动副连接而成的,机构要实现预期的运动传递和变换,必须使其运动具有可能性和确定性。所谓机构具有确定运动,是指该机构中所有构件在任一瞬时的运动都是完全确定的。由于不是任何构件系统都能实现确定的相对运动,因

此不是任何构件系统都能成为机构。构件系统能否成为机构，可以用是否具有确定运动为条件来判别。

如图 4-16 所示，机构的自由度等于零（$F=3n-2P_{L}-P_{H}=3\times2-2\times3=0$），各构件之间不可能产生任何相对运动，故这样的构件组合不是机构。因此，机构具有相对运动的条件是自由度 $F>0$。

$F>0$ 的条件只表明机构能够运动，并不能说明机构运动是否确定。

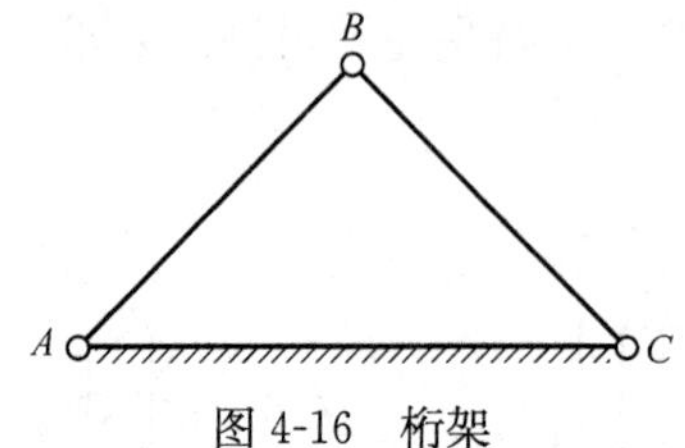

图 4-16　桁架

如图 4-17 所示的五杆机构，其自由度为

$$F=3n-2P_{L}-P_{H}=3\times4-2\times5-0=2$$

$F>0$ 说明机构能够运动。若仅给定一个主动件，例如构件 1 绕 $A$ 点均匀转动，当构件 1 处于 $AB$ 位置时，构件 2、3、4 可处于不同的位置（图中表示出了两个位置），即这三个构件的运动并不确定。但若给定两个主动件，如构件 1 和 4 分别绕 $A$ 点和 $E$ 点转动，则构件 2、3 的运动就能完全确定。

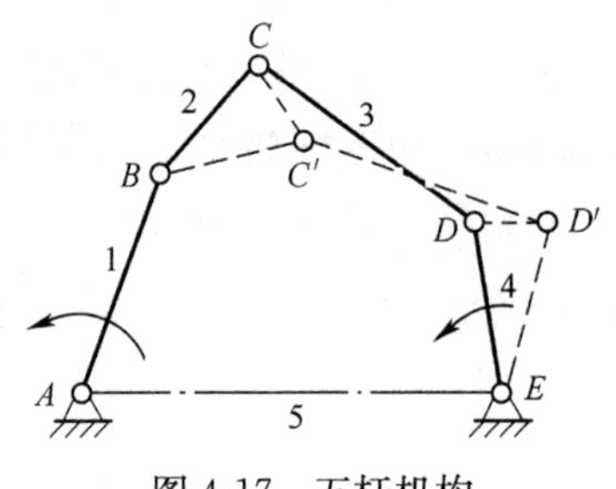

图 4-17　五杆机构

由此可知，机构具有确定运动的条件是：

(1) $F>0$；

(2) $F$ 等于机构主动件的个数。

在例 4-4 中，大筛机构的自由度等于 2，有两个主动件，故该机构具有确定的相对运动；否则，机构的运动不能确定。

## 思考与练习题

1. 什么是零件？什么是构件？构件与零件的关系是什么？
2. 什么是机器？什么是机构？机构与机器的关系是什么？
3. 什么叫低副？什么叫高副？举例说明常见的低副和高副。

4. 计算图 4-18 和图 4-19 所示机构的自由度。

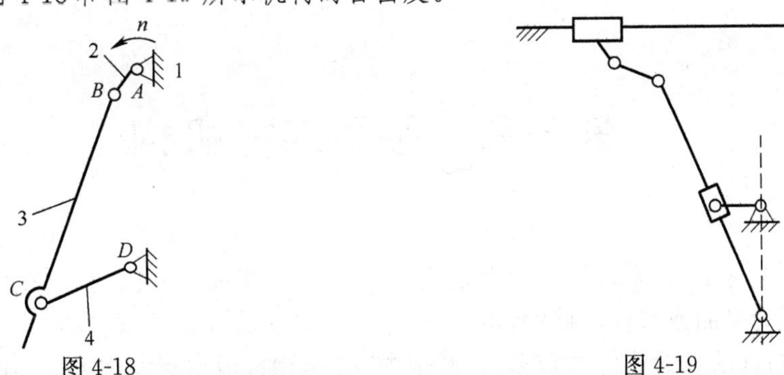


图 4-18　　　　图 4-19

5. 试计算图 4-20 所示机构的自由度。若含有复合铰链、局部自由度或虚约束,请逐一指出,并判定它们是否具有确定的运动。

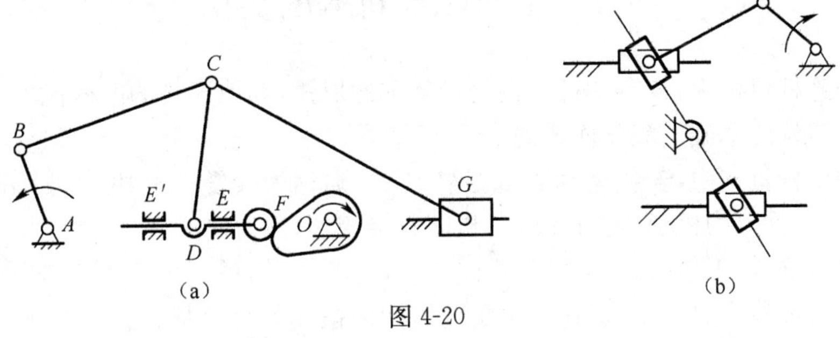


(a)　　　　(b)

图 4-20

6. 绘制图 4-21 所示机构的机构示意图,并计算自由度。如结构上有错误,请提出改进意见。

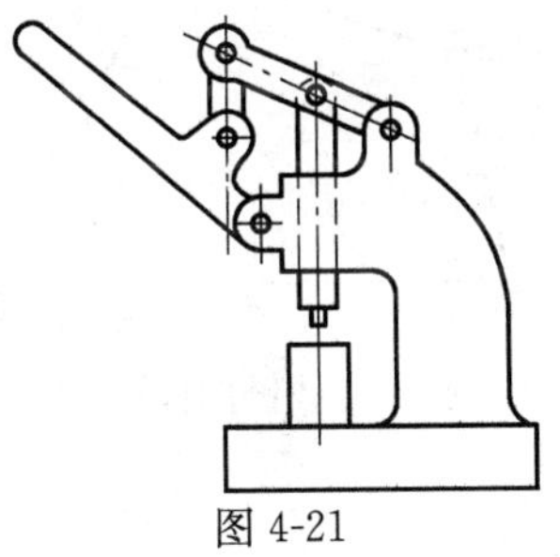

图 4-21

# 第 5 章　平面连杆机构

在平面机构中，如果各运动副都是低副，则称其为平面连杆机构。平面连杆机构的优点是运动副为平面或圆柱面接触，承载能力大，制作容易，运动形式多样，能实现多种运动规律和轨迹；其缺点是构件数较多，且低副中存在间隙，运动累积误差大，设计较难，不易精确实现复杂的运动规律。平面连杆机构广泛应用于各种机械和仪器中。

## 5.1　平面四杆机构的类型

在平面连杆机构中，铰链四杆机构为最基本的形式，其他形式的四杆机构可以看作是在铰链四杆机构的基础上演化而成的。

在平面四杆机构中，若各运动副都是转动副，则称为铰链四杆机构，如图 5-1 所示。在此机构中，构件 4 为机架；构件 1、3 与机架直接相连，称为连架杆；构件 2 与机架间接相连，称为连杆。机构工作时，连架杆作定轴转动，连杆作平面复杂运动。连架杆中，能做整周转动的连架杆称为曲柄，只能在一定角度范围内摆动的称为摇杆。按两连架杆中曲柄和摇杆的存在情况，铰链四杆机构可分为三种基本形式。

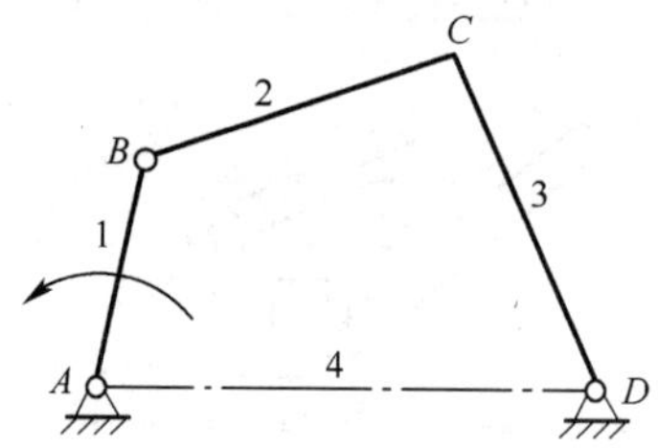

图 5-1　铰链四杆机构

1. 曲柄摇杆机构

在铰链四杆机构中，若两个连架杆之一为曲柄，另一位摇杆，则称为曲柄摇杆机构，如图 5-2 所示。

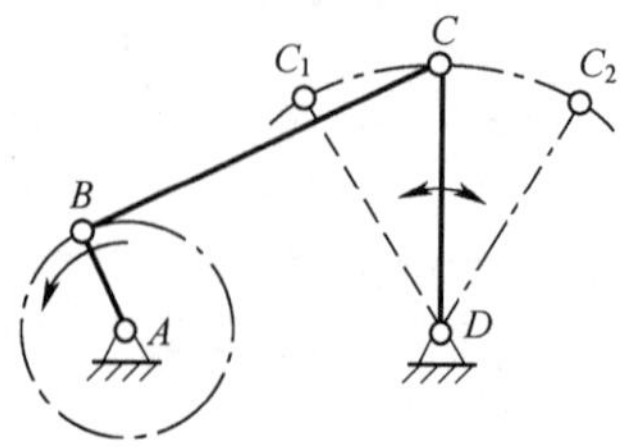

图 5-2　曲柄摇杆机构

曲柄摇杆机构的传动特点是可实现曲柄转动与摇杆摆动的相互转换。如图 5-3 所示为雷达天线调节机构，构件 2 为曲柄，它转动后通过连杆 3 使摇杆 4(即天线)绕 D 点摆动，从而调整天线的俯仰角以对准通讯卫星。如图 5-4 所示为缝纫机踏板机构，构件 4 为摇杆(即踏板)，它上下摆动后通过连杆 3 使曲柄连续转动，从而驱动缝纫机工作。

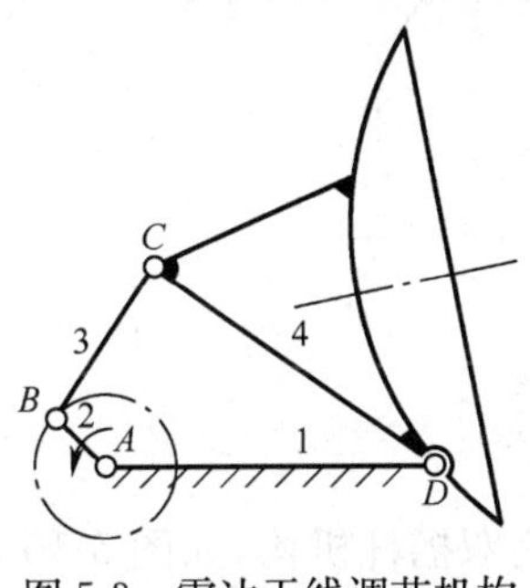

图 5-3 雷达天线调节机构

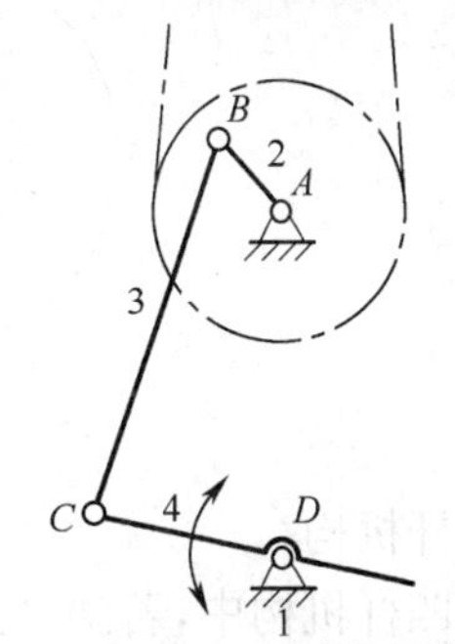

图 5-4 缝纫机踏板机构

2. 双曲柄机构

在铰链四杆机构中，若两个连架杆均为曲柄，则该机构称为双曲柄机构，如图 5-5 所示。

双曲柄机构的传动特点是当主动曲柄匀速转动时，从动曲柄一般做变速运动。图5-6 所示为惯性筛，它利用双曲柄机构 *ABCD* 中从动曲柄 4 的变速转动，通过杆 5 带动筛子 6 做变速往复移动，从而达到利用惯性筛分物料的目的。

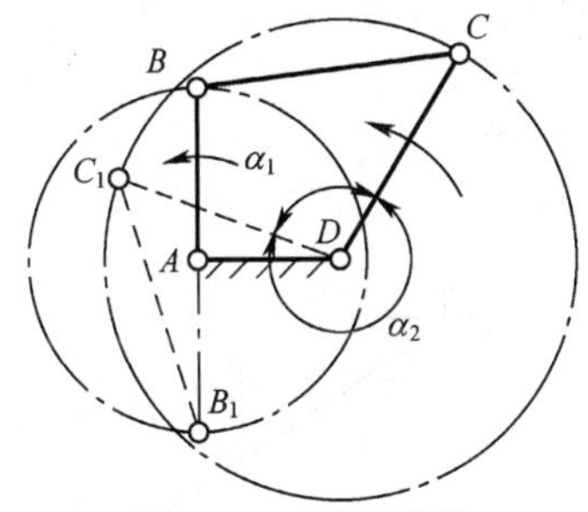

图 5-5 双曲柄机构

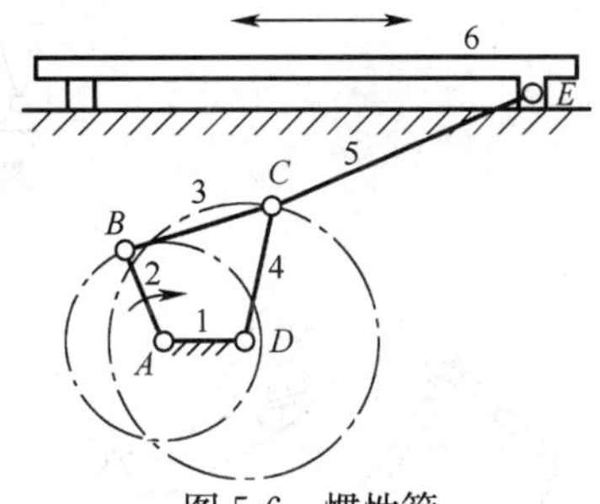

图 5-6 惯性筛

在双曲柄机构中，如果相对的两杆平行且长度相等，则称为平行四边形机构，如图5-7 所示。平行四边形机构的传动特点是两曲柄以相同的角速度同向转动，连杆做平动。图 5-8 所示为平行四边形机构在机车车轮联动机构中的应用。

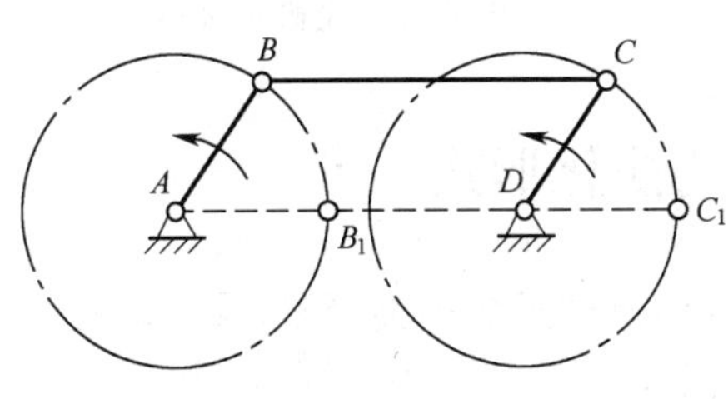

图 5-7 平行四边形机构

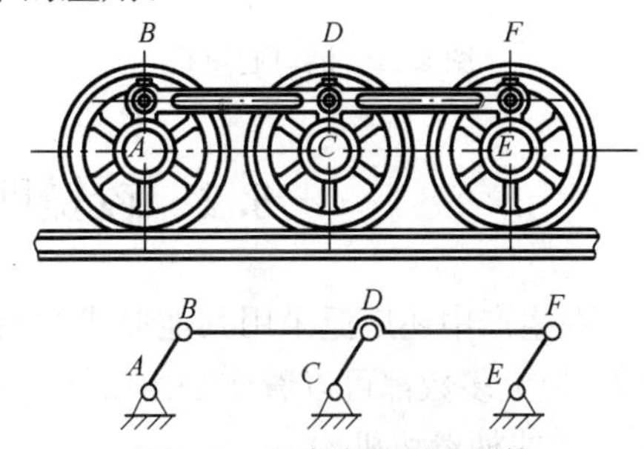

图 5-8 机车车轮联动机构

在双曲柄机构中，如果相对的两杆长度分别相等，但不平行，则成为反平行四边形机构，如图 5-9 所示。在反平行四边形机构中，当以其长边为机架时，两曲柄的转动方向相反。

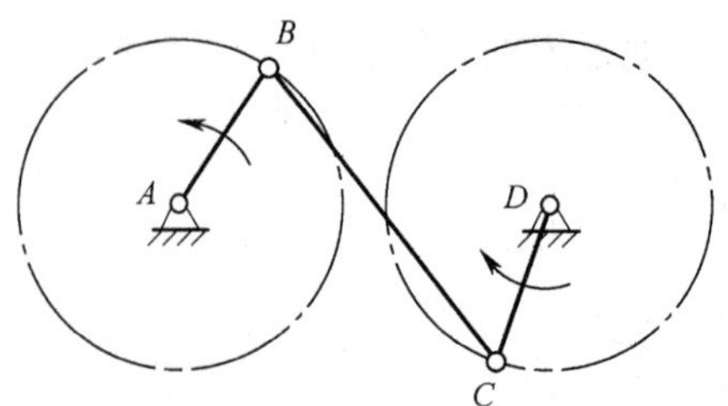


图 5-9　反平行四边形机构

3）双摇杆机构

在铰链四杆机构中，若两个连架杆均为摇杆，则称为双摇杆机构，如图 5-10 所示。双摇杆机构的传动特点是可将一种摆动转换成另一种摆动。图 5-11 所示的港口起重机也采用了双摇杆机构，该机构利用连杆上的特殊点 $M$ 来实现货物的水平吊运。图 5-12 所示的飞机起落架利用双摇杆机构控制飞机起飞和着陆时机轮的收起与推出。

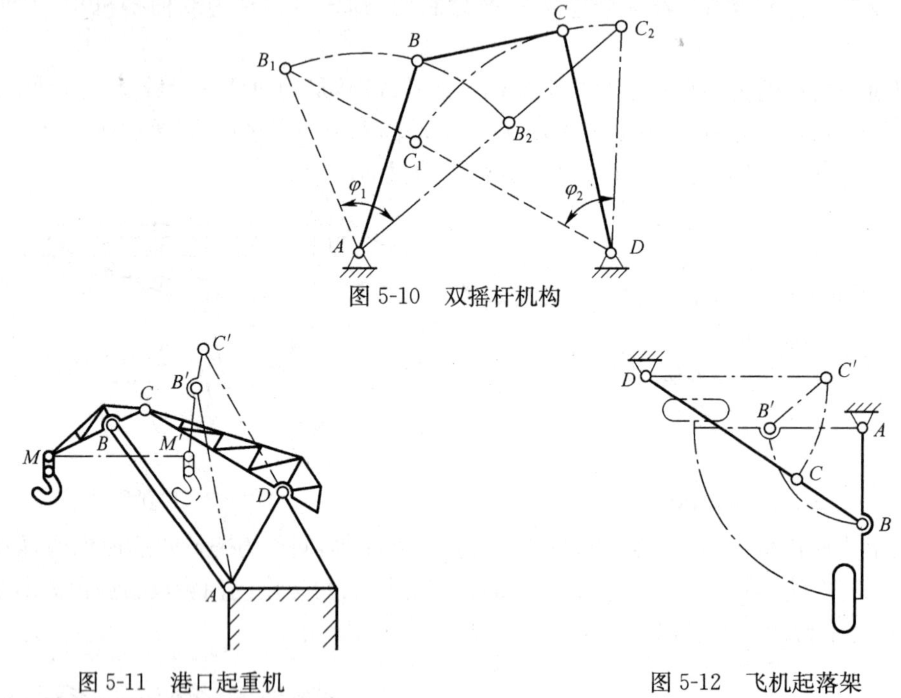


图 5-10　双摇杆机构

图 5-11　港口起重机

图 5-12　飞机起落架

## 5.2　铰链四杆机构的演化形式

在生产中还广泛采用其他形式的四杆机构。这些机构虽然种类繁多，具体结构差异较大，但大多数都可以看作是由铰链四杆机构演化而成。

1. 曲柄滑块机构

曲柄滑块机构是曲柄摇杆机构的一种演化形式。如图 5-2 中摇杆 $CD$ 的长度趋向无穷大时，摇杆就变成了沿直线导轨作往复移动的滑块，成为曲柄滑块机构。当滑块移动的导路通过曲柄的转动中心 $A$ 时，称为对心曲柄滑块机构（图 5-13(a)）；当滑块移动的导路不通过曲柄的转动中心时称为偏置曲柄滑块机构（5-13(b)）。

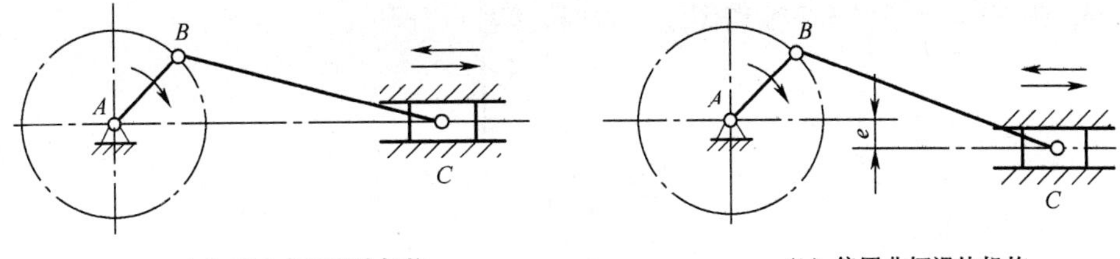


（a）对心曲柄滑块机构　　（b）偏置曲柄滑块机构

图 5-13　曲柄滑块机构

曲柄滑块机构的传动特点是可以实现曲柄转动和滑块往复移动之间的相互转换，在内燃机、冲床、空压机等机械中得到了广泛的应用。在如图 5-13(a)所示的对心曲柄滑块机构中，如果分别选择其他三个构件为机架，则可得到表 5-1 所列的机构。

表 5-1　机构的演化

| 曲柄滑块机构 | 转动导杆机构 | 摆动导杆机构 | 摇块机构 | 定块机构 |
|---|---|---|---|---|
| 以 $AC$ 为机架 | 以 $AB$ 为机架 ($l_{AB}>l_{BC}$) | 以 $AB$ 为机架 ($l_{AB}>l_{BC}$) | 以 $BC$ 为机架 | 以滑块为机架 |
| (a) | (b) | (c) | (d) | (e) |

2. 转动导杆机构

在表 5-1 中图(a)所示的对心曲柄滑块机构中，若改选构件 $AB$ 为机架，则得到表 5-1 中图(b)所示的曲柄转动导杆机构，简称转动导杆机构。在此机构中，两连架杆 $BC$、$AC$ 均作整周转动，其中，构件 $BC$ 称为曲柄，构件 $AC$ 为滑块提供导轨作用，称为导杆。图 5-14所示的小型刨床机构简图中采用的就是由杆 1、2、3、4 组成的转动导杆机构。

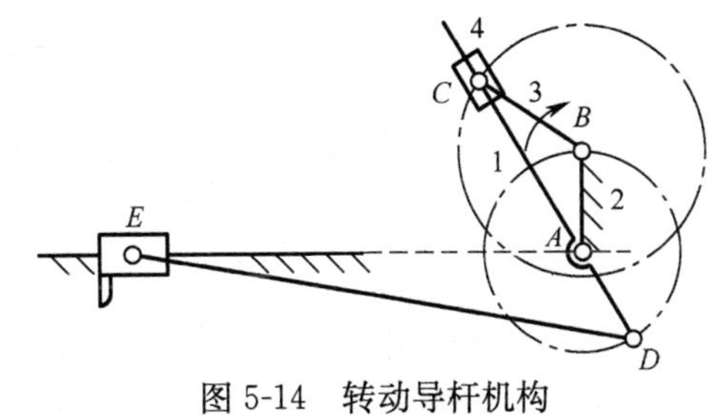


图 5-14　转动导杆机构

3. 摆动导杆机构

在表 5-1 的图(b)中，如果杆 2 的长度大于杆 3 的长度，此时杆 3 可绕铰链 $B$ 作回转运动，而导杆 1 只能在一定角度内摆动，则该机构演化为表 5-1 中图(c)所示的摆动导杆机构。图 5-15 为摆动导杆机构在电气开关中的应用，当曲柄 $BC$ 处于图示位置时，动触点 2 和静触点 1 接触；当 $BC$ 偏离图示位置时，两触点分开。

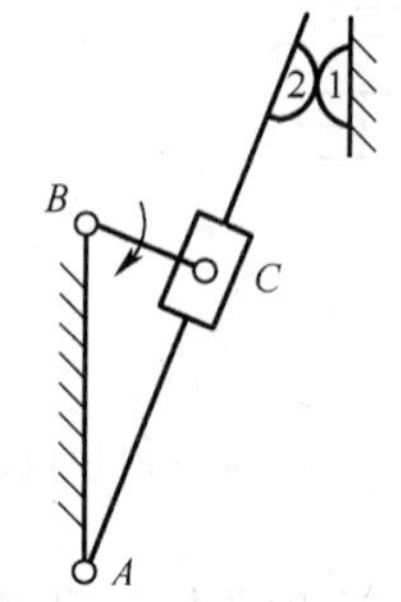


图 5-15　电器开关机构

4. 摇块机构

在表 5-1 的图(a)中，以杆 3 为机架，便得到表 5-1 中图(d)所示的摇块机构。在此机构中，构件 2 做整周转动，滑块 4 做往复摆动。

摇块机构的传动特点是可将导杆的相对移动转化为曲柄的转动。图 5-16 所示为摇块机构在自卸卡车车厢举升机构中的应用。其中，摇块 4 为油缸，利用压力油推动活塞使车厢翻转卸料。

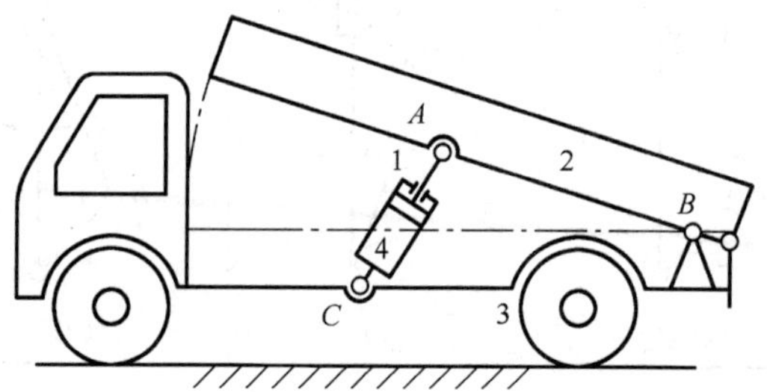


图 5-16　自卸卡车车厢举升机构

5. 定块机构

定块机构也称直动导杆机构。在表 5-1 的图(e)中，以滑块 4 为机架，则导杆 1 只相对于滑块 4 做往复移动，其中滑块 4 称为定块。图 5-17 所示的手压抽水机为该机构的应用实例。

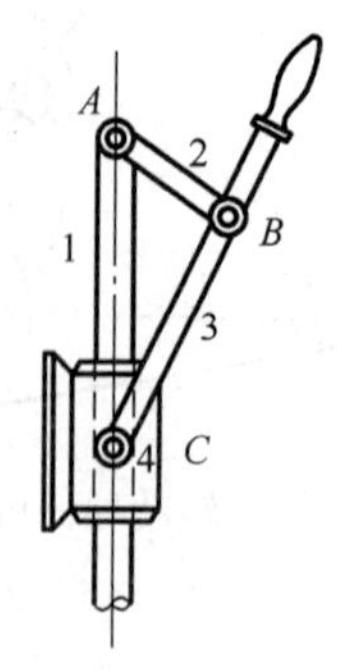


图 5-17　手压抽水机

## 5.3 铰链四杆机构的基本性质

### 5.3.1 曲柄存在条件

铰链四杆机构三种基本形式的区别在于机构中是否有曲柄存在。通过理论证明(可参考有关资料),机构在什么条件下存在曲柄与其机构的各构件相对尺寸的大小以及选取哪个构件为机架有关,即铰链四杆机构有曲柄的条件(杆长之和条件)为:

(1)最短杆与最长杆的长度之和小于或等于其他两杆的长度之和;

(2)连架杆或机架中必有一杆是最短杆。

以上的两个条件必须同时满足,否则机构中不存在曲柄。但对铰链四杆机构三种基本形式的具体判别,除了满足铰链四杆机构有曲柄的条件外,还与固定不同杆作机架有关,可归纳为:

(1)当最短杆与最长杆的长度之和大于其他两杆的长度之和时,只能是双摇杆机构。

(2)当最短杆与最长杆的长度之和小于或等于其他两杆的长度之和且

①最短杆为机架时,是双曲柄机构;

②最短杆的邻边杆为机架时,是曲柄摇杆机构;

③最短杆的对边杆为机架时,是双摇杆机构。

铰链四杆机构的基本形式如表 5-2 所列。

表 5-2 铰链四杆机构的基本形式

| 最短杆与最长杆之和小于或等于其余两杆长度之和 | | | 最短杆与最长杆之和大于其余两杆长度之和 |
|---|---|---|---|
| 双曲柄机构 | 曲柄摇杆机构 | 双摇杆机构 | 双摇杆机构 |
| 取最短杆为机架 | 取最短杆的邻边杆为机架 | 取最短杆的对边杆为机架 | 取任意杆为机架 |
| A B C D | A B C D | A B C D | A B C D |

**例** 在图 5-18 所示的铰链四杆机构中,各构件的长度已标出,试判断该机构当四个杆件分别为机架时的类型。

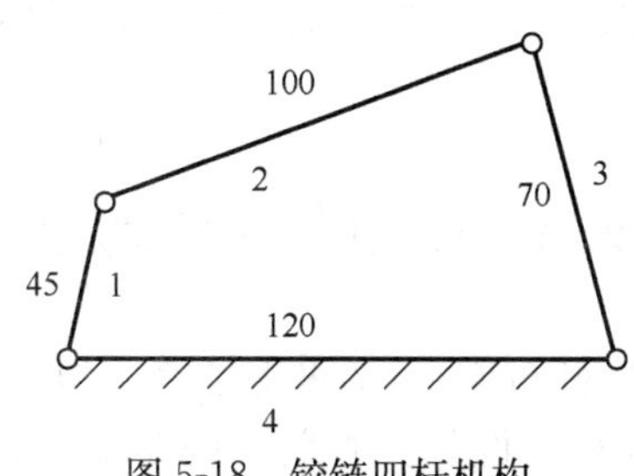


图 5-18 铰链四杆机构

**解:**因为最短杆的长度 45 和最长杆的长度 120 之和为 165,小于其余两杆长度之和

(100+70=170)，所以以最短杆 1 的邻边杆 4 或 2 为机架时，是曲柄摇杆机构。若以最短杆 1 为机架，是双曲柄机构。若以最短杆 1 的对边杆 3 为机架，是双摇杆机构。

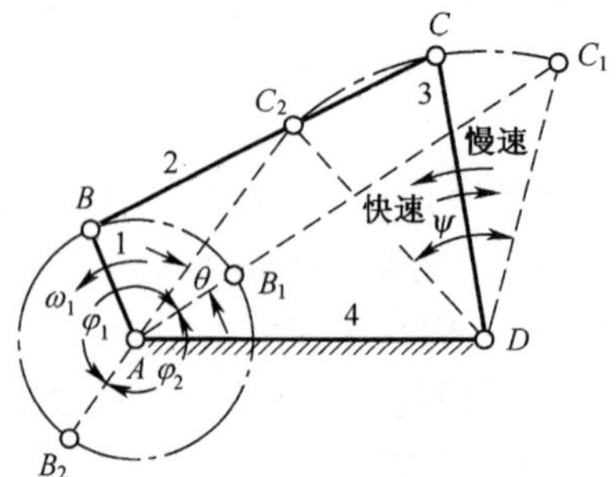

图 5-19 曲柄摇杆机构的急回特性

### 5.3.2 急回运动特性

如图 5-19 所示，曲柄 $AB$ 为主动件，做逆时针等速转动。当曲柄与连杆在 $AB_1C_1$ 共线时（称为拉直共线），摇杆处于右极限位置 $C_1D$；当曲柄与连杆在 $AB_2C_2$ 共线时（称为重叠共线），摇杆处于左极限位置 $C_2D$。机构所处的 $AB_1C_1D$ 和 $AB_2C_2D$ 两个位置称为极位，摇杆两个极位 $C_1D$、$C_2D$ 之间的夹角 $\psi$ 称为摆角。与此对应，曲柄两个位置 $AB_1$、$AB_2$ 之间所夹的锐角 $\theta$ 称为极位夹角。当机构从极位 $AB_2C_2D$ 运动到另一极位 $AB_1C_1D$ 时，曲柄转过的角度为 $\varphi=180°-\theta$，摇杆转过的角度为 $\psi$，所用时间为 $t_2=\varphi_2/\omega_1$，摇杆的平均角速度为 $\omega_{m2}=\psi/t_2$；当机构从极位 $AB_1C_1D$ 转回到极位 $AB_2C_2D$ 时，曲柄转过的角度为 $\varphi_1$，摇杆转过的角度仍为 $\psi$，所用时间为 $t=\varphi_1/\omega_1$，摇杆的平均角速度为 $\omega_{m1}=\psi/t_1$。因为 $\varphi_2<\varphi_1$，所以 $t_2<t_1$，$\omega_{m2}>\omega_{m1}$，即摇杆往复摆动的平均角速度不同，一快一慢，这一运动特性称为急回运动特性。机构急回运动的程度可用行程速比系数 $K$ 来衡量，即

$$K=\frac{\omega_{m2}}{\omega_{m1}}=\frac{\psi/t_2}{\psi/t_1}=\frac{t_1}{t_2}=\frac{\varphi_1/\omega_1}{\varphi_2/\omega_1}=\frac{\varphi_1}{\varphi_2}=\frac{180°+\theta}{180°-\theta} \tag{5-1}$$

上式表明，当 $\theta=0$ 时，$K=1$，机构无急回特性；当 $\theta\neq0$ 时，机构具有急回特性；$\theta$ 角愈大，$K$ 值愈大，急回特性愈显著。$\theta$ 角的大小与各构件的长度有关，设计时，通常要预选 $K$ 值，求出 $\theta$。因此，由式(5-1)可求得

$$\theta=180°\times\frac{K-1}{K+1} \tag{5—2}$$

除曲柄摇杆机构外，偏置曲柄滑块机构和摆动导杆机构等也具有急回特性。在生产中，利用机构的急回特性，在慢速行程工作，在快速行程空回，可以缩短非工作时间，提高生产效率。

## 5.4 压力角和传动角

在如图 5-20 所示的曲柄摇杆机构中，如果不计质量和摩擦力，则连杆 2 是二力构件，由原动件 1 经过连杆 2 作用在从动件 3 上的点 $C$ 的驱动力 $F$，将沿着 $BC$ 方向。力 $F$ 与点 $C$ 速度 $v_c$ 方向之间所夹的锐角 $\alpha$ 称为机构在此位置的压力角，而力 $F$ 与 $v_c$ 方向的垂直方向之间所夹的锐角 $\gamma$ 称为机构在此位置的传动角。显然，$\alpha$ 与 $\gamma$ 互余。力 $F$ 在速度

$v_c$ 方向的分力为 $F_t = F\cos\alpha = F\sin\gamma$，力 $F$ 在 $v_c$ 方向的垂直方向的分力为 $F_n = F\sin\alpha = F\cos\gamma$。其中，分力 $F_t$ 对 $D$ 点有力矩作用，是使从动件转动的有用分力；而分力 $F_n$ 对 $D$ 点无力矩作用，仅使运动副压紧，增加了摩擦，是有害分力。可见，传动角 $\gamma$ 越大，有用分力 $F_t$ 越大，有害分力 $F_n$ 越小，对机构的传动越有利。

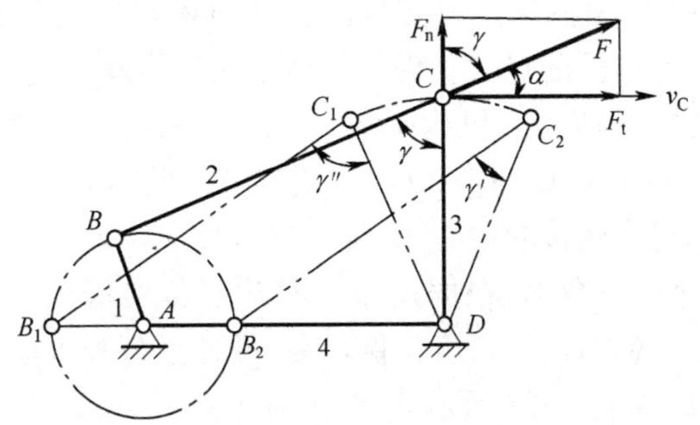

图 5-20　曲柄摇杆机构的压力角和传动角

机构在运动过程中，其传动角的大小是变化的。根据分析，当曲柄 $AB$ 转动至机架 $AD$ 重叠共线和拉直共线 $AB_1$、$AB_2$ 两位置时，对应的传动角 $\gamma'$ 和 $\gamma''$ 中较小者为机构的最小传动角 $\gamma_{min}$。为了保证机构具有良好的传力性能，设计时通常应使 $\gamma_{min}$ 为 40°～50°。

## 5.5　死点位置

在图 5-20 中，若摇杆为主动件，曲柄为从动件，当摇杆 $CD$ 到达两极限位置 $C_1D$ 和 $C_2D$ 时，连杆 $BC$ 和曲柄 $AB$ 在一条直线上，机构的传动角 $\gamma=0$，此时摇杆 $CD$ 通过连杆 $BC$ 施加于从动曲柄 $AB$ 上的力恰好通过其回转中心 $A$，此力对该点不产生力矩，所以出现了不能使曲柄转动的"顶死"现象，这两个极限位置称为死点位置。

对于传动机构而言，机构有死点是不利的，这个缺陷常利用构件的惯性加以克服。例如，缝纫机的驱动机构在运动中就依靠飞轮的惯性通过死点。

当然，有时可利用机构的死点来满足一些特殊的工作要求。如图 5-21 所示的钻床工件夹紧装置，当工件被夹紧后，$BCD$ 成一条直线，机构处于死点位置，无论工件的反力多大，夹具也不会自行松脱。

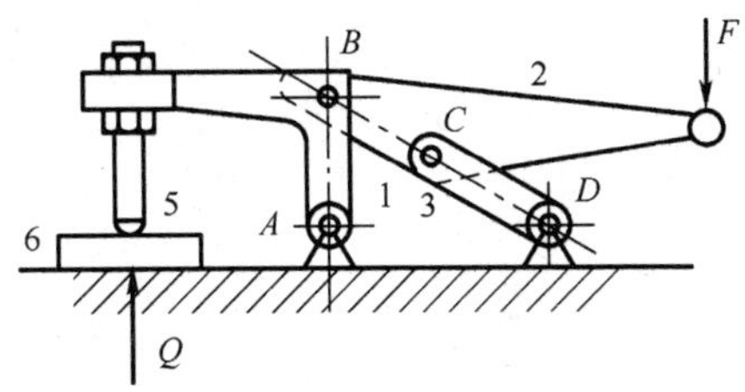

图 5-21　钻床夹具的死点

## 5.6　平面四杆机构的设计

平面四杆机构设计的基本任务是根据给定的运动要求选定机构的形式，确定各构件的长度。平面四杆机构设计的基本问题可归纳为以下两类：

(1)按给定的运动规律或位置设计四杆机构；

(2)按给定的运动轨迹要求设计四杆机构。

1. 按给定的行程速比系数设计四杆机构

设计时，先按给定的 $K$ 值算出极位夹角 $\theta$，再按机构在极限位置的几何关系，结合给定的有关辅助条件确定各构件的尺寸。现将具体方法和步骤介绍如下。

如图 5-22 所示，已知曲柄摇杆机构中摇杆 $CD$ 的长度 $l_{CD}$、摆角 $\psi$ 和行程速比系数 $K$，试设计该机构(即确定曲柄 $AB$、连杆 $BC$ 和机架 $AD$ 的长度)。

本设计的关键是确定曲柄转动中心 $A$，设计步骤如下：

(1)由给定的行程速比系数 $K$，根据式(5-2)算出极位夹角 $\theta$。

(2)任选一固定铰链点 $D$，选取长度比例尺 $\mu_l$，并按摇杆长 $l_{CD}$和摆角 $\psi$ 作出摇杆的两个极限位置 $C_1D$ 和 $C_2D$，如图 5-22 所示。

(3)连接 $C_1$、$C_2$ 两点，并自 $C_1$(或 $C_2$)作 $C_1C_2$ 的垂线 $C_1H$。

(4)作 $\angle C_1C_2J=90^\circ-\theta$，则直线 $C_2J$ 与 $C_1H$ 相交于 $P$ 点。在 $\triangle C_1PC_2$ 中，$\angle C_1PC_2=\theta$。

(5)以 $C_2P$ 为直径作$\triangle C_1PC_2$ 的外接圆 $k$，在圆周上任取一点 $A$ 作为曲柄 $AB$ 的固定铰链中心，连接 $AC_1$ 和 $AC_2$。因同一圆弧的圆周角相等，故$\angle C_1AC_2=\angle C_1PC_2=\theta$。

(6)摇杆在两极限位置时曲柄和连杆共线，故有各构件长度关系：

$$l_{AC_1}=l_{BC}-l_{AB},l_{AC_2}=l_{BC}-l_{AB}$$

(7)在图 5-22 上测得各构件实际长度为

$$l_{AB}=\mu_l l_{AB},l_{DC}=\mu_l l_{DC};l_{AD}=\mu_l l_{AD}$$

2. 按给定连杆的两个或三个位置设计四杆机构

设已给定连杆 $BC$ 的长度 $l_{BC}$及两个位置 $B_1C_1$ 和 $B_2C_2$，如图 5-23 所示，试设计一铰链四杆机构。

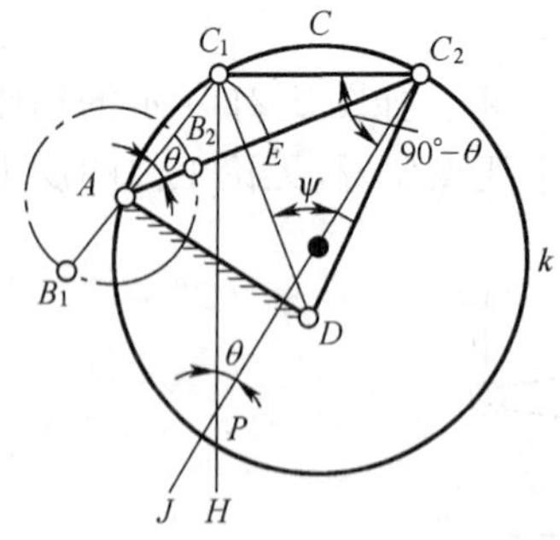

图 5-22　曲柄摇杆机构

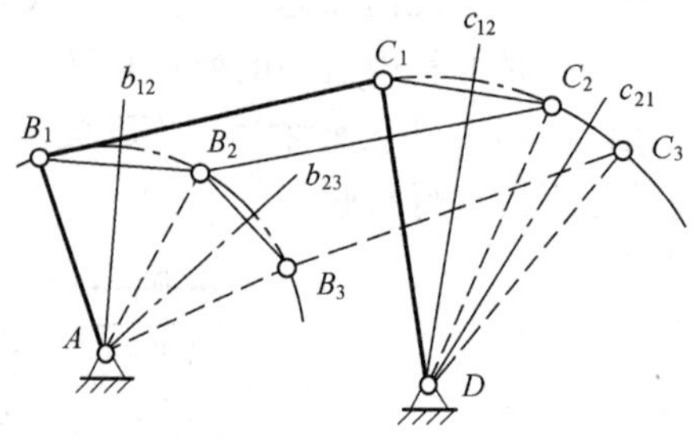

图 5-23　给定连杆位置设计四杆机构

由于连杆上的铰链中心 $B$ 和 $C$ 分别在各自的圆弧上运动，因此，只需找出两个圆弧的中心并将其作为固定铰链中心即可求得四杆机构。作图步骤如下：

(1)连接 $B_1B_2$ 和 $C_1C_2$ 并分别作它们的垂直平分线 $b_{12}$和 $c_{12}$。

(2)在 $b_{12}$上任取一点 $A$，在 $c_{12}$上任取一点 $D$，作为该铰链四杆机构的固定铰链中心。连接 $AB_1$ 和 $C_1D$，则铰链四杆机构 $AB_1C_1D$ 即为所求。

## 思考与练习题

1. 何为铰链四杆机构？什么是曲柄？什么是摇杆？什么是连杆？

2. 铰链四杆机构有哪几种基本形式？试说明它们的运动特点，并举出应用实例。

3. 试述铰链四杆机构类型的判别方法。根据图 5-24 中注明的尺寸，判断各铰链四杆机构的类型。

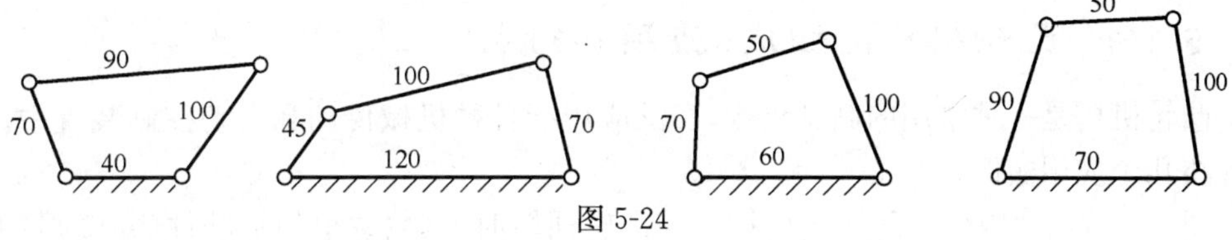


图 5-24

4. 试述曲柄滑块机构的组成和运动特点。

5. 什么是机构的急回运动？在生产中怎样利用这种特性？

6. 什么是机构的死点位置？用什么方法可以使机构通过死点位置？

7. 什么是压力角和传动角？它对机构的传动性能有何影响？

8. 设计如图 5-25 所示的铰链四杆机构，已知摇杆 $CD$ 的长度 $l_{CD}=75\text{mm}$，行程速度变化系数 $k=1.5$，机架 $AD$ 的长度 $l_{AD}=100\text{mm}$，摇杆的一个极限位置以及机架的夹角 $\varphi=45°$，求曲柄的长度 $l_{AB}$ 和连杆的长度 $l_{BC}$。（提示：连接 $AC$，以 $A$ 为顶点作极位夹角；过 $D$ 作 $r=l_{CD}$ 的圆弧，考察与极位夹角边的交点并分析）

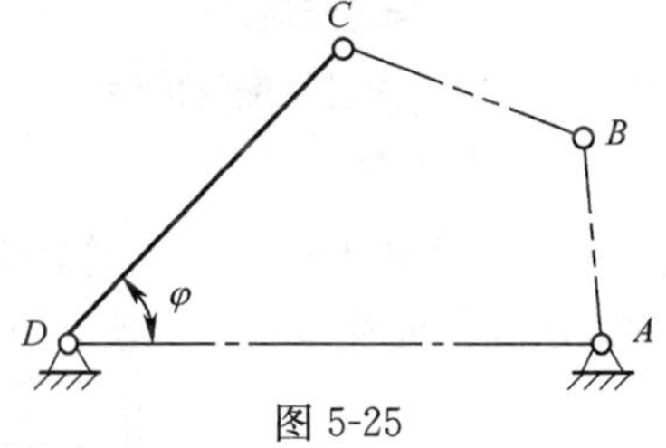


图 5-25

# 第 6 章　凸 轮 机 构

## 6.1　凸轮机构的应用与分类

### 6.1.1　凸轮机构的组成、应用和特点

凸轮机构是一种常用的高副机构，广泛应用于各种机械传动和自动控制装置中。下面介绍几个应用实例。

图 6-1 所示为内燃机的配气机构。当凸轮回转时，其轮廓迫使从动件（即气阀）上下移动，从而使阀门开启和关闭。阀门的启闭运动规律取决于凸轮轮廓曲线的形状。

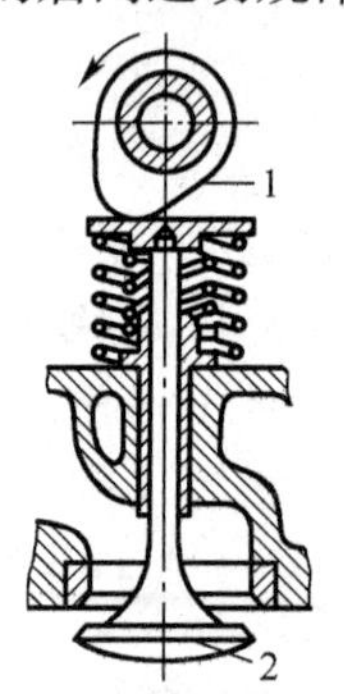


图 6-1　内燃机配气机构

1—凸轮；2—气阀。

图 6-2 所示为凸轮自动送料机构。当带有凹槽的凸轮转动时，通过槽中的滚子，驱使从动件作往复移动。凸轮每转一周，从动件便往复移动一次，从而送出一个毛坯到加工位置。

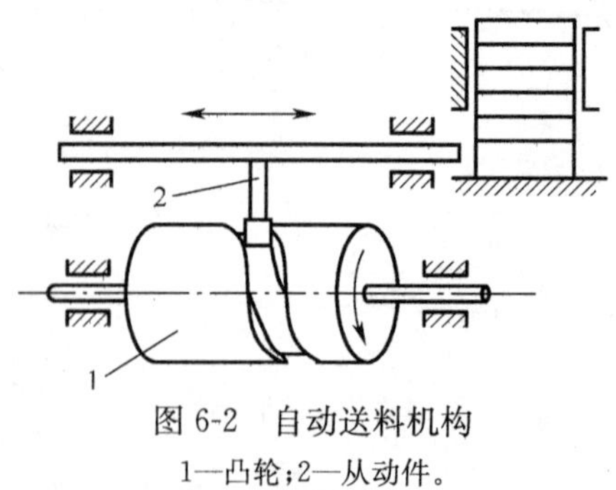


图 6-2　自动送料机构

1—凸轮；2—从动件。

由以上两例可见，凸轮是一个具有曲线轮廓或凹槽的构件，当它运动时，通过其曲线轮廓与从动件的高副接触，使从动件获得预期的运动。因此，凸轮机构是由凸轮、从动件和机架三个基本构件所组成的一种高副机构。

凸轮机构的主要优点是只要作出适当的凸轮轮廓，就可以使从动件获得各种预定的

运动规律，并且结构简单、紧凑。凸轮机构的缺点是凸轮与从动件之间为点、线高副接触，容易磨损。故凸轮机构多用在要求准确实现预期运动规律且传力不大的场合。

### 6.1.2 凸轮机构的分类

凸轮机构的类型很多，常按凸轮和从动件的形状及其运动形式的不同来分类。

1. 按凸轮的形状分类

(1)盘形凸轮。如图 6-1 所示，凸轮呈盘状，绕固定轴线转动，并且具有变化的向径。盘形凸轮是凸轮中最基本的形式，结构简单，应用最广。

(2)移动凸轮。如图 6-3 所示，凸轮呈板状，作往复直线移动，它可以看成是转轴在无穷远处的盘形凸轮的一部分。

(3)圆柱凸轮。如图 6-2 所示，凸轮呈圆柱状，绕固定轴线转动，并且具有曲线凹槽。

盘形凸轮和移动凸轮与其从动件之间的相对运动是平面运动，所以它们属于平面凸轮机构；圆柱凸轮与从动件的相对运动为空间运动，故它属于空间凸轮机构。

2. 按从动件的形状分类

(1)尖顶从动件。如图 6-4(a)所示，这种从动件结构最简单，由于尖顶与凸轮是点接触，因此对于较复杂的凸轮轮廓也能准确地获得所需要的运动规律，但容易磨损，只适用于低速和轻载场合，如仪表等机构中。

(2)滚子从动件。如图 6-4(b)所示，这种凸轮机构的从动件与凸轮表面之间为滚动摩擦，磨损较小，但结构复杂。一般适用于速度不高、载荷较大的场合。

(3)平底从动件。如图 6-4(c)所示，这种从动件与凸轮的接触区易形成楔形油膜，润滑好，传动平稳，故适用于高速传动，不能用于具有内凹轮廓曲线的凸轮。

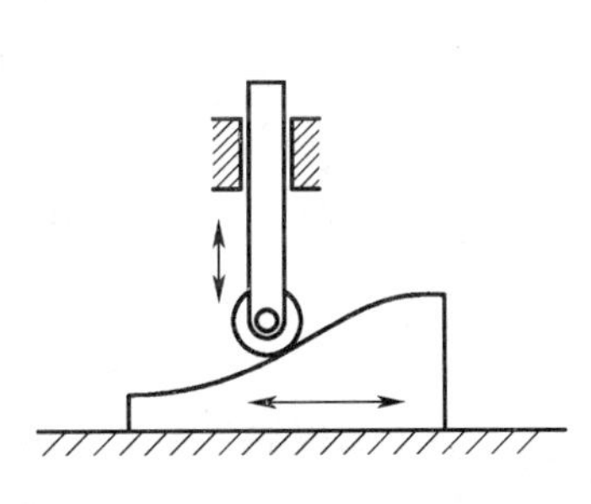

图 6-3 移动凸轮机构

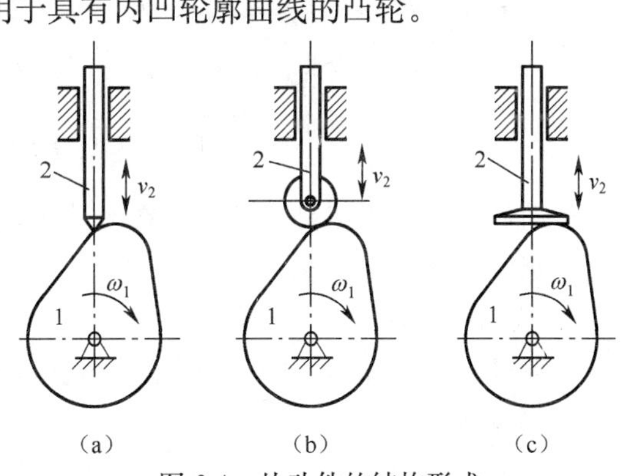


图 6-4 从动件的结构形式

1—凸轮；2—从动件。

此外，按从动件的运动形式，凸轮机构还可分为移动从动件凸轮机构和摆动从动件凸轮机构。

## 6.2 从动件常用的运动规律

1. 凸轮的运动分析

图 6-5(b)是对心尖顶移动从动件盘形凸轮机构，其中以凸轮轮廓最小向径 $r_b$ 为半径

所作的圆称为凸轮的基圆，$r_b$ 称为基圆半径。从动件在图中处于即将上升的起始位置，其尖顶与凸轮在 $A$ 点接触。当凸轮以匀角速度 $\omega_1$ 顺时针转动 $\delta_c$ 时，凸轮轮廓 $AB$ 段推动从动件以一定的运动规律上升到最高位置 $B'$。这个过程称为推程，从动件移动的距离 $h$ 称为升程，对应的凸轮转角 $\delta_0$ 称为升程角。当凸轮继续转过 $\delta_s$ 时，凸轮轮廓 $BC$ 段向径不变，故从动件停在距凸轮转动中心最远处不动，相应的凸轮转角 $\delta_s$ 称为远休止角。当凸轮继续转动 $\delta'_s$ 时，凸轮轮廓 $CD$ 段向径逐渐减小，从动件在重力或弹簧力作用下，紧密接触凸轮轮廓，从而以一定的运动规律回到起始位置，这个过程称为回程，角 $\delta_b$ 称为回程角。当凸轮继续转过 $\delta'_s$ 时，凸轮轮廓 $DA$ 段向径不变，因此，从动件停留在起始位置不动，凸轮转角 $\delta'_s$ 称为近休止角。当凸轮继续转动时，从动件重复上述运动。

以直角坐标系的横坐标表示时间 $t$ 或凸轮转角 $\delta$，以纵坐标表示从动件位移 $s$，以从动件的初始位置作为其位移的零点，做出其 $s$-$\delta$ 图，如图 6-5(b)所示，称为从动件的位移线图。根据从动件的位移线图，通过求微分，亦可作出其速度线图和加速度线图。

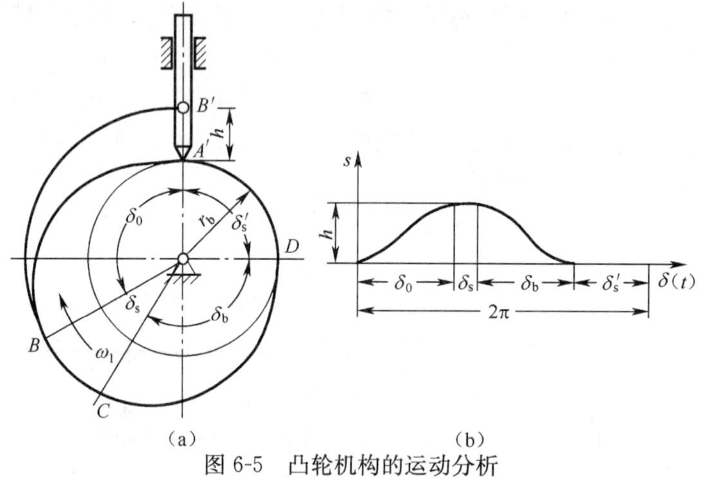

图 6-5　凸轮机构的运动分析

从动件的运动规律是指从动件在运动时，位移 $s$、速度 $v$、加速度 $a$ 随时间 $t$ 或凸轮转角 $\delta$ 的变化而变化的规律。

2. 从动件的常用运动规律

从动件在升程和回程中有很多运动规律，下面介绍两种基本的运动规律。

1)等速运动规律

当凸轮以等角速度 $\omega$ 转动时，从动件在推程或回程中作等速运动称为等速运动规律。设凸轮升程角为 $\delta_0$，从动件升程为 $h$，升程时间为 $t_0$，则推程时从动件的运动方程可表示为

$$\begin{cases} s=\dfrac{h}{\delta_0}\delta \\ v=\dfrac{h}{\delta_0}\omega_1 \\ a=0 \end{cases} \tag{6-1}$$

图 6-6 所示为从动件在推程中作等速移动时，其位移、速度和加速度随凸轮转角变化的曲线。由图可知，从动件在运动起始和终止位置，由于速度发生有限值的突变，其瞬时

加速度趋于无穷大，因而产生无穷大的惯性力（实际上由于材料存在弹性变形，惯性力不可能达到无穷大），使凸轮机构受到强烈冲击，这种冲击称为刚性冲击。因此，等速运动规律只适用于低速和从动件质量较小的凸轮机构。在实际应用时，为了避免刚性冲击，常将符合这种运动规律的运动开始和终止的两小段加以修正，使速度逐渐增高和逐渐降低。

2）等加速等减速运动规律

当凸轮以等角速度 $\omega$ 转动时，从动件在推程或回程的前半行程中做等加速运动，在后半行程中做等减速运动，称为等加速等减速运动规律。通常两加速度的绝对值相等。可以推导出推程时从动件的运动方程如下。

（1）等加速度段（$0\leqslant\delta_0\leqslant\delta/2$）：

$$\begin{cases} s=\dfrac{2\mathrm{h}}{\delta_0^2}\delta^2 \\ v=\dfrac{4h\omega_1}{\delta_0^2}\delta \\ a=\dfrac{4h\omega_1^2}{\delta_0^2} \end{cases} \tag{6-2a}$$

（2）等减速度段（$\delta/2\leqslant\delta_0\leqslant\delta$）：

$$\begin{cases} s=h-\dfrac{2h}{\delta_0^2}(\delta_0-\delta)^2 \\ v=\dfrac{4h\omega_1}{\delta_0^2}(\delta_0-\delta) \\ a=-\dfrac{4h\omega_1^2}{\delta_0^2} \end{cases} \tag{6-2b}$$

根据式（6-2a）和式（6-2b）可做出从动件在推程时的运动线图，如图 6-7 所示，速度线图为一连续的折线，而加速度在运动起始位置、中点和终止位置存在有限突变，必引起惯性力的突变而产生冲击，这种由有限惯性力引起的冲击称为柔性冲击。

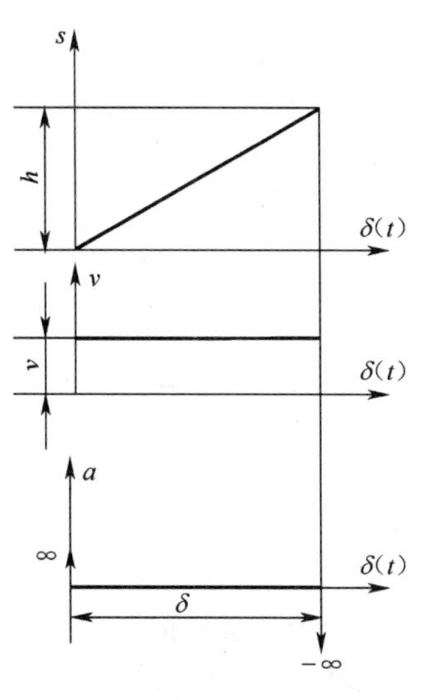

图 6-6　等速运动规律

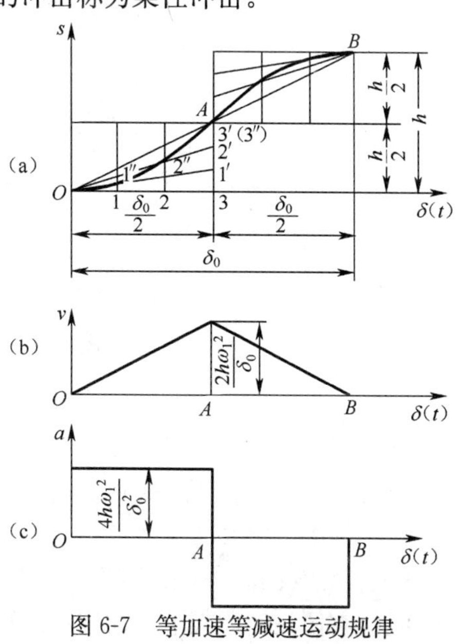

图 6-7　等加速等减速运动规律

## 6.3 用图解法设计凸轮轮廓

1. 对心尖顶直动从动件盘形凸轮轮廓

设凸轮的基圆半径为 $r_b$，凸轮以等角速度 $\omega$ 逆时针方向回转，从动件的运动规律已知，试设计凸轮的轮廓曲线。

根据反转法，具体设计步骤如下：

(1)选取位移比例尺 $\mu_s$ 和凸轮转角比例尺 $\mu_\varphi$，按上一节所述的方法做出位移线图($s$-$\varphi$)，如图 6-8(a)所示，然后将 $\varphi$ 及 $\varphi'$分成若干等份(图中为四等份)，并自各点作垂线与位移曲线交于 $1'$,$2'$,…,$8'$。

(2)选取长度比例尺 $\mu$(为作图方便，最好取 $\mu=\mu_s$)。以任意点 $O$ 为圆心，$r_b$ 为半径作基圆(如图 6-8(b)中虚线所示)。再以从动件最低(起始)位置 $B_0$ 起沿 $-\omega$ 方向量取角度 $\varphi$、$\varphi_s$、$\varphi'$及 $\varphi'_s$，并将 $\varphi$ 和 $\varphi'$按位移线图中的等份数分成相应的等份。再自 $O$ 点引一系列径向线，$O_1$、$O_2$、$O_3$、…，各径向线即代表凸轮在各转角时从动件导路所依次占有的位置。

(3)自各径向线与基圆的交点 $B'_1$、$B'_2$、$B'_3$、…，向外量取各个位移量 $B'_1B_1=11'$，$B'_2B_2=22'$，$B'_3B_3=33'$，…，得 $B_1$、$B_2$、$B_3$、…。这些点就是反转后从动件尖顶的一系列位置。

(4)将 $B_0$、$B_1$、$B_2$、$B_3$、$B_4$、…、$B_9$ 各点连成光滑曲线(图 6-8(b)中，$B_4$、$B_5$ 间和 $B_0$、$B_9$ 间均为以 $O$ 为圆心的圆弧)，即得所求的凸轮轮廓曲线，如图 6-8(b)所示。

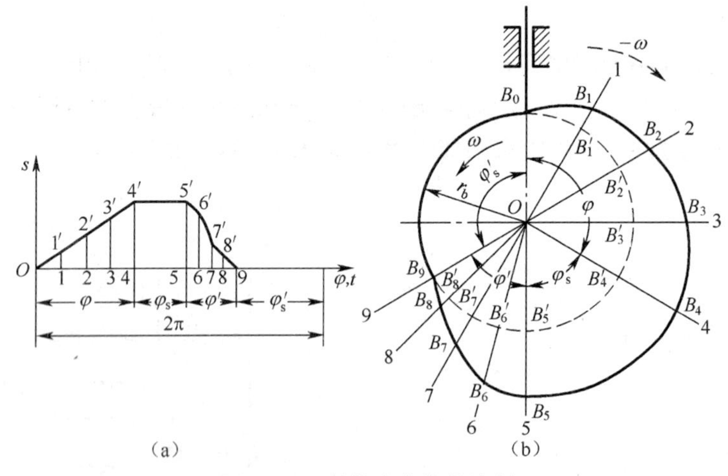


图 6-8　凸轮轮廓曲线的绘制

2. 对心直动滚子从动件盘形凸轮轮廓

由于滚子中心是从动件上的一个固定点，该点的运动就是从动件的运动，因此可取滚子中心作为参考点(相当于尖顶从动件的尖顶)，按上述方法先作出尖顶从动件的凸轮轮廓曲线(也是滚子中心轨迹)，如图 6-9 中的点画线，该曲线称为凸轮的理论廓线。再以理论廓线上各点为圆心，以滚子半径 $r_T$ 为半径作一系列圆。然后，作这些圆的包络线 $\beta$，即图中实线，它便是使用滚子从动件时凸轮的实际轮廓线。由作图过程可知，滚子从动件凸

轮的基圆半径 $r_b$ 应在理论廓线上度量。

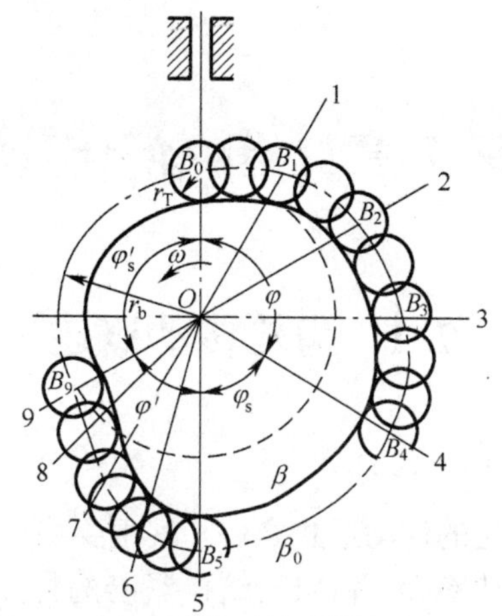

图 6-9　对心直动滚子从动件盘形凸轮机构

## 思考与练习题

1. 凸轮有哪几种类型？为什么说盘形凸轮是凸轮的最基本类型？它如何演变成移动凸轮和圆柱凸轮？

2. 试比较尖顶、滚子和平底从动件的优缺点，并说明它们的应用场合。

3. 说明等速、等加速等减速运动规律的加速度变化特点和它们的应用场合。

4. 凸轮的基圆指的是哪个圆？滚子从动件盘形凸轮的基圆在何处度量？

5. 如何用作图法来绘制凸轮的轮廓曲线？怎样从理论廓线来求实际廓线？凸轮的理论廓线与实际廓线有什么关系？

6. 何为凸轮机构压力角？压力角的大小与凸轮尺寸有何关系？压力角的大小对凸轮机构的作用力和传动有何影响？

7. 已知从动件升程 $h=30\text{mm}$，凸轮转角 $\varphi$ 在 0°～150°时，从动件等速运动上升到最高位置；在 150°～180°时，从动件在最高位置不动；在 180°～300°时，从动件以等加速等减速运动返回；在 300°～360°时，从动件在最低位置不动。试绘出从动件的位移线图。

# 第 7 章　齿 轮 传 动

## 7.1　齿轮传动概述

### 7.1.1　齿轮传动的特点

齿轮传动是应用极为广泛的传动形式之一。其主要特点是能够传递任意两轴间的运动和动力，具有传动效率高、功率大、寿命长、结构紧凑的特点，且能保证恒定的瞬时传动比。其主要缺点是制造和安装精度要求高、成本高，不宜用于中心距较大的传动。

### 7.1.2　齿轮传动的类型

齿轮传动的类型很多，按照两齿轮轴线是否平行，可将其分为平面齿轮传动和空间齿轮传动两大类。

1. 平面齿轮传动

平面齿轮传动用于两平行轴之间的传动，又分为如下类型：

(1)直齿圆柱齿轮传动。直齿圆柱齿轮简称直齿轮，其轮齿与轴线平行。直齿圆柱齿轮传动又可分为外啮合齿轮传动(图 7-1)、内啮合齿轮传动(图 7-2)和齿轮齿条传动(图7-3)。

图 7-1　外啮合齿轮传动

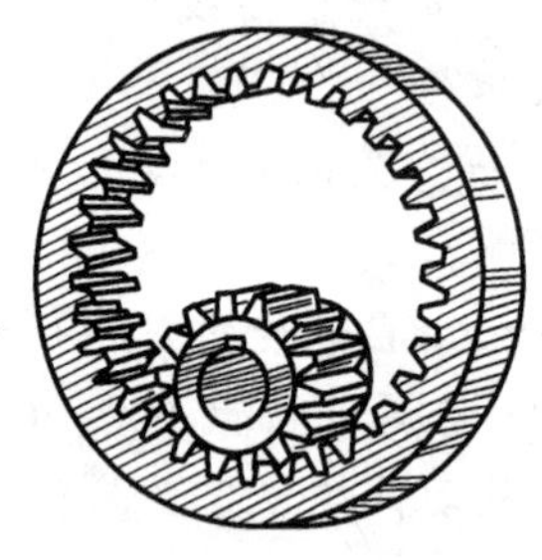

图 7-2　内啮合齿轮传动

图 7-3　齿轮齿条传动

(2)斜齿圆柱齿轮传动。斜齿圆柱齿轮简称斜齿轮。斜齿轮的轮齿与轴线成一定角度，如图 7-4 所示。斜齿轮传动也可分为外啮合传动、内啮合传动和齿轮齿条传动。

(3)人字齿轮传动。人字齿轮的轮齿成人字形，如图 7-5 所示。

2. 空间齿轮传动

空间齿轮传动用于相交轴和交错轴之间的传动，又分为如下类型：

(1)圆锥齿轮传动。圆锥齿轮传动用于相交轴之间的传动，包括直齿圆锥齿轮传动(图 7-6)、斜齿圆锥齿轮传动(图 7-7)和曲齿圆锥齿轮传动(图 7-8)。

图 7-4　斜齿圆柱齿轮传动

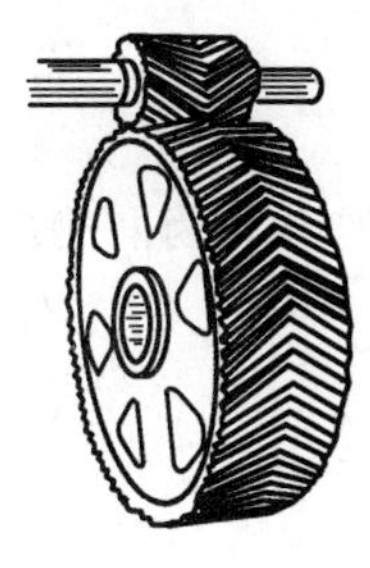

图 7-5　人字齿轮传动

图 7-6　直齿圆锥齿轮传动

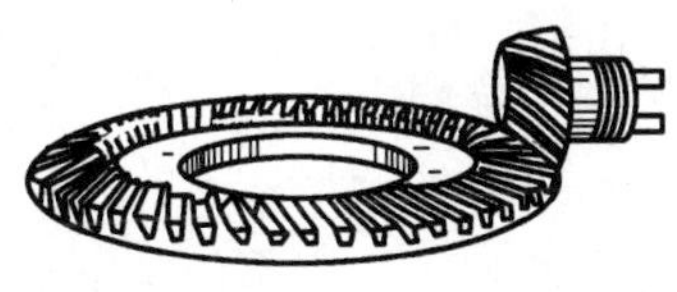

图 7-7　斜齿圆锥齿轮传动

图 7-8　曲齿圆锥齿轮传动

(2)螺旋齿轮传动。螺旋齿轮传动也称为交错轴斜齿轮传动,用于交错轴之间的传动,如图 7-9 所示。

(3)蜗轮蜗杆传动。蜗轮蜗杆传动用于垂直交错轴之间的传动,如图 7-10 所示。

图 7-9　螺旋齿轮传动

图 7-10　蜗轮蜗杆传动

### 7.1.3　齿轮传动的基本要求

为了满足传动的需要,必须对齿轮传动提出下列基本要求:

(1)传动要准确平稳。即要求杆传动过程中,瞬时传动比要恒定,以免产生冲击、振动和噪声。

(2)承载能力要高。即要求齿轮有足够的强度,能传递较大的动力,而且有较长的使用寿命和较小的尺寸。

研究表明,传动能否准确、平稳,主要与齿轮轮齿的齿廓形状有关。能作为齿轮齿廓的曲线很多,但在生产实践中,考虑到设计、制造、安装和使用等因素,目前机械中常用渐开线作为齿廓曲线。要保证传动具有足够的承载能力和较长的使用寿命,必须对齿形、齿轮强度、使用材料及热处理方法、结构合理性等问题进行研究。

## 7.2 渐开线直齿圆柱齿轮

以渐开线作为轮齿两侧齿廓的齿轮称为渐开线齿轮,如图 7-11 所示。

图 7-11 渐开线齿轮

### 7.2.1 渐开线的形成及其特性

1. 渐开线的形成

如图 7-12 所示,设半径为 $r_b$ 的圆上有一直线 $L$ 与其相切,当直线 $L$ 沿圆周作纯波动时,直线上任一点 $K$ 的轨迹称为该圆的渐开线。该圆称为基圆,$r_b$ 称为基圆半径,直线 $L$ 称为基圆的发生线。

2. 渐开线的特性

由渐开线的形成过程可知,渐开线具有下列特性:

(1)因为发生线在基圆上作纯滚动,所以发生线在基圆上滚过的线段长度等于基圆上被滚过的弧长,即 $KL=\widehat{KA}$。

(2)渐开线上任意一点的法线必然与基圆相切。切点 $N$ 是渐开线上 $K$ 点的曲率中心,线段 $NK$ 是渐开线上 $K$ 点的曲率半径。

(3)作用于渐开线上 $K$ 点的正压力 $F_N$ 的方向(法线方向)与点 $K$ 的速度 $v_K$ 的方向所夹的锐角 $\alpha_K$ 称为渐开线在 $K$ 点的压力角。由图 7-12 可知

$$\cos\alpha_K=\frac{r_b}{r_K} \tag{7-1}$$

因基圆半径 $r_b$ 为定值,所以渐开线齿廓上各点的压力角不相等,离中心愈远(即 $r_K$ 愈大),压力角愈大,基圆上的压力角 $\alpha_b=0$。

(4)渐开线的形状只取决于基圆的大小。如图 7-13 所示,基圆越大,渐开线上点的曲率半径越大,渐开线越趋于平直。当基圆半径趋于无穷大时,渐开线变成直线。齿条的齿廓就是这种直线齿廓。

(5)基圆内无渐开线。

### 7.2.2 渐开线直齿圆柱齿轮各部分名称

图 7-14 所示为一直齿圆柱齿轮的局部图,各部分名称如下:

(1)齿顶圆。过齿轮齿顶所作的圆称为齿顶圆,其直径用 $d_a$ 表示(半径用 $r_a$ 表示)。

(2)齿根圆。过齿轮齿根所作的圆称为齿根圆,其直径用 $d_f$ 表示(半径用 $r_f$ 表示)。

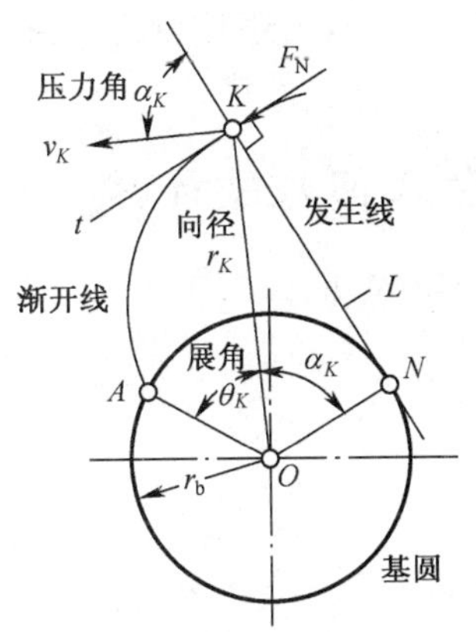


图 7-12 渐开线的形成

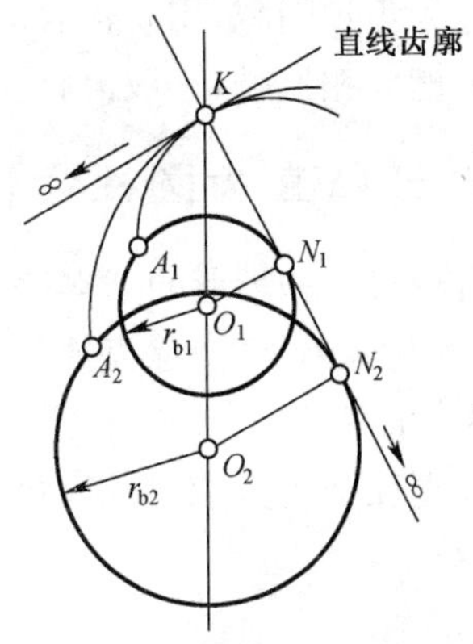


图 7-13 不同基圆所得到的渐开线

(3)基圆。发生渐开线齿廓的圆称为基圆，直径用 $d_b$ 表示(半径用 $r_b$ 表示)。

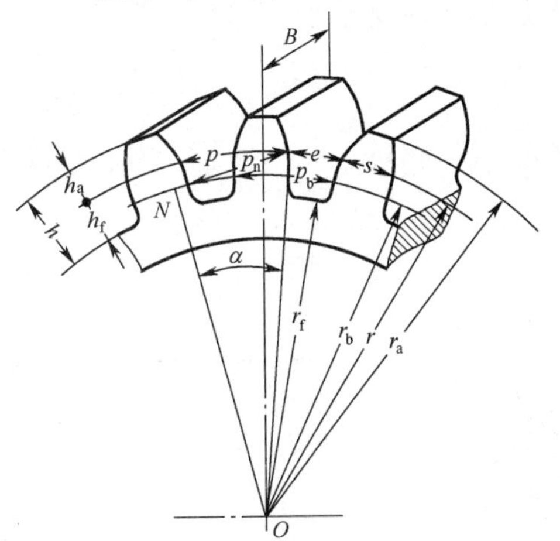


图 7-14 齿轮各部分名称

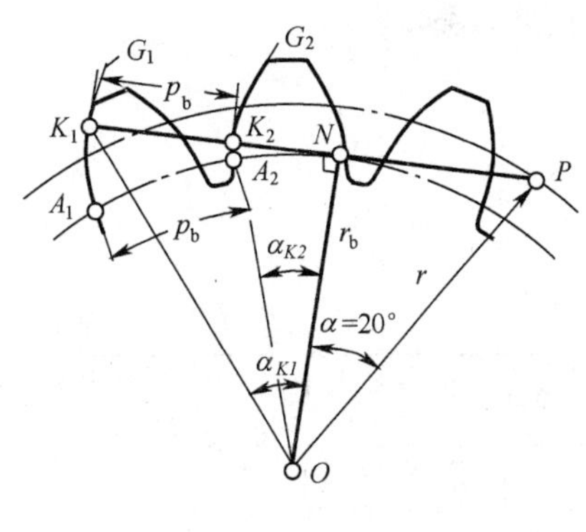


图 7-15 基圆齿距

(4)齿厚。在任意圆周上轮齿两侧间的弧长称为齿厚，用 $s$ 表示。

(5)齿槽宽。在任意圆周上相邻两齿反向齿廓之间的弧长成为齿槽宽，用 $e$ 表示。

(6)齿宽。沿齿轮轴线量的齿轮的宽度称为齿宽，用 $b$ 表示。

(7)分度圆。对标准齿轮来说，齿厚与齿槽宽相等的圆称为分度圆，其直径用 $d$ 表示(半径用 $r$ 表示)。分度圆上的齿厚和齿槽宽分别用 $s$ 和 $e$ 表示，且 $s=e$。分度圆是设计和制造齿轮的基准圆。

(8)齿距。相邻两齿在分度圆上同侧齿廓对应点间的弧长称为齿距，用 $p$ 表示。

$$p=s+e, s=e=p/2 \tag{7-2}$$

基圆齿距用 $p_b$ 表示，如图 7-15 所示。

(9)齿顶高。从分度圆到齿顶圆的径向距离称为齿顶高，用 $h_a$ 表示。

(10)齿根高。从分度圆到齿根高的径向距离称为齿根高，用 $h_f$ 表示。

(11)全齿高。从齿顶圆到齿根圆的径向距离称为全齿高，用 $h$ 表示，$h=h_a+h_f$。

(12)齿顶间隙。当一对齿轮啮合时，一个齿轮的齿顶圆与配对齿轮的齿根圆之间的径向距离称为齿顶间隙，用 $c$ 表示，$c=h_f-h_a$。在齿轮传动中，为避免齿轮的齿顶端与另一齿轮的齿槽底相抵触，一般留有顶隙，用来贮存润滑油以便于润滑。

### 7.2.3 渐开线直齿圆柱齿轮的基本参数和几何尺寸计算

决定齿轮尺寸和齿形的基本参数有五个，即齿轮的模数 $m$、压力角 $\alpha$、齿数 $z$、齿顶高系数 $h_a^*$ 及顶隙系数 $c^*$。除齿数 $z$ 外均已标准化。

1. 模数 $m$

分度圆直径 $d$ 与齿数 $z$ 及齿距 $p$ 有如下关系：

$$zp=\pi d$$

故

$$d=\frac{p}{\pi}z$$

式中包含无理数 $\pi$，使计算分度圆直径很不方便，因而规定比值 $\frac{p}{\pi}$ 为标准值（表 7-1），称为模数，用 $m$ 表示，即

$$m=\frac{p}{\pi}\quad(\text{mm})\tag{7-3}$$

故

$$d=mz\tag{7-4}$$

表 7-1 标准模数系列（GB/T 1357—1987）

| 第一系列 | 0.1 0.12 0.15 0.2 0.25 0.3 0.4 0.5 0.6 0.8 1 1.25 1.5 2 2.5 3 4 5 6 8 10 12 16 20 25 32 40 50 |
|---|---|
| 第二系列 | 0.35 0.7 0.9 0.75 2.25 2.75 (3.25) 3.5 (3.75) 4.5 5.5 (6.5) 7 9 (11) 14 18 22 28 (30) 36 45 |
| 注：优先选用第一系列，括号内的模数尽可能不用，单位是 mm | |

2. 压力角 $\alpha$

由式(7-1)可知，渐开线上各点的压力角是不相同的。通常将渐开线在分度圆上的压力角简称为压力角，用 $\alpha$ 表示。国家标准中规定分度圆上的压力角为标准值，$\alpha=20°$。

对于分度圆，可以给出一个明确的定义：齿轮上具有标准模数和压力角的圆称为分度圆。

3. 齿顶高系数 $h_a^*$ 和顶隙系数 $c^*$

齿轮各部分尺寸均以模数作为计算基础，因此，标准齿轮的齿顶高和齿根高可分别表示为

$$h_a=h_a^*m\tag{7-5}$$

$$h_f=(h_a^*+c^*)m\tag{7-6}$$

由此可知齿顶圆直径

$$d_a=d+2h_a=(z+2h_a^*)m\tag{7-7}$$

齿根圆直径

$$d_f=d-2h_f=(z-2h_a^*-2c^*)m\tag{7-8}$$

对于圆柱齿轮，我国标准规定正常齿时 $h_a^*=1, c^*=0.25$。

4. 基圆齿距 $p_b$ 和基圆直径 $d_b$

当标准齿轮的基本参数（模数、齿数和压力角）确定以后（图 7-15），在△$OPN$ 中确定基圆半径 $r_b$ 为

$$r_b=r\cos\alpha=\frac{zm}{2}\cos\alpha$$

故基圆齿距

$$p_b=\frac{2\pi r_b}{z}=\pi m\cos\alpha=p\cos\alpha \tag{7-9}$$

### 7.2.4 标准直齿圆柱齿轮的几何尺寸计算

标准齿轮是指分度圆上的齿厚 $s$ 等于齿槽宽 $e$，并且 $m$、$\alpha$、$h_a^*$、$c^*$ 均为标准值的齿轮。为了便于计算，现将标准直齿圆柱齿轮的几何尺寸计算公式列于表 7-2 中。

表 7-2 标准直齿圆柱齿轮的几何尺寸计算公式

| 名 称 | 符 号 | 计 算 公 式 |
|---|---|---|
| 分度圆直径 | $d$ | $zd=mz$ |
| 基圆直径 | $d_b$ | $d_b=mz\cos\alpha$ |
| 齿顶圆直径 | $d_a$ | $d_a=m(z+2h_a^*)$ |
| 齿根圆直径 | $d_f$ | $d_f=m(z-2h_a^*-2c^*)$ |
| 齿顶高 | $h_a$ | $h_a=h_a^*m$ |
| 齿根高 | $h_f$ | $h_f=(h_a^*+c^*)m$ |
| 全齿高 | $h$ | $h=h_a+h_f$ |
| 齿距 | $p$ | $p=\pi m$ |
| 齿厚 | $s$ | $s=\pi m/2$ |
| 齿槽宽 | $e$ | $e=\pi m/2$ |
| 基圆齿距（基节） | $p_b$ | $p_b=\pi m\cos\alpha$ |
| 中心距 | $a$ | $a=m(z_1+z_2)/2$ |

## 7.3 渐开线直齿圆柱齿轮的啮合传动

### 7.3.1 渐开线齿轮的啮合特性

1. 传动比恒定

如图 7-16 所示外啮合传动的一对渐开线齿轮，基圆半径为 $r_{b1}$ 的主动轮 1 以角速度 $\omega_1$ 顺时针转动并推动基圆半径为 $r_{b2}$ 的从动轮 2 以角速度 $\omega_2$ 逆时针转动。设两渐开线齿廓某一瞬时在 $K$ 点接触，过 $K$ 点作两齿廓的公法线 $N_1N_2$，根据渐开线的特性可知，此法线 $N_1N_2$ 必同时与两轮的基圆相切，即 $N_1N_2$ 为两基圆的一条内公切线。由于两轮的基

圆为定圆，其在同一方向的内公切线只有一条，所以不论这对齿廓在何位置啮合，过啮合点 $K$ 所作两齿廓的公法线 $N_1N_2$ 必为一定线，其与连心线的交点 $C$ 必为一定点。故两个以渐开线作为齿廓曲线的齿轮的传动比为常数，即

$$i_{12}=\frac{\omega_1}{\omega_2}=\frac{O_2C}{O_1C}=\frac{r'_2}{r'_1}=\frac{O_2N}{O_1N}=\frac{r_{b2}}{r_{b1}} \tag{7-10}$$

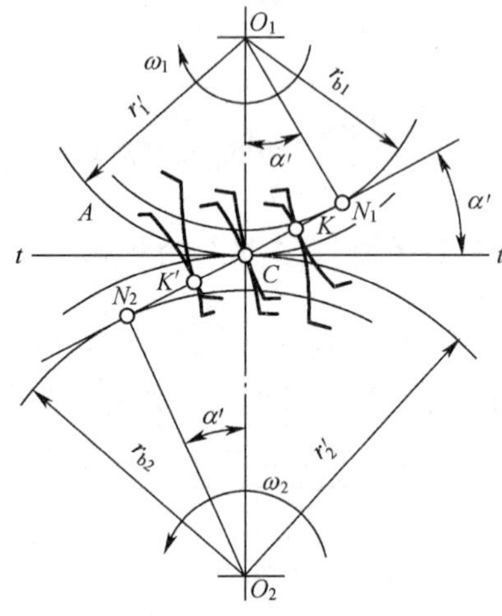


图 7-16　外啮合齿轮传动

以轮心 $O_1$、$O_2$ 为圆心，过节点 $C$ 所作的圆称为节圆。两轮的节圆直径分别用 $d'_1$、$d'_2$ 表示，节圆半径分别用 $r'_1$、$r'_2$ 表示。过节点 $C$ 作两节圆的公切线 $tt$ 与两齿廓公法线 $N_1N_2$ 所夹的锐角称为啮合角，用 $\alpha'$ 表示。

2. 中心距可分性

两轮中心 $O_1$、$O_2$ 的距离称为中心距，用 $a'$ 表示，可知

$$a'=r'_1+r'_2 \tag{7-11}$$

由于制造、安装和轴承磨损等原因会造成齿轮中心距的微小变化，节圆半径也随之改变。但由式(7-10)可知，因两轮基圆半径不变，所以传动比仍保持不变。这种中心距稍有变化并不改变传动比的性质称为中心距可分性。这一性质为齿轮的制造和安装等带来方便。中心距可分性是渐开线齿轮传动的一个重要优点。

3. 渐开线齿廓间正压力方向恒定不变

如图 7-16 所示，一对渐开线齿轮制造、安装完毕，两基圆同一方向只有一条内公切线 $N_1N_2$，由渐开线的特性(2)可知，无论两渐开线齿廓在何位置接触，过接触点 $K$ 所作的公法线均与两基圆内公切线相重合。若不计齿廓间摩擦力的影响，则齿廓间传递的压力总是沿着公法线 $N_1N_2$ 方向。而一对渐开线齿廓从开始啮合到脱离啮合，所有啮合点均应在 $N_1N_2$ 线上。因此，$N_1N_2$ 是两齿廓接触点的轨迹线，称为啮合线。啮合线与公法线是同一条直线，所以渐开线齿廓间正压力方向恒定不变，它有利于齿轮传动的平稳性。

## 7.3.2　正确啮合的条件

要使一对渐开线直齿圆柱齿轮正确的啮合，必须满足一定的条件。

如前所述，一对渐开线齿轮传动时的齿廓啮合点都应在啮合线 $N_1N_2$ 上。因此，如图 7-16 所示，前一对轮齿在啮合线上的 $K$ 点相啮合时，后一对轮齿必须正确地在啮合线上的 $K$ 点进入啮合。而 $KK'$ 既是齿轮 1 的法向齿距，又是齿轮 2 的法向齿距，由此可知，要使两齿轮都能正确地进入啮合状态，它们的法向距离必须相等。由渐开线特性可知，齿廓之间的法向距离应等于基圆齿距，即

$$p_{b1}=p_{b2} \tag{7-12}$$

而

$$p_b=p\cos\alpha$$

故

$$p_{b1}=p_1\cos\alpha_1=\pi m\cos\alpha_1$$

$$p_{b2}=p_2\cos\alpha_2=\pi m\cos\alpha_2$$

将其代入式(7-12)后，可得两齿轮的正确啮合条件为

$$m_1\cos\alpha_1=m_2\cos\alpha_2 \tag{7-13}$$

式中，$m_1$、$m_2$、$\alpha_1$、$\alpha_2$ 分别为两轮的模数和压力角。

由于模数和压力角都是标准化了的，所以要满足式(7-13)，应有

$$\begin{cases}m_1=m_2=m\\ \alpha_1=\alpha_2=\alpha\end{cases} \tag{7-14}$$

即渐开线直齿圆柱齿轮的正确啮合条件为两轮的模数和压力角必须分别相等。

### 7.3.3 连续传动的条件

为了保证一对渐开线齿轮能够连续传动，必须做到前一对啮合轮齿在脱离啮合之前，后一对轮齿必须进入啮合，否则传动就会中断。

图 7-17 所示为一对齿轮轮齿啮合的过程。当主动轮以齿根拨动从动轮的齿顶，使接触点在啮合线 $N_1N_2$ 上的 $B_2$ 点(即开始啮合点)，待主动轮以齿顶拨动从动轮齿根，其接

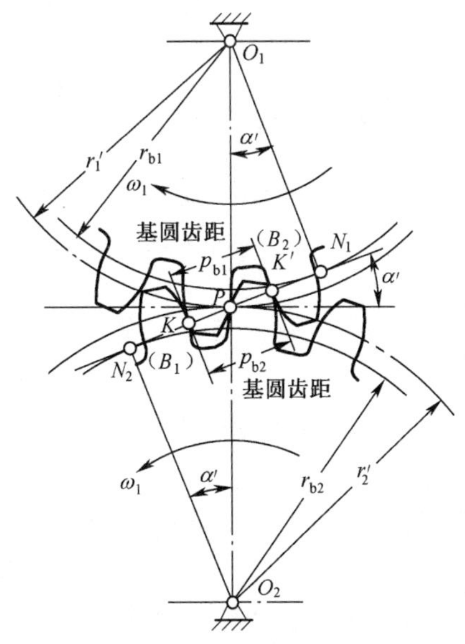


图 7-17　一对齿轮轮齿啮合

触点在啮合线 $N_1N_2$ 上的 $B_1$ 点时，一对齿轮啮合即告终止，$B_1$ 点为啮合终止点。可见，实际上两齿轮只在线段 $B_1B_2$ 上啮合，$B_1B_2$ 称为实际啮合线，$N_1N_2$ 为理论啮合线。要求齿轮能连续传动，则要求前一对轮齿在啮合终点 $B_1$ 点接触时，后一对轮齿已进入 $B_2$ 点啮合。因此，保证连续传动的条件为

$$B_1B_2 \geqslant B_2K$$

根据渐开线的性质，线段 $B_2K$ 的长度等于基圆齿距，即 $B_2K=p_b$，故上式又可写成 $B_1B_2 \geqslant p_b$。实际啮合线 $B_1B_2$ 与齿轮基圆齿距 $p_b$ 的比值称为重合度，用 $\varepsilon$ 表示，则渐开线齿轮连续传动的条件为

$$\varepsilon=\frac{B_1B_2}{p_b} \geqslant 1 \tag{7-15}$$

理论上，$\varepsilon=1$ 就能保证连续传动，但由于齿轮的制造和安装误差以及传动中轮齿的变形等因素，必须使 $\varepsilon>1$。重合度的大小表明同时参与啮合的齿对数的多少，其值大则传动平稳，每对轮齿承受的载荷也小，相对地提高了齿轮的承载能力。

### 7.3.4 标准中心距

正确安装的两标准齿轮的两分度圆正好相切，节圆和分度圆重合，这时的中心距称为标准中心距，即

$$a=r_1'+r_2'=r_1+r_2=\frac{m}{2}(z_1+z_2)$$

而齿轮的传动比可以进一步表示为

$$i_{12}=\frac{\omega_1}{\omega_2}=\frac{r_{b2}}{r_{b1}}=\frac{r_2'}{r_1'}=\frac{r_2}{r_1}=\frac{z_2}{z_1} \tag{7-16}$$

**例 7-1** 有一对外啮合标准直齿圆柱齿轮传动，已知模数 $m=2.5$mm，中心距 $a=90$mm，传动比 $i_{12}=2.6$，试计算主齿轮的分度圆直径 $d_1$、齿顶圆直径 $d_{a1}$ 以及齿顶高 $h_a$、齿根高 $h_f$ 和全齿高 $h$。

**解：**根据

$$a=\frac{m}{2}(z_1+z_2)=\frac{mz_1(1+i_{12})}{2}$$

得主动轮齿数

$$z_1=\frac{2a}{m(1+i_{12})}=\frac{2\times 90}{2.5\times(1+2.6)}=20$$

分度圆直径

$$d_1=mz_1=2.5\times 20=50(\text{mm})$$

齿顶圆直径

$$d_{a1}=(z_1+2h_a^*)m=(20+2\times 1)\times 2.5=55(\text{mm})$$

齿顶高

$$h_a=h_a^* m=1\times 2.5=2.5(\text{mm})$$

齿根高

$$h_f=(h_a^*+c^*)m=(1+0.25)\times 2.5=3.125(\text{mm})$$

全齿高

$$h=h_a+h_f=2.5+3.125=5.625(\text{mm})$$

## 7.4 渐开线直齿圆柱齿轮的加工方法及根切现象

### 7.4.1 齿轮的加工方法

齿轮的加工方法很多，如铸造、模锻、冷轧、热轧、切削加工等，但最常用的是切削加工。切削加工方法按其原理可分为仿形法和展成法两种。

1. 仿形法

仿形法是最简单的切齿方法。齿轮的轮齿是在普通机床上用盘状铣刀(图 7-18(a))或指状齿轮铣刀(图 7-18(b))铣出来的。铣刀的轴剖面形状与齿轮的齿槽形状相同。切齿时，铣刀绕本身的轴线旋转，齿轮毛坯随机床工作台沿平行于齿轮轴线方向作直线移动。切出齿槽后，将毛坯转过 $360°/z$，再切第二个齿槽，直至加工出全部轮齿。

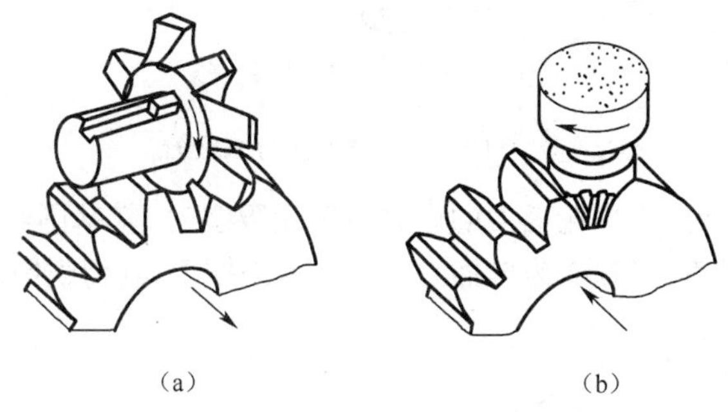

(a) (b)

图 7-18 仿形法切齿原理图

用仿形法铣削齿轮，其齿形的准确程度是通过铣刀切削刃的形状来保证的。根据渐开线的特性可知，渐开线曲线形状取决于基圆的大小，而基圆直径则由模数、齿数和压力角决定，即 $d_b=mz\cos\alpha$。当模数一定、压力角为标准值时，不同齿数齿轮的齿形渐开线不同。因此，要铣出正确的齿形，理论上要求在同一模数下每一种齿数的齿轮应有一把铣刀，这是不可能的。生产实际中，为减少铣刀的品种、数量，通常一种模数只配备 8 把(铣精密齿轮配备 15 把)铣刀，每把铣刀加工一定范围齿数的齿轮，故齿形误差不可避免，致使加工精度低。表 7-3 给出了 8 把铣刀加工齿数的范围。

表 7-3 刀号及其加工齿数的范围

| 刀 号 | 1 | 2 | 3 | 4 | 5 | 6 | 7 | 8 |
|---|---|---|---|---|---|---|---|---|
| 加工齿数的范围 | 12～13 | 14～16 | 17～20 | 21～25 | 26～34 | 35～54 | 55～134 | 135 以上 |

综上所述，仿形法加工简单，不需要专用机床，但生产率低，精度不高，只适用于对精度要求不高的齿轮的生产以及修配等单件生产方式。

2. 展成法

展成法是指根据一对齿轮啮合的原理进行切齿加工。设想将一对相互啮合传动的齿轮(或齿条与齿轮)之一做出切削刃形成刀具，而另一个则为毛坯(无轮齿的齿轮毛坯)，并强制使两者仍按原定的传动比关系进行传动，进行展成运动。在展成运动过程中，刀具渐开线齿廓在一系列位置时的包络线就是被加工齿轮的渐开线齿廓曲线，这就是展成法切齿的基本原理。该方法切齿常用的刀具有齿轮插刀、齿条插刀及滚刀。

(1)齿轮插刀插齿。图 7-19(a)所示为齿轮插刀加工外齿轮的情形。齿轮插刀是一个具有渐开线齿形而模数和压力角与被加工齿轮相同的刀具。切齿时，插刀沿轮坯轴线作往复切削运动，同时机床强迫插刀与轮坯模仿一对齿轮传动以一定的角速比传动(图 7-19(b))，直至全部齿槽切削完毕。

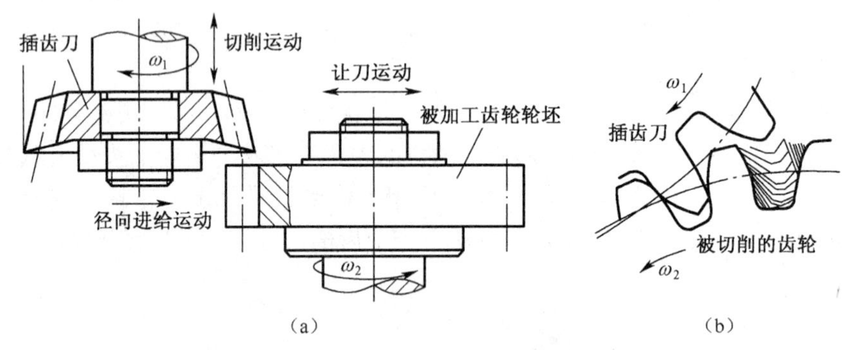


图 7-19　齿轮插刀切齿原理图

(2)齿条插刀插齿。当齿轮插刀的齿数增至无限多时，其基圆半径变为无穷大，插刀的渐开线的齿廓形成直线齿廓，齿轮插刀就成为齿条插刀，其切削原理与齿轮插刀插齿相同，如图 7-20 所示。

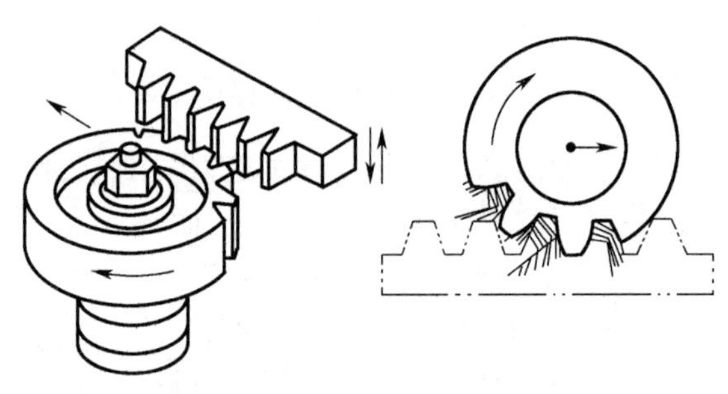

图 7-20　齿条插刀切齿原理图

(3)齿轮滚刀滚齿。上述插刀插齿加工齿轮的切削是不连续的，生产率低。用齿轮滚刀加工齿轮能实现连续切削，生产率高，广泛地应用在生产中。图 7-21 所示为齿轮滚刀切削齿轮坯的情形。通常用阿基米德螺旋线滚刀，其轴向剖面为一标准齿条齿廓，该刀形状很像螺旋。当滚刀绕其轴线回转时，就相当于齿条在连续不断地移动。当滚刀与齿坯分别绕各自轴线转动时，便按范成原理切出齿轮的渐开线齿廓。

展成法与仿形法相比，只需刀具的模数和压力角与被加工齿轮的模数和压力角相同，便可用同一把刀具加工出各种齿数的齿轮，因而大大减少了刀具的品种规格。同时，展成法加工精度也较高。此外，展成法加工无需分度运动，且滚齿时连续切削，因此生产率很高。展成法的缺点是需要专用的齿轮加工机床。因此，展成法广泛应用于批量生产中。

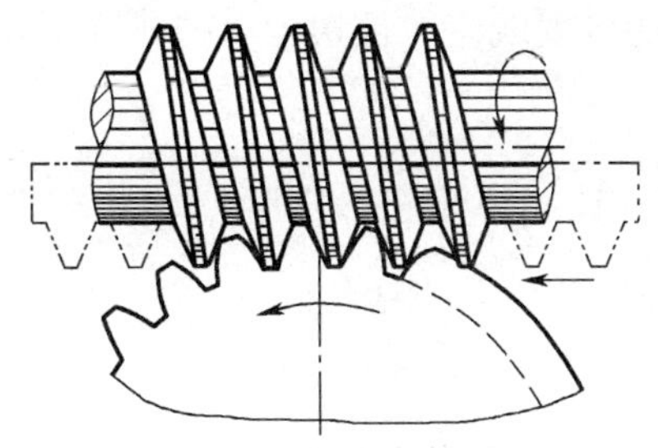

图 7-21　滚刀切齿原理图

## 7.4.2 根切现象与最少齿数

用展成法加工渐开线齿轮时，若被加工齿轮的齿数过少，切削刃会把齿轮根部已展成出的渐开线切去一部分，这种现象称为根切，如图 7-22 所示。根切使齿根抗弯强度削弱，齿廓渐开线变短，重合度降低，影响传动的平稳性，因此应避免。

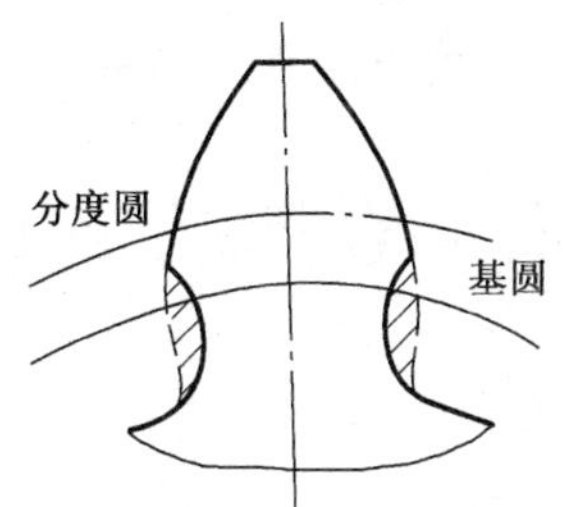


图 7-22　根切现象

要避免根切的产生，首先应了解根切产生的原因。图 7-23 所示是用齿条刀具切制标准齿轮时产生根切的情况。此时，被加工齿轮的分度圆与刀具基准线相切。用展成法加工时，若被加工齿轮的齿数太少，刀具的齿顶线（或齿顶圆）将超过啮合线与被加工齿轮基圆的切点 $N_1$（称为啮合极限点）产生根切。如图中切削刃由位置Ⅰ（$B$ 点处）开始切削齿轮的渐开线，切削刃移到位置Ⅱ（$N_1$ 点处）时，被切齿轮齿廓的渐开线部分已全部切出。如果刀具齿顶线超过 $N_1$，由于机床的强制展成运动，刀具会继续右移，将已展成的渐开线切去一部分，产生相切现象。

因此，要避免根切就必须使刀具的顶线不超过 $N_1$ 点。如图 7-24 所示，当用标准齿条

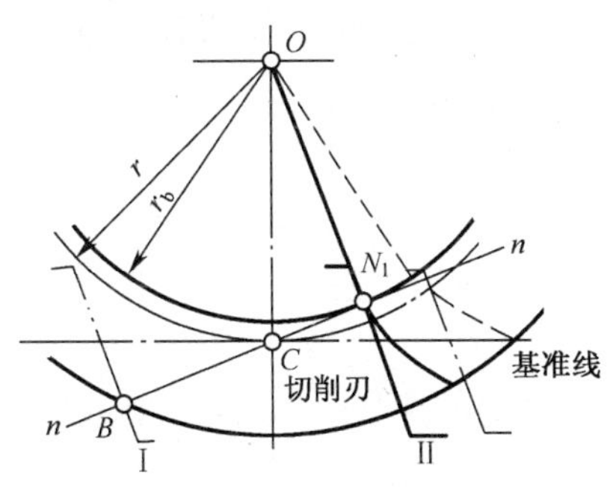


图 7-23　根切现象及产生根切的原因

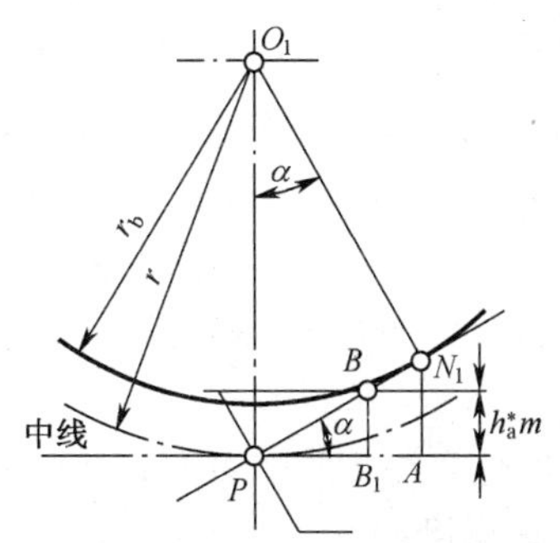


图 7-24　标准齿轮最少齿数的分析

刀具切制标准齿轮时，刀具的分度线应与被切齿轮的分度圆相切。欲避免根切，则需满足 $N_1A \geqslant BB_1$。因为

$$N_1A = PN_1\sin\alpha = r\sin^2\alpha = \frac{1}{2}mz\sin^2\alpha$$

$$BB_1 = h_a^* m$$

故

$$\frac{1}{2}mz\sin^2\alpha \geqslant h_a^* m$$

则不根切的最少齿数

$$z_{\min} = \frac{2h_a^*}{\sin^2\alpha} \tag{7-17}$$

当 $=20°$，$h_a^*=1$ 时，$z_{\min}=17$，即应使标准齿轮的齿数 $z \geqslant 17$。

当希望小齿轮的齿数小于 17 而又不发生根切时，必须采用（正）变位齿轮，即刀具相对轮还离开一小段距离 $xm$（比如加工标准齿轮时），其中 $m$ 为模数，$x$ 为变性系数，$xm$ 为变位量。有关变位齿轮的详细介绍，请参阅有关书籍。

## 7.5 齿轮传动的失效形式及常用材料

### 7.5.1 齿轮传动的失效形式

分析齿轮传动失效的目的是为了找出齿轮传动失效的原因，制定强度计算准则，或者提出防止失效的措施，提高其承载能力和使用寿命。齿轮传动的主要失效形式有轮齿折断、齿面点蚀、齿面磨损、齿面胶合以及塑性变形等几种形式。

1. 轮齿折断

当载荷作用在轮齿上时，轮齿就像一个受载的悬臂梁，轮齿根部将产生弯曲应力，并且在齿根圆角处有较大的应力集中，多次重复的弯曲应力和应力集中造成了疲劳折断；另一种情况是由于突然严重过载或冲击载荷作用引起的过载折断，如图 7-25 所示。

防止轮齿折断的措施是改善材料的力学性能、增大材料的韧性、限制轮齿根部弯曲疲劳应力、避免过载或冲击、增大齿根圆角半径并提高圆角处的表面质量、对根部圆角处进行表面强化处理等。

2. 齿面点蚀

齿轮在啮合传动时，在齿面啮合处受到脉动循环交变接触应力的反复作用，使得节线附近的齿根表面出现微小的疲劳裂纹，并且逐步扩展，最终导致齿面表层金属微粒剥落，产生齿面点蚀，如图 7-26 所示。

点蚀常发生于润滑状态良好、齿面硬度较低（小于 350HBS）的闭式传动中。在开式传动中，由于齿面的磨损较快，往往点蚀还来不及出现或扩展即被磨掉了，所以看不到点蚀现象。

齿面抗点蚀能力主要与齿面硬度有关，齿面硬度越高，则抗点蚀的能力越强。

3. 齿面磨损

齿面磨损通常有两种情况，一种是由于灰尘、金属微粒等进入齿面间引起的磨损；另

一种是由于齿面间相对滑动摩擦引起的磨损。在开式传动中，特别是在粉尘浓度大的场合下，齿面磨损将是主要的失效形式，如图 7-27 所示。

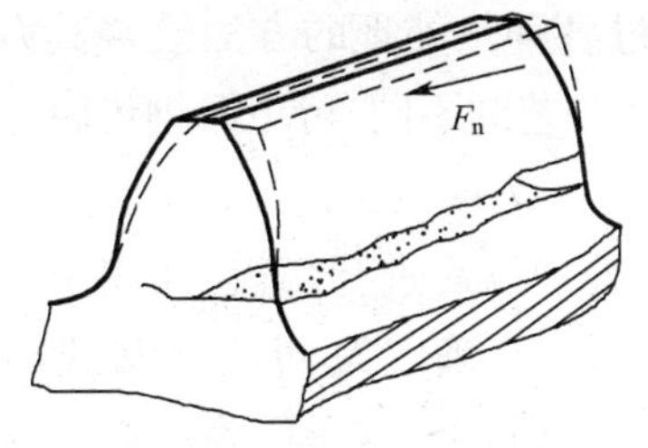

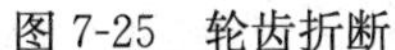

图 7-25　轮齿折断

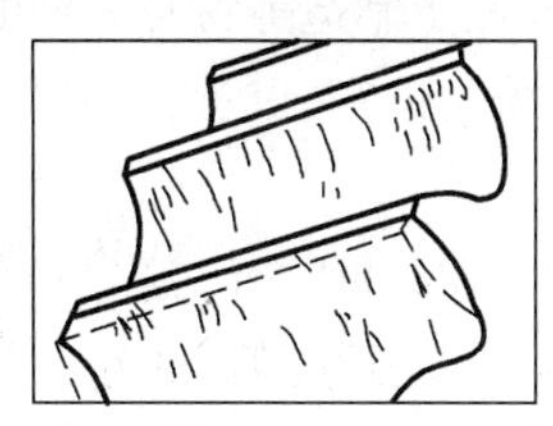

图 7-26　齿面点蚀

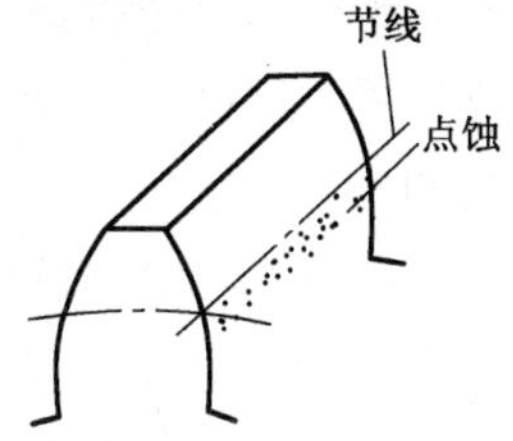


图 7-27　齿面磨损

4. 齿面胶合

高速重载传动时，由于齿面间压力大、温度高而使润滑失效。当瞬时温度过高时，相啮合的两齿面直接接触而熔粘在一起，随着运动的继续而使软齿面上的金属被撕下，在轮齿工作表面上形成与滑动方向一致的沟纹，这种现象称为齿面胶合，如图 7-28 所示。

为了防止齿面胶合，除适当提高齿面硬度和降低表面粗糙度外，对于低速传动宜采用粘度大的润滑油，高速传动则应采用含有抗胶合添加剂的润滑油。

5. 齿面塑性变形

齿面塑性变形常发生的齿面材料较软、低速重载的传动中。这是因为过载使齿面油膜破坏，摩擦力剧增，使齿面表层的材料沿摩擦力方向流动，在从动轮的齿面节线处产生凸起，而在主动轮的齿面节线处产生凹沟，这种现象称为齿面塑性变形。齿面塑性变形破坏了齿廓形状，影响了齿轮的正确啮合，如图 7-29 所示。

适当提高齿面硬度和润滑油黏度可以防止或减轻齿面的塑性变形。

图 7-28　齿面胶合

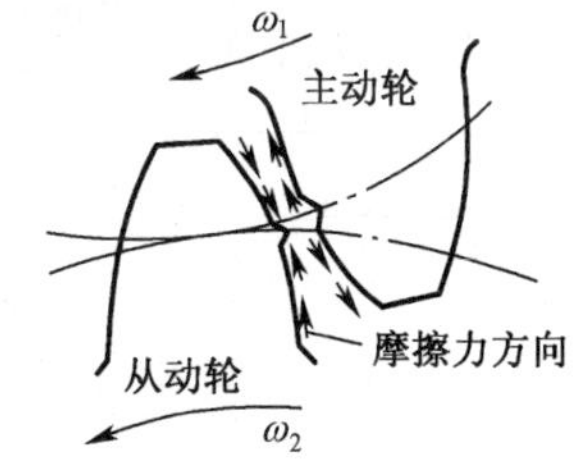


图 7-29　塑性变形

### 7.5.2 齿轮的常用材料

由轮齿的失效分析可知，齿轮材料的基本要求为齿面硬、齿芯韧，即：

(1)齿面应有足够的硬度，以抵抗齿面磨损、点蚀、胶合以及塑性变形等；

(2)齿芯应有足够的强度和较好的韧性，以抵抗齿根折断和冲击载荷；

(3)应有良好的加工工艺性能及热处理性能，使之便于加工且便于提高其力学性能。

制造齿轮常用材料主要是锻钢和铸钢，其次是铸铁，特殊情况可采用有色金属和非金属材料，这里仅简单介绍锻钢、铸钢和铸铁。

1. 锻钢

锻钢具有强度高、韧性好、便于制造等特点，还可以通过各种热处理的方法改善其力学性能。因此，重要的齿轮都采用锻钢。按齿面硬度和制造工艺的不同，可把锻钢齿轮分为两类：

(1)软齿面齿轮(齿面硬度≤350HBS)。这类齿轮是热处理以后进行切齿，齿面硬度通常为160HBS～286HBS。因齿面硬度低，故承载能力较低。在确定大、小齿轮硬度时应注意使小齿轮的齿面硬度比大齿轮的齿面硬度高30HBS～50HBS，这是因为小齿轮受载荷次数比大齿轮多，且小齿轮齿根较薄。为使两齿轮的轮齿接近等强度，小齿轮的齿面要比大齿轮的齿面硬一些。这类齿轮的常用材料为45、45Cr、35SiMn、38SiMnMo等中碳钢和中碳合金钢。

(2)硬齿面齿轮(齿面硬度大于350HBS)。这类齿轮齿面硬度高，承载能力强，耐磨性好，适用于对尺寸和重量有限制的重要机械中。常用材料为20Cr、20CrMnTi(表面渗碳淬火)、45、35SiMn、40Cr(表面淬火或整体淬火)等。

2. 铸钢

当齿轮的尺寸较大(大于400mm～600mm)而不便于锻造时，可用铸造方法制成铸钢齿坯，再进行正火处理以细化晶粒。常用的铸钢有ZG310-570、ZG340-640等。

3. 铸铁

低速、轻载场合的齿轮可以制成铸铁齿坯。当尺寸大于500mm时可制成大齿圈或制成轮辐式齿轮。常用的铸铁有HT300、HT350及QT600-3等。

齿轮常用材料及其力学性能列于表7-4中。

表7-4 齿轮常用材料及其力学性能

| 材 料 | 热处理方法 | 强度极限 $\sigma_b$/MPa | 屈服极限 $\sigma_s$/MPa | 齿面硬度 /HBS | 许用接触应力 $[\sigma]_H$/MPa | 许用弯曲应力 $[\sigma]_F$/MPa |
|---|---|---|---|---|---|---|
| HT300 | | 300 | | 187～255 | 290～347 | 80～105 |
| QT600-3 | 正火 | 600 | | 190～270 | 436～535 | 262～315 |
| ZG310-570 | 正火 | 580 | 320 | 163～197 | 270～301 | 171～189 |
| ZG340-640 | 正火 | 650 | 350 | 179～207 | 288～306 | 182～196 |
| 45 | 正火 | 580 | 290 | 162～217 | 468～513 | 280～301 |
| ZG340-640 | 调质 | 700 | 380 | 241～269 | 469～490 | 248～259 |
| 45 | 调质 | 650 | 360 | 217～255 | 513～545 | 301～315 |
| 35SiMn | 调质 | 750 | 450 | 217～269 | 585～648 | 388～420 |
| 40Cr | 调质 | 700 | 500 | 241～286 | 612～675 | 399～427 |
| 45 | 调质后表面淬火 | | | 40～50 | 972～1053 | 427～504 |
| 40Cr | 调质后表面淬火 | | | 48～55 | 1053～1098 | 483～518 |
| 20Cr | 渗碳淬火 | 650 | 400 | 56～62 | 1350 | 645 |
| 20CrMnTi | 渗碳淬火 | 1100 | 850 | 56～62 | 1350 | 645 |

# 7.6 直齿圆柱齿轮传动的强度计算

## 7.6.1 齿轮传动的设计准则

齿轮传动的强度计算是根据齿轮可能出现的失效形式来进行的。对一般工况下的齿轮传动，其设计准则是：

(1)保证足够的齿面接触疲劳强度，以免发生齿面点蚀。

(2)保证足够的齿根弯曲疲劳强度，以免发生齿根折断。

对于高速重载齿轮传动，除以上两个设计准则外，还应按齿面抗胶合能力的准则进行设计。

由实践得知：闭式软齿面齿轮传动以保证齿面接触疲劳强度为主；闭式硬齿面或开式齿轮传动以保证齿根弯曲疲劳强度为主。

## 7.6.2 轮齿的受力分析和计算载荷

1. 轮齿的受力分析

如图 7-30 所示，一对按标准中心距安装的标准直齿圆柱齿轮传动如果忽略齿面间的摩擦力，则在啮合平面内的法向力 $F_n$ 将垂直于齿面，并与啮合线重合，为了便于分析计算，可按节点 $P$ 处啮合进行受力分析。$F_n$ 可分解为圆周力 $F_t$ 和径向力 $F_r$：

$$\begin{cases} F_t = \dfrac{2T_1}{d_1} \\ F_r = F_t \tan\alpha \end{cases} \tag{7-18}$$

式中 $T_1$——小齿轮上的转矩(N·mm)；

$d_1$——小齿轮的分度圆直径(mm)；

$\alpha$——压力角。

圆周力 $F_t$ 的方向在主动轮上与运动方向相反，在从动轮上与运动方向相同。径向力 $F_r$ 的方向对于两轮都是指向轮心。

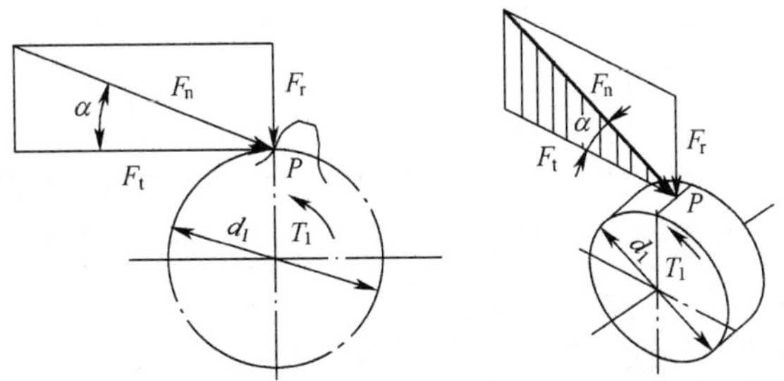


图 7-30 直齿圆柱齿轮传动受力分析

2. 计算载荷

上述分析中的法向力 $F_n$ 为名义载荷。在实际传动中，由于轴和轴承的变形、齿轮的制造和安装误差等，载荷沿齿宽并不是均匀分布的，因而出现了载荷集中现象。此外，由于原动机和工作机的载荷变化还会引起附加载荷等因素，使得齿轮上所受的实际载荷一般都大于名义载荷。因此，在进行齿轮强度计算时，采用计算载荷代替名义载荷以考虑载荷集中和附加载荷的影响。

计算载荷用符号 $F_{nc}$ 表示，即 $F_{nc}=KF_n$，$K$ 为载荷系数，其值可从表 7-5 中查取。

表 7-5　载荷系数 $K$

| 原动机 | 工作机械的载荷特性 | | |
|---|---|---|---|
| | 均匀 | 中等冲击 | 大的冲击 |
| 电动机 | 1～1.2 | 1.2～1.6 | 1.6～1.8 |
| 多缸内燃机 | 1.2～1.6 | 1.6～1.8 | 1.9～2.1 |
| 单缸内燃机 | 1.6～1.8 | 1.8～2.0 | 2.2～2.4 |

### 7.6.3　齿面接触疲劳强度计算

计算齿面接触疲劳强度的目的是为了防止齿面发生疲劳点蚀，齿面疲劳点蚀与齿面接触应力的大小有关，而齿面点蚀又多发生在节线附近。为了计算方便，取节点处的接触应力为计算依据，经过推导整理，直齿圆柱齿轮传动齿面接触疲劳强度的计算公式为

$$d_1 \geqslant 76.6\sqrt[3]{\frac{KT_1}{\varphi_d[\sigma]_H^2}\cdot\frac{u+1}{u}} \tag{7-19}$$

式中　$d_1$——小齿轮的分度圆直径(mm)；

$u$——齿数比，$u=\frac{z_2}{z_1}$；

$\varphi_d$——齿宽系数，见表 7-6 所列，$\varphi_d=\frac{b}{d_1}$，其中 $b$ 为齿宽(mm)；

$[\sigma]_H$——许用接触应力(MPa)，见表 7-4 所列。

表 7-6　齿宽系数 $\varphi_d$

| 齿轮相对于轴承的位置 | 齿面硬度 | |
|---|---|---|
| | 软齿面<br>(大轮或大、小轮硬度≤350HBS) | 硬齿轮<br>(大、小轮硬度≥350HBS) |
| 对称布置 | 0.8～1.4 | 0.4～0.9 |
| 非对称布置 | 0.6～1.2 | 0.3～0.6 |
| 悬臂布置 | 0.3～0.4 | 0.2～0.25 |

式(7-19)仅适用于齿轮材料为钢对钢时，当用其他齿轮材料时，应将计算结果乘一定列数值，钢对铸铁时乘以 0.90；铸铁对铸铁时乘以 0.83。

由式(7-19)可知，当一对齿轮的材料、齿数比及齿宽系数一定时，由齿面接触强度所决定的承载能力仅与齿轮分度圆直径有关。分度圆 $d_1$、$d_2$ 分别相等的两对齿轮不论其模数是否相等，均具有相同的由接触强度所决定的承载能力，模数 $m$ 不能作为衡量齿轮接触强度的依据。

应当注意，一对齿轮啮合时，两齿面接触处的接触应力是相等的，由于两轮的材料不同，其许用接触应力 $[\sigma]_H$ 也不同，在进行强度计算时应将 $[\sigma]_{H_1}$ 与 $[\sigma]_{H_2}$ 中的较小值代入上式中计算。

### 7.6.4 齿根弯曲疲劳强度计算

计算齿根弯曲疲劳强度的目的是为了防止轮齿折断。轮齿折断与齿根弯曲应力的大小有关，在计算齿根弯曲应力时，可近似地将轮齿视为悬臂梁。假定全部载荷作用在一个轮齿的齿顶，其危险截面可用 30°切线法确定，即作与轮齿对称中心线成 30°且与齿根过渡曲线相切的直线，通过两切点做平行于齿轮轴线的截面，即为轮齿的危险界面。经过推导，可得齿根弯曲疲劳强度计算公式为

$$m \geqslant 1.26\sqrt[3]{\frac{KT_1Y_{FS}}{\varphi_d z_1^2[\sigma]_F}} \tag{7-20}$$

式中 $z_1$——小齿轮齿数；

$m$——齿轮的模数(mm)；

$Y_{FS}$——复合齿形系数，标准齿轮的复合齿形系数仅与齿轮的齿数有关(表 7-7)，而与模数无关；

$[\sigma]_F$——许用弯曲应力(MPa)。

其余各参数的意义和量纲同前。

表 7-7 复合齿轮齿形系数 $Y_{FS}$

| $z(z_v)$ | 17 | 18 | 19 | 20 | 21 | 22 | 23 | 24 | 25 | 26 | 27 | 28 | 29 |
|---|---|---|---|---|---|---|---|---|---|---|---|---|---|
| $Y_{FS}$ | 4.51 | 4.45 | 4.41 | 4.36 | 4.33 | 4.30 | 4.27 | 4.24 | 4.21 | 4.19 | 4.17 | 4.15 | 4.13 |
| $z(z_v)$ | 30 | 35 | 40 | 45 | 50 | 60 | 70 | 80 | 90 | 100 | 150 | 200 | ∞ |
| $Y_{FS}$ | 4.12 | 4.06 | 4.04 | 4.02 | 4.01 | 4.00 | 3.99 | 3.98 | 3.97 | 3.96 | 4.00 | 4.03 | 4.06 |

注意：大、小齿轮的复合齿形系数 $Y_{FS1} \neq Y_{FS2}$，当两轮材料不同时，$[\sigma]_{F1} \neq [\sigma]_{F2}$。为了使计算得到的模数 $m$ 能同时满足大、小齿轮的弯曲强度条件，应将 $Y_{FS1}/[\sigma]_{F1}$ 和 $Y_{FS1}/[\sigma]_{F2}$ 中的较大值作为 $Y_{FS}/[\sigma]_F$ 代入式(7-20)，并将得到的模数取标准值。

### 7.6.5 参数的选择

1. 齿数 $z_1$

当中心距确定时，齿数增多，重合度增大，传动平稳，并降低摩擦损耗，提高传动效率。对于软齿面齿轮闭式传动，在保证完全疲劳强度的条件下，齿数可取多些，一般取 $z_1$ 为 24～40；对于硬齿面闭式及开式传动，齿根抗弯曲疲劳能力较低，可适当减少齿数以便增大模数，提高轮齿弯曲疲劳强度，但要避免发生根切，故通常取 $z_1$ 为 17～20。

2. 齿宽系数 $\varphi_d$

增大齿宽系数可减小分度圆直径和中心距，使结构紧凑。但随着齿宽系数增大，齿宽也增大，导致载荷沿齿宽分布不均，造成偏载而降低了传动能力。对于一般机械，可按表 7-6 选取。

为了便于加工、装配，通常选取小齿轮的齿宽 $b_1$ 大于大齿轮的齿宽 $b_2$，即 $b_2 = b = \varphi_d d_1$(圆整)，$b_1$ 取值为 $b_2 + 5\text{mm}$ 至 $b_2 + 10\text{mm}$。

3. 模数 $m$

模数影响轮齿的抗弯强度，一般在满足轮齿弯曲疲劳强度的条件下，宜取较小模数，以利于增大齿数，减少切齿量。对于传递动力的齿轮，可按 $m=0.007$ 至 $m=0.02a$ 初选，但应保证模数 $m\geqslant 2\text{mm}$。

**例 7-2** 某带式输送机上的单级直齿圆柱齿轮传动，已知输入功率 $P=6\text{kW}$，输入转速 $n_1=600\text{r/min}$，传动比 $i_{12}=3$，单向运转，有中等冲击。试设计此齿轮传动。

**解：**(1)选择齿轮材料及确定许用应力。

因传递的功率不大，传动有轻微冲击，选用软面齿轮传动。小齿轮选用 45 钢，调质处理，齿面平均硬度为 240HBS(表 7-4)；大齿轮选用 45 钢，正火处理，齿面平均硬度为 190HBS(表 7-4)，其许用应力可根据表 7-4 通过线性插值进行计算，小齿轮的许用接触应力和许用弯曲应力分别为

$$[\sigma]_{H1}=513+\frac{240-217}{255-217}\times(545-513)\approx 532(\text{MPa})$$

$$[\sigma]_{F1}=301+\frac{240-217}{255-217}\times(315-301)\approx 309(\text{MPa})$$

大齿轮的许用应力分别为

$$[\sigma]_{H2}=491\text{MPa},[\sigma]_{F2}=291\text{MPa}$$

(2)按齿面接触强度计算。

取载荷系数 $K=1.4$(表 7-5)，齿宽系数 $\varphi_d=1.0$(表 7-6)。

小齿轮上的转矩

$$T_1=9.55\times 10^6\frac{P}{n_1}=9.55\times 10^6\times\frac{6}{600}=9.55\times 10^4(\text{N}\cdot\text{mm})$$

已知 $u=3$，小齿轮分度圆直径 $d_1$ 为

$$d_1\geqslant 76.6\sqrt[3]{\frac{KT_1}{\varphi_d[\sigma]_{H2}^2}\cdot\frac{u+1}{u}}=76.6\sqrt[3]{\frac{1.4\times 9.55\times 10^4}{1.0\times 491^2}\times\frac{3+1}{3}}\approx 69.3(\text{mm})$$

齿数取 $z_1=24$，则 $z_2=uz_1=3\times 24=72$

模数

$$m\geqslant\frac{d_1}{z_1}=\frac{69.3}{24}=2.89(\text{mm})$$

取 $m=3\text{mm}$。

(3)校核齿根弯曲疲劳强度。

满足齿根弯曲疲劳强度所需的模数为

$$m\geqslant 1.26\sqrt[3]{\frac{KT_1Y_{FS}}{\varphi_d z_1^2[\sigma]_F}}$$

其中，由齿数 $z_1=24$，$z_2=72$，查表可知 $Y_{FS1}=4.24$，$Y_{FS2}=3.99$。

$$\frac{Y_{F1}}{[\sigma]_{F1}}=\frac{4.24}{309}\approx 0.01372,\quad\frac{Y_{F2}}{[\sigma]_{F2}}=\frac{3.99}{291}\approx 0.01371$$

因为前者较大，故以此比值代入上式得

$$m\geqslant 1.26\sqrt[3]{\frac{1.4\times 9.55\times 10^4\times 4.24}{1.0\times 24^2\times 309}}=1.85(\text{mm})$$

由于它小于满足齿面接触强度所得的标准模数 $m=3$，故齿根弯曲强度足够。

(4)计算齿轮的主要几何尺寸。

$$d_1=mz_1=3\times24=72(\text{mm})$$

$$d_2=mz_2=3\times72=216(\text{mm})$$

$$d_{a1}=(z_1+2h_a^*)m=(24+2\times1)\times3=78(\text{mm})$$

$$d_{a2}=(z_2+2h_a^*)m=(72+2\times1)\times3=222(\text{mm})$$

$$a=\frac{d_1+d_2}{2}=\frac{72+216}{2}=144(\text{mm})$$

$$b=\varphi_d d_1=1.0\times72=72(\text{mm})$$

取 $b_2=72\text{mm}$，由于 $b_1$ 取值为 $b_2+5\text{mm}$ 至 $b_2+10\text{mm}$，可取 $b_1=78\text{mm}$。

(5)齿轮结构设计(略)。

## 7.7 斜齿圆柱齿轮传动

### 7.7.1 斜齿圆柱齿轮的形成及啮合特点

1. 齿廓曲面的形成

实际上，齿轮具有宽度，因此，齿廓曲面的形成应如图 7-31(a)所示。前述的基圆应是基圆柱，发生线应是发生面。当发生面沿基圆柱作纯滚动时，发生面上与基圆柱母线 $NN'$ 平行的任一直线 $KK'$ 的轨迹即为渐开线曲面。

斜齿圆柱齿轮(简称斜齿轮)齿廓的形成原理与直齿圆柱齿轮相似，所不同的是发生面上的直线 $KK'$ 与基圆柱母线 $NN'$ 成一夹角 $\beta_b$，如图 7-31(b)所示。当发生面沿基圆柱作纯滚动时，斜直线 $KK'$ 的轨迹为螺旋渐开曲面，即斜齿轮的齿廓，它与基圆的交线 $AA'$ 是一条螺旋线，夹角 $\beta_b$ 称为基圆柱上的螺旋角。齿廓曲面与齿轮端面的交线仍为渐开线。

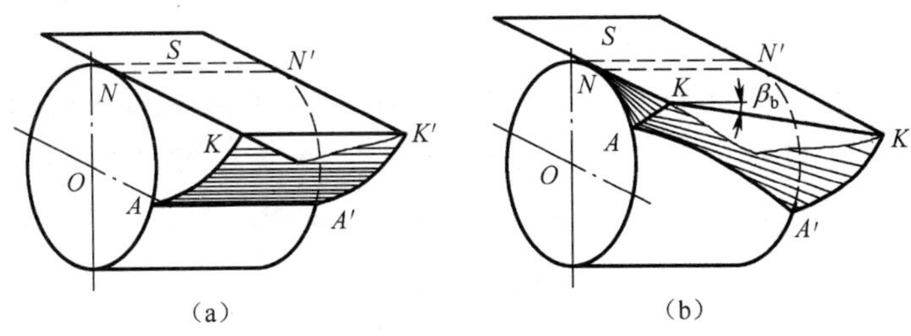


图 7-31 圆柱直齿轮、斜齿轮齿廓曲面的形成

2. 啮合特点

由齿廓曲面的形成可知，直齿圆柱齿轮啮合时，轮齿接触线是一条平行于轴线的直线，并沿齿面移动，如图 7-32(a)所示。所以在传动过程中，两轮齿将沿着整个齿宽同时进入啮合或同时退出啮合，因而轮齿上所受载荷也是突然加上或突然卸下，传动平稳性差，

易产生冲击和噪声。

斜齿圆柱齿轮啮合时，其瞬时接触线是斜直线，且长度变化(图 7-32(b))。一对轮齿从开始啮合起，接触线的长度从零逐渐增加到最大，然后又由长变短，直至脱离啮合。因此，轮齿上的载荷也是逐渐由小到大，再由大到小，所以传动平稳，冲击和噪声较小。此外，一对轮齿从进入到退出，总接触线较长，重合度大，同时参与啮合的轮齿多，故承载能力高。

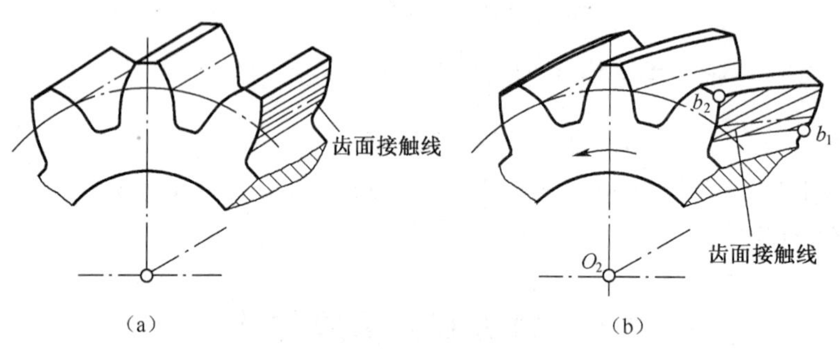


图 7-32 圆柱直齿轮、斜齿轮接触线比较

## 7.7.2 斜齿圆柱齿轮的参数与尺寸计算

1. 螺旋角

斜齿轮的齿面与分度圆柱的交线称为分度圆柱上的螺旋线。螺旋线的切线与齿轮轴线之间所加的锐角称为分度圆螺旋角(简称螺旋角)，用 $\beta$ 表示，一般取 $\beta$ 为 8°～20°。它表示轮齿的倾斜程度。

$$\tan\beta = \pi d / p_z$$

$$\tan\beta_b = \pi d_b / p_z = \pi\cos\alpha_t d / p_z = \tan\beta\cos\alpha_1$$

式中，$p_z$ 为螺旋线的导程，即螺旋线绕一周时它沿轮轴方向前进的距离。

$\beta_b < \beta$，可知圆柱面直径大，螺旋角也大。螺旋角越大，轮齿越倾斜，传动的平稳性越好，但轴向力也越大。

2. 模数

斜齿轮的主要参数有端面和法面之分。端面(用下角标 $t$ 标示)垂直于齿轮轴线，法面(用下角标 $n$ 标示)垂直于螺旋线。图 7-33 所示为斜齿轮分度圆柱的展开图，图中阴影部分表示齿厚，空白部分表示齿槽。由图可知，法面齿距 $p_n$ 和端面齿距 $p_t$ 的几何关系为

$$p_n = p_t\cos\beta$$

而

$$p_n = \pi m_n, p_t = \pi m_t$$

故法面模数和端面模数的关系为

$$m_n = m_t\cos\beta \tag{7-21}$$

3. 压力角

为了便于分析，以斜齿条说明问题。如图 7-34 所示斜齿条中，平面 $ABD$ 为端面，平

面 $ACE$ 为法面，$\angle ACB=90°$。

在△$ABD$、△$ACE$ 及△$ABC$ 中，因 $\tan\alpha_t=AB/BD$，$\tan\alpha_n=AC/CE$，$AC=AB\cos\beta$，又因 $BD=CE$，故得

$$\tan\alpha_n=AC/CE=AB\cos\beta/BD=\tan\alpha_t\cos\beta$$

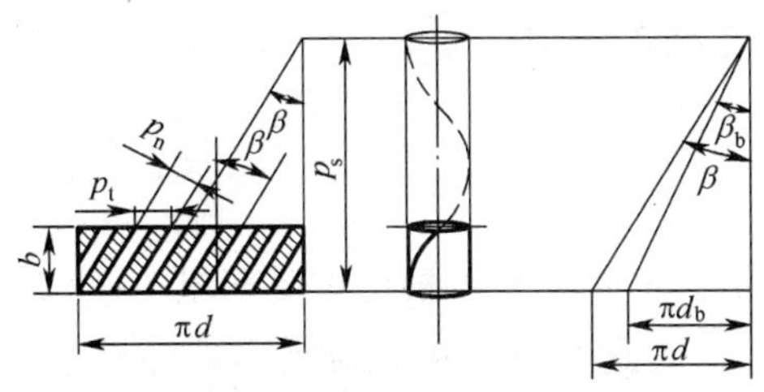

图 7-33　分度圆柱面展开图

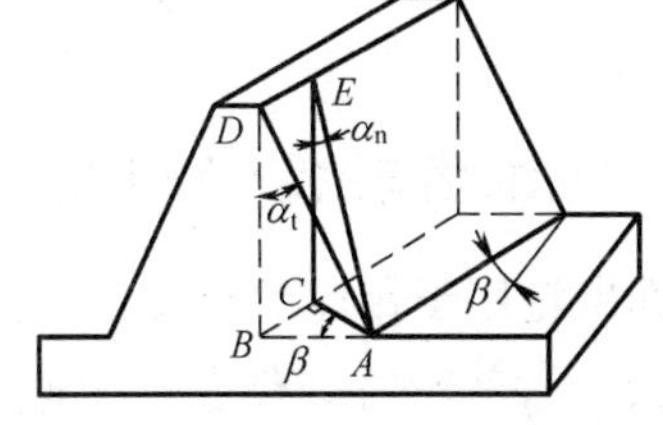

图 7-34　斜齿条上的参数

4. 齿顶高系数 $h_{an}^*$ 和 $h_{at}^*$ 及顶隙系数 $c_n^*$ 和 $c_t^*$

无论从法向还是从端面来看，轮齿的齿顶高都是相同的，顶隙也是相同的，即

$$h_{an}^* m_n=h_{at}^* m_t,\quad c_n^* m_n=c_t^* m_t$$

将式(7-21)代入以上两式得

$$\left.\begin{aligned}h_{at}^*&=h_{an}^*\cos\beta\\c_t^*&=c_n^*\cos\beta\end{aligned}\right\}\tag{7-22}$$

用铣刀或滚刀加工斜齿轮时，刀具的进刀方向垂直于斜齿轮的法面。国家标准规定法面上的参数取为标准值。法面模数 $m_n$ 按表 7-1 选取，$\alpha_n=20°$，$h_{an}^*=1$，$c_n^*=0.25$。

只需将直齿圆柱齿轮几何尺寸计算公式中的各参数视作端面参数，就完全适用于平行轴标准斜齿轮的几何尺寸计算，具体计算公式如表 7-8 所列。

表 7-8　外啮合标准斜齿圆柱齿轮传动的几何尺寸计算公式

| 名 称 | 符 号 | 计 算 公 式 |
|---|---|---|
| 分度圆直径 | $d$ | $d=m_t z=(m_n/\cos\beta)z$ |
| 基圆直径 | $d_b$ | $d_b=d\cos\alpha_t$ |
| 齿顶高 | $h_a$ | $h_a=h_{an}^* m_n$ |
| 齿根高 | $h_f$ | $h_f=(h_{an}^*+c_n^*)m_n$ |
| 齿顶圆直径 | $d_a$ | $d_a=d+2h_a$ |
| 齿根圆直径 | $d_f$ | $d_f=d-2h_f$ |
| 中心距 | $a$ | $a=(d_1+d_2)/2=m_n(z_1+z_2)/2\cos\beta$ |

## 7.7.3　斜齿圆柱齿轮传动的正确啮合条件

斜齿轮在端面内的啮合相当于直齿轮的啮合，因此，斜齿轮传动螺旋角大小应相等，外啮合时旋向相反(取“－”号)，内啮合时旋向相同(取“＋”号)，又由于斜齿轮的法向参数为标准值，故其正确啮合条件可完整地表达为

$$\begin{cases}\alpha_{n1}=\alpha_{n2}=\alpha_n \\ m_{n1}=m_{n2}=m_n \\ \beta_1=\pm\beta_2\end{cases} \tag{7-23}$$

# 7.8 直齿圆锥齿轮传动

## 7.8.1 圆锥齿轮传动概述

圆锥齿轮用于传递两相交轴之间的运动和动力，两轴交角可根据需要确定，一般机械中多采用90°，其轮齿分布在一个截锥体的锥面上，因此其齿形从大端到小端逐渐变小。圆锥齿轮的轮齿分为直齿、斜齿和曲齿三种类型。

为了便于计算和测量，规定大端的参数为标准值。因直齿圆锥齿轮在设计、制造和安装等方面都较简便，故应用广泛。这里只简单介绍直齿圆锥齿轮的计算方法。

## 7.8.2 直齿圆锥齿轮传动的几何尺寸计算

图7-35所示为一对标准直齿圆锥齿轮传动。因为直齿圆锥齿轮的大端尺寸最大，为了便于计算和测量，其基本参数和几何尺寸以大端为准。取大端模数 $m$ 为标准值，大端压力角 $\alpha=20°$，齿顶高系数 $h_a^*=1$，顶隙系数 $c^*=0.2$。

对于轴间夹角 $\Sigma=\delta_1+\delta_2=90°$ 的标准直齿圆锥齿轮传动，其分度圆直径为

$$d=mz$$

分度圆锥角

$$\delta_1=\operatorname{arccot}\frac{z_2}{z_1},\quad \delta_2=\arctan\frac{z_2}{z_1}$$

传动比

$$i_{12}=\frac{n_1}{n_2}=\frac{z_2}{z_1}=\frac{d_2}{d_1}=\cot\delta_1=\tan\delta_2$$

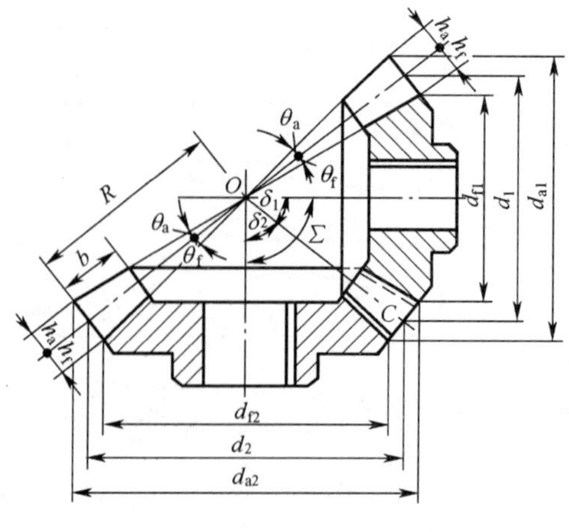


图7-35 标准直齿圆锥齿轮的几何尺寸

# 7.9　齿轮的结构设计与润滑

## 7.9.1　齿轮的结构

1. 齿轮轴

当齿轮的齿根圆直径与轴直径相差较小时，可以将齿轮与轴做成一体，称为齿轮轴，如图 7-36 所示。

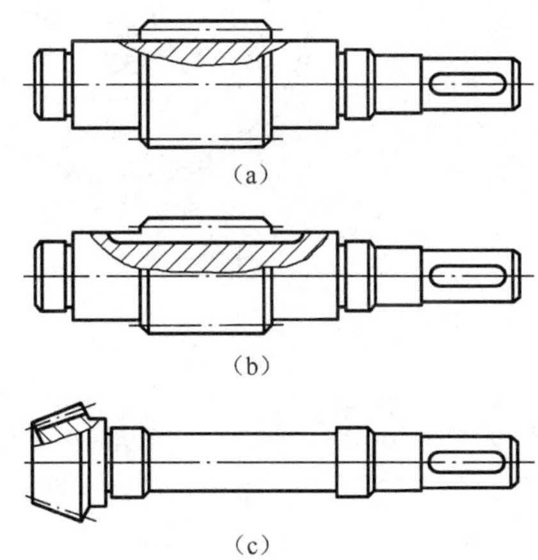


图 7-36　齿轮轴

(a)圆柱齿轮轴(齿根圆直径大于轴径)；(b)圆柱齿轮轴(齿根圆直径小于轴径)；(c)锥齿轮轴。

2. 实心式齿轮

当齿顶圆直径 $d_a \leqslant 200$mm 时，可采用实心式齿轮，如图 7-37 所示。

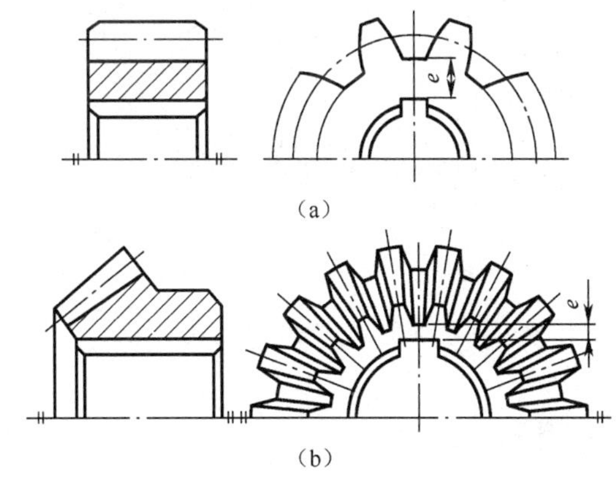


图 7-37　实心结构的齿轮

(a)圆柱齿轮 $e \geqslant (2 \sim 2.5)m_n$；(b)锥齿轮 $e \geqslant (1.6 \sim 2)m$。

3. 腹板式齿轮

当齿顶圆直径 $d_a \leqslant 500$mm 时，为了减少质量和节约材料，通常要用腹板式结构。应用最广泛的是锻造腹板式齿轮，对以铸铁或铸钢为材料的不重要的齿轮，则采用铸造腹板式齿轮，如图 7-38 所示。

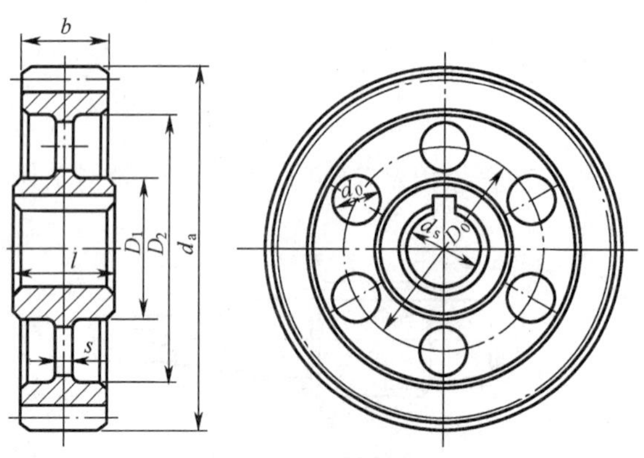


图 7-38　腹板式齿轮

4. 轮辐式齿轮

当齿轮直径较大，如 $d_a$ 为 400mm～1000mm，多采用轮辐式的铸造结构（图 7-39）。轮辐剖面形状可以是椭圆形（轻载）、T 字形（中载）或工字形（重载）等。

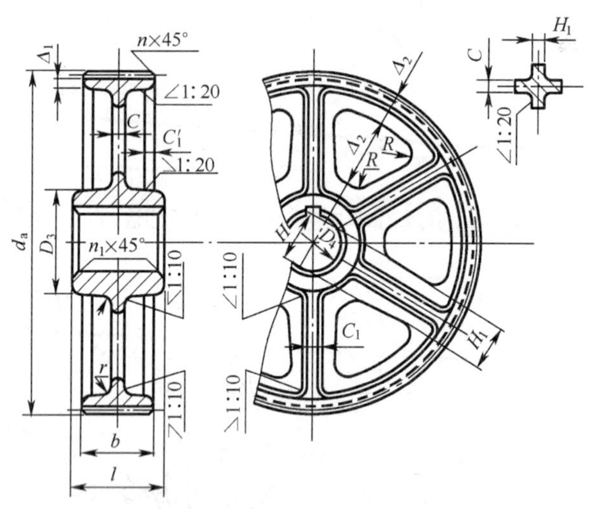


图 7-39　轮辐式齿轮

## 7.9.2　齿轮传动的润滑

闭式齿轮传动的润滑方式决定于齿轮的圆周速度。如图 7-40(a)、(b)所示，齿轮圆周速度 $v<12$m/s 时，采用油浴润滑（将齿轮浸入油池中，浸入深度约一个齿高，但不应小于 10mm）。当 $v>12$m/s 时，为了避免搅油损失过大，常采用喷油润滑（图 7-40(c)）。对于速度较低的齿轮传动或开式齿轮传动，可定期人工加润滑油或润滑脂润滑。

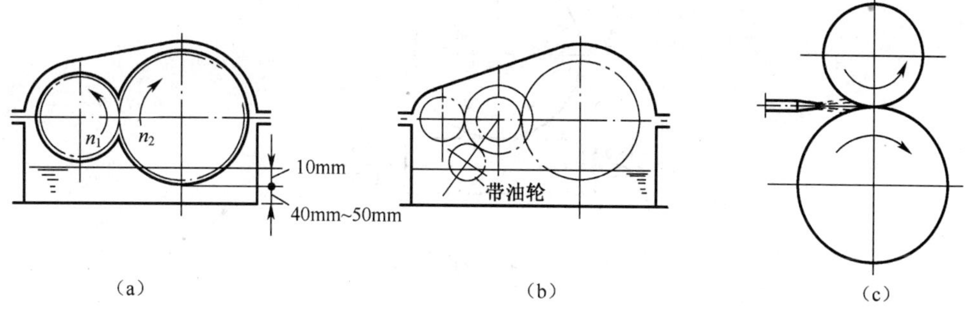


图 7-40　齿轮传动的润滑方式

# 7.10　蜗杆传动

## 7.10.1　蜗杆传动概述

蜗杆传动主要由蜗杆和蜗轮组成，用来传递空间两交错轴之间的运动和动力，通常交错角为 90°，如图 7-41 所示。

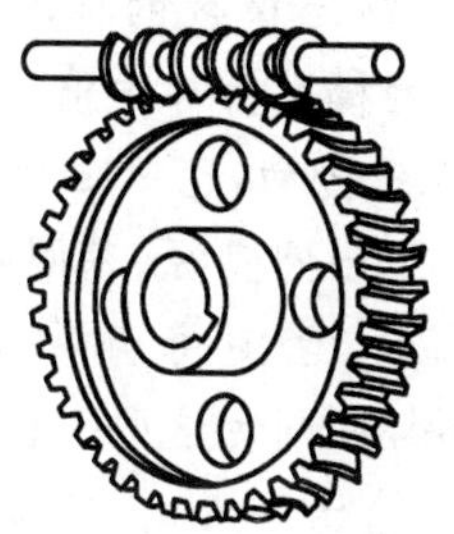

图 7-41　蜗杆传动

蜗杆传动中的蜗杆有多种形式，其中工程上常用的为阿基米德蜗杆。蜗杆类似于斜齿圆柱齿轮，不同的是沿齿宽方向做成圆弧形包在蜗杆上，以改善蜗杆与蜗轮之间的接触情况。

蜗杆传动以蜗杆为主动件，蜗轮为从动件。设蜗杆头数为 $z_1$，通常取 $z_1=1$、2、3，蜗杆头数过多时不易加工，蜗轮齿数为 $z_2$。当蜗杆转动一周时，蜗轮转过 $z_1$ 个齿，即转过 $z_1/z_2$ 圈。当蜗杆转速为 $n_1$ 时，蜗轮的转速为 $n_2=n_1z_1/z_2$。所以蜗杆传动的传动比为

$$i_{12}=\frac{n_1}{n_2}=\frac{z_2}{z_1}$$

## 7.10.2　蜗杆传动转向的判断

蜗杆传动中，蜗杆的转动方向为已知，蜗轮的转向判断步骤如下。

(1)判断蜗杆的旋向。顺着轴线看，右上左下为右旋，左上右下为左旋。

(2)采用左右手法则判断蜗轮转向。左旋伸左手，右旋伸右手，屈起四指沿着蜗杆转动方向，与大拇指指向相反的方向即为蜗轮上节点速度的方向，如图 7-42 所示。

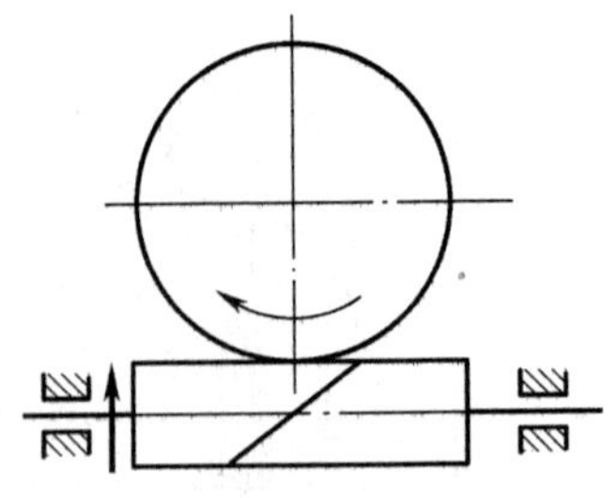

图 7-42　蜗轮转向

## 思考与练习题

1. 渐开线的形状因何而异？一对啮合的渐开线齿轮，若其齿数不同，其齿廓渐开线的形状是否相同？有两个齿轮，它们的分度圆及压力角相同，但模数不同，试问其齿廓的渐开线的形状是否相同？若两个齿轮的模数和齿数均相同，但压力角不同，则其齿廓渐开线的形状是否相同？

2. 何谓齿轮的模数？为什么要规定模数的标准值？在直齿圆柱齿轮、斜齿圆柱齿轮、圆锥齿轮以及蜗杆蜗轮上，何处的模数为标准值？

3. 一对标准外啮合直齿圆柱齿轮传动，已知 $z_1=19$，$z_2=68$，$m=2\text{mm}$，$\alpha=20°$，计算小齿轮的分度圆直径、齿顶圆直径、齿根圆直径、基圆直径、齿距、齿厚和齿槽宽。

4. 现有两个标准直齿圆柱齿轮，已测得齿数为 22 和 98，小齿轮齿顶圆直径为 240mm，大齿轮的全齿高为 22.5mm，试判定这两个齿轮能否正确啮合传动。

5. 某直齿圆柱齿轮传动的小齿轮已丢失，但已知与之相配的大齿轮为标准齿轮，其齿数 $z_2=52$，齿顶圆直径 $d_{a2}=135\text{mm}$，标准安装中心距 $a=112.5\text{mm}$。试求丢失的小齿轮的齿数、模数、分度圆直径、齿顶圆直径、齿根圆直径。

6. 齿轮传动常见的失效形式有哪些？产生的原因是什么？如何提高齿轮的抗失效能力？

7. 一般使用的闭式硬齿面、闭式软齿面和开式齿轮传动的设计计算准则是什么？

8. 在设计软齿面齿轮传动时，为什么常使小齿轮的齿面硬度高于大齿轮齿面硬度 30HBS～50HBS？

9. 设计一对标准直齿圆柱齿轮传动，已知传递的功率 $P=4\text{kW}$，小齿轮转速 $n_1=450\text{r/min}$，传动比 $i=3$，载荷平稳。

10. 已知一对斜齿圆柱齿轮啮合，$z_1=22$，$z_2=55$，$m_n=4\text{mm}$，$\beta=16°30'$，$h_{an}^*=1$，$c_n^*=0.25$，$\alpha_n=20°$。试计算这对斜齿轮的主要尺寸。

# 第8章 轮 系

## 8.1 轮系及其分类

在现代机械中，为了满足不同的工作要求，仅用一对齿轮传动或蜗杆传动往往是不够的，通常需要采用一系列相互啮合的齿轮(包括蜗杆传动)组成的传动系统将主动轴的运动传给从动轴。这种由一系列相互啮合的齿轮组成的传动系统称为轮系。

轮系分为两大类:定轴轮系和周转轮系。

1. 定轴轮系

轮系在运转过程中，如果每个齿轮的几何轴线位置相对于机架的位置均固定不动，则称该轮系为定轴轮系。

由轴线相互平行的圆柱齿轮组成的定轴轮系，称为平面定轴轮系，如图 8-1 所示。

包含相交轴齿轮、交错轴齿轮等在内的定轴轮系，称为空间定轴轮系，如图 8-2 所示。

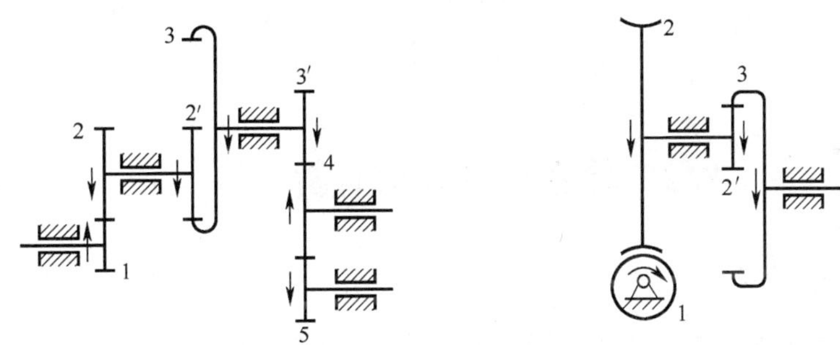


图 8-1 平面定轴轮系　　图 8-2 空间定轴轮系

2. 周转轮系

在一个行星轮系中，若至少有一个齿轮的几何轴线绕另一齿轮固定轴线转动，则该轮系称为周转轮系。图 8-3 所示的周转轮系由行星轮、行星架 H(系杆)、太阳轮和机架组成。

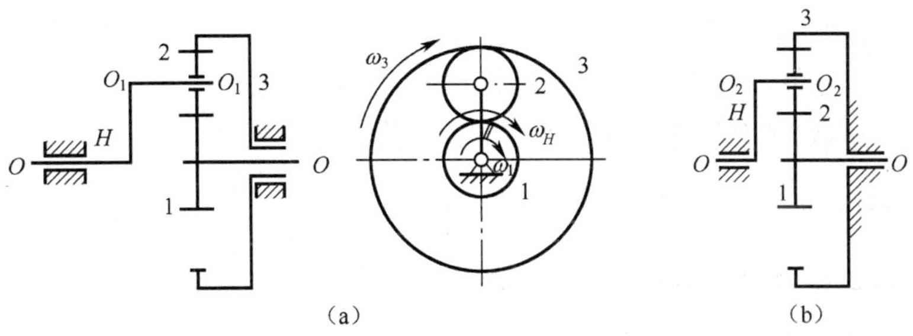


图 8-3 周转轮系

(a)差动轮系;(b)行星轮系。

1、3—太阳轮;2—行星轮;H—行星架。

在周转轮系中，活套在构件 H 上的齿轮 2 一方面绕自身的轴线转动，另一方面随构件 H 绕固定轴线 $OO$ 转动，犹如天体中的行星，兼有自转和公转，故把做行星运动的齿轮 2 称为行星轮，支承行星轮的构件 H 则称为行星架。与行星轮相啮合而轴线固定的齿轮 1 和 3 称为太阳轮。在周转轮系中，一般都是以太阳轮或行星架作为运动的输入或输出构件。

若周转轮系中两个太阳轮均能转动则称为差动轮系(图 8-3(a))，而其中一个太阳轮固定则称为行星轮系(如图 8-3(b))。

3. 混合轮系

在机械传动中，常将由定轴轮系和周转轮系或由两个以上的周转轮系构成的复杂轮系称为混合轮系，如图 8-4 所示。

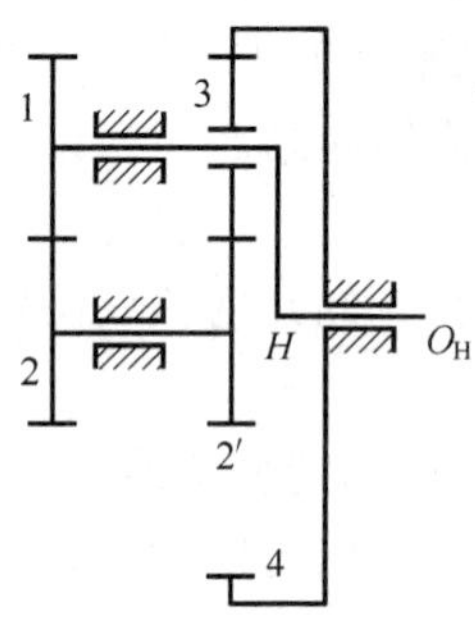


图 8-4　混合轮系

# 8.2　轮系传动比的计算

## 8.2.1　轮系的传动比

在轮系中，输入轴和输出轴角速度(或转速)之比，称为轮系的传动比，常用字母“$i$”表示，并在其右下角用下标注明其对应的两轴。例如，$i_{17}$ 表示轴 1 与轴 7 的传动比。

## 8.2.2　定轴传动比的计算

确定轮系的传动比包含以下两个方面：

(1)计算传动比的大小。

图 8-5 所示为各轴线平行的平面定轴轮系，已知各轮的齿数和转速，则各对齿轮副的传动比的大小为

$$i_{12}=\frac{n_1}{n_2}=\frac{z_2}{z_1};i_{2'3}=\frac{n_{2'}}{n_3}=\frac{z_3}{z_{2'}};i_{3'4}=\frac{n_{3'}}{n_4}=\frac{z_4}{z_{3'}};i_{45}=\frac{n_4}{n_5}=\frac{z_5}{z_4}$$

由于 2 和 2′、3 和 3′分别固定在同一根轴上，所以

$$n_2=n_{2'};\quad n_3=n_{3'}$$

将上述各式两边分别连乘并整理，得到该轮系的总传动比为

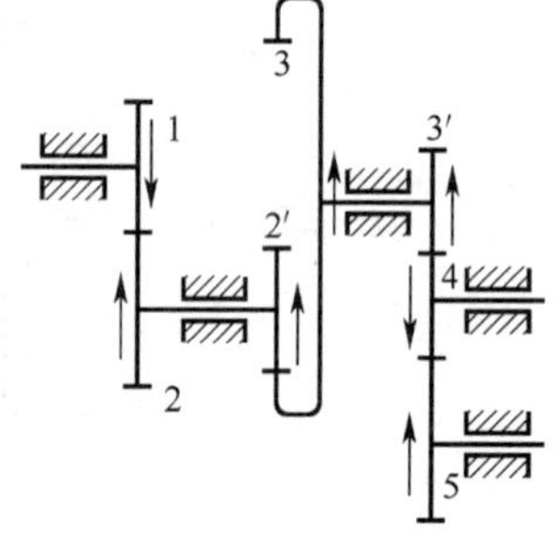


图 8-5　平面定轴轮系

$$i_{15}=\frac{n_1}{n_5}=\frac{n_1}{n_2}\cdot\frac{n_{2'}}{n_3}\cdot\frac{n_{3'}}{n_4}\cdot\frac{n_4}{n_5}$$

$$=i_{12}i_{2'3}i_{3'4}i_{45}=\frac{z_2z_3z_4z_5}{z_1z_{2'}z_{3'}z_4}$$

可得结论：定轴轮系的传动比为组成该轮系的各对啮合齿轮传动比的连乘积，其大小等于各对啮合齿轮中所有从动轮齿数的连乘积与所有主动轮齿数的连乘积之比，即

$$i_{1k}=\frac{\omega_1}{\omega_k}=\frac{n_1}{n_k}=\frac{\text{从首轮到末轮所有从动轮齿数的乘积}}{\text{从首轮到末轮所有主动轮齿数的乘积}} \tag{8-1}$$

轮 4 在轮系中既是前一级的从动轮，又是后一级的主动轮，其齿数对轮系传动比的大小没有影响，但可以改变齿轮转向，这种齿轮称为惰轮。

(2)确定首末两轮的转向关系。

这可分为以下几种情况：

①轮系中各轮几何轴线均互相平行。

规定：外啮合即两轮转向相反，用负号“－”表示；内啮合即两轮转向相同，用正号“＋”表示。

传动比公式为：

$$i_{1k}=\frac{n_1}{n_k}=(-1)^m\frac{z_2\cdots z_k}{z_1\cdots z_{k-1}}$$

式中　$m$——外啮合次数。

若计算结果为“＋”，表明首、末两轮的转向相同；反之，则转向相反。

②轮系中所有齿轮的几何轴线不都平行，但首、末两轮的轴线互相平行。

规定：圆锥齿轮啮合，箭头同时指向节点或同时背离节点。

用标注箭头法确定，具体步骤为：在图上用箭头依传动顺序逐一标出各轮转向，若首、末两轮方向相反，则在传动比计算结果中加上符号“－”，如图 8-6 所示。因首末两轮轴线平行，故可用画箭头法表示首末两轮转向关系，所以该轮系传动比为

$$i_{14}=-\frac{z_2z_3z_4}{z_1z_{2'}z_{3'}}$$

③轮系中首、末两轮几何轴线不平行。

规定：蜗杆传动可根据蜗杆旋向及转向按第 4 章所述有关规则确定。

用公式计算出的传动比只是绝对值大小，而其相对转向只能由在运动简图上依次标箭头的方法来确定。

图 8-7 所示为一空间定轴轮系，当各轮齿数及首轮的转向已知时，可求出其传动比大小并标出各轮的转向，即

$$i_{18}=\frac{n_1}{n_8}=\frac{z_2z_4z_6z_8}{z_1z_3z_5z_7}$$

**例 8-1**　在图 8-6 所示的空间定轴轮系中，已知各齿轮的齿数 $z_1=20$，$z_2=40$，$z_{2'}=15$，$z_3=20$，$z_{3'}=40$，$z_4=30$，齿轮 1 为主动轮，转向如图中所示，转速 $n_1=120\text{r/min}$。试求齿轮 4 的转速及方向。

**解**：(1)求传动比 $i_{14}$。

$$i_{14}=\frac{n_1}{n_4}=\frac{z_2 z_3 z_4}{z_1 z_{2'} z_{3'}}=-\frac{40\times20\times30}{20\times15\times40}=-2$$

(2)求 $n_4$。

由于

$$i_{14}=\frac{n_1}{n_4}=-2$$

故

$$n_4=\frac{n_1}{i_{14}}=\frac{120}{-2}=-60(\mathrm{r/min})$$

式中负号说明轮 1 和轮 4 的转向相反，各轮转向如图 8-6 所示。

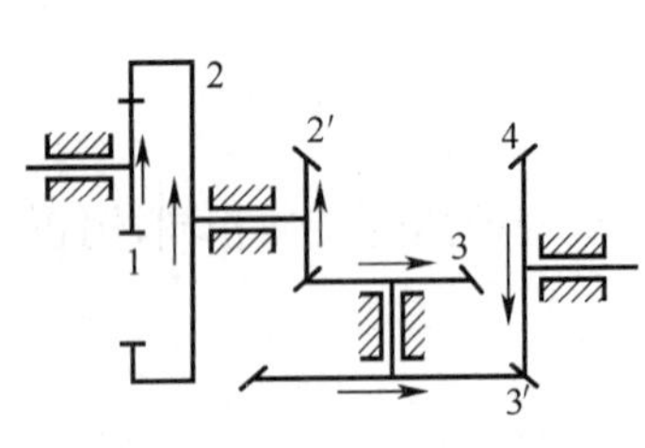


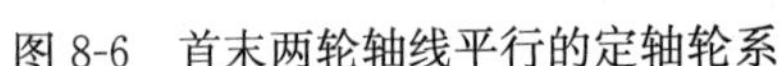

图 8-6　首末两轮轴线平行的定轴轮系

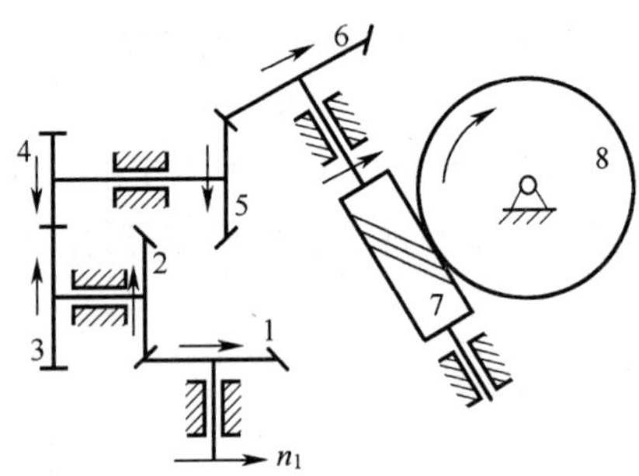


图 8-7　首末两轮轴线不平行的定轴轮系

## 8.2.3　周转轮系传动比的计算

从周转轮系的组成可以看出，周转轮系与定轴轮系的根本差别是周转轮系中有转动着的行星架，使得行星轮既有自传，又有公转。所以，周转轮系的传动比就不能直接用定轴轮系的公式来进行计算。

为了解决周转轮系的传动比计算问题，可设法将周转轮系转化为定轴轮系。根据相对运动原理，假如给整个周转轮系加上一个公共转速“$-n_{\mathrm{H}}$”(图 8-10)，则各构件之间的相对运动关系保持不变。但这时行星架“静止不动”了($n_{\mathrm{H}}-n_{\mathrm{H}}=0$)，于是周转轮系就转化为定轴轮系了。这个经过一定条件转化得到的假想定轴轮系称为原轮系的转化轮系。转化轮系既然是定轴轮系，就可以用定轴轮系的传动比计算公式列出转化轮系中各构件转速之间的关系，并由此得到周转轮系各构件的转速关系，进而求出其传动比。

图 8-3 所示的周转轮系，当给整个轮系加上“$-n_{\mathrm{H}}$”转动后(图 8-8)，各构件转速变化如下表所列。

表　转化轮系中各构件的转速

| 构件代号 | 行星齿轮系中的转速 | 转化齿轮系中的转速 |
|---|---|---|
| 太阳轮 1 | $\omega_1$ | $\omega_1^{\mathrm{H}}=\omega_1-\omega_{\mathrm{H}}$ |
| 行星轮 2 | $\omega_2$ | $\omega_2^{\mathrm{H}}=\omega_2-\omega_{\mathrm{H}}$ |
| 太阳轮 3 | $\omega_3$ | $\omega_3^{\mathrm{H}}=\omega_3-\omega_{\mathrm{H}}$ |
| 行星架 H | $\omega_{\mathrm{H}}$ | $\omega_{\mathrm{H}}^{\mathrm{H}}=\omega_{\mathrm{H}}-\omega_{\mathrm{H}}=0$ |

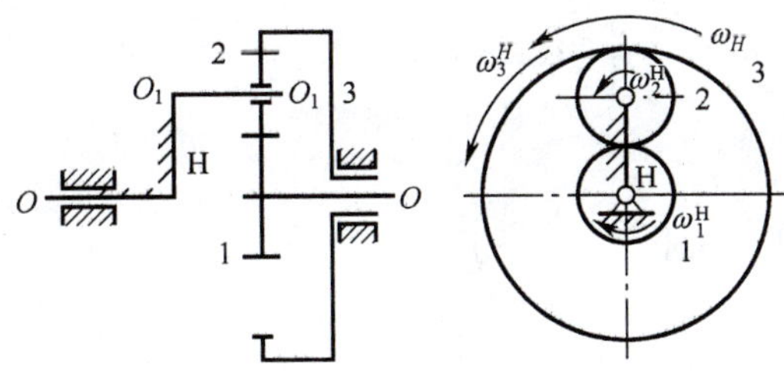


图 8-8　转化轮系

(1)列转化轮系传动比计算式。

利用定轴轮系传动比计算公式,可列出转化轮系的传动比公式为

$$i_{13}^{H}=\frac{n_1^H}{n_3^H}=\frac{n_1-n_H}{n_3-n_H}=(-1)^1\ \frac{z_2z_3}{z_1z_2}=-\frac{z_3}{z_1}$$

传动比符号中右上角标“H”表示转化轮系传动比、转速相对行星架 $H$ 的值。

推广到一般情况,可得传动比大小为

$$i_{1K}^{H}=\frac{n_1^H}{n_K^H}=\frac{n_1-n_H}{n_K-n_H}=\frac{\text{转化轮系中所有从动轮齿数积}}{\text{转化轮系中所有主动轮齿数积}} \tag{8-2}$$

式中,下标 1 为首轮,$K$ 为末轮。

基本构件的绝对转速 $n_1$、$n_K$ 和 $n_H$ 都是代数量,所以在应用该公式计算时,它们都必须带有本身转动方向的符号,一般可假设某一构件的绝对转速的方向为正,与之相反的方向为负。

(2)标出转化轮系转向,确定传动比符号。

①对于圆柱齿轮周转轮系,所有轴线平行,直接以$(-1)^m$ 为转化轮系传动比的符号;

②对于空间周转轮系,可用箭头法确定各对齿轮转向,若首、末两轮轴线平行,转向相同用正号,相反则用负号;若首、末两轮转向不平行,转向只能用箭头法确定。

**例 8-2**　图 8-9 所示的平面周转轮系中,已知 $z_1=100$,$z_2=101$,$z_{2'}=100$,$z_3=99$。求传动比 $i_{H1}$。

**解:**$i_{13}^{H}=\frac{n_1^H}{n_3^H}=\frac{n_1-n_H}{n_3-n_H}=+\frac{z_2z_3}{z_1z_{2'}}=+\frac{101\times99}{100\times100}$

$$i_{13}^{H}=\frac{n_1-n_H}{0-n_H}=1-\frac{n_1}{n_H}=1-i_{1H}=+\frac{101\times99}{100\times100}$$

$$i_{1H}=1-\frac{101\times99}{100\times100}\approx\frac{1}{10000}$$

$$i_{H1}=\frac{1}{i_{1H}}=+10000$$

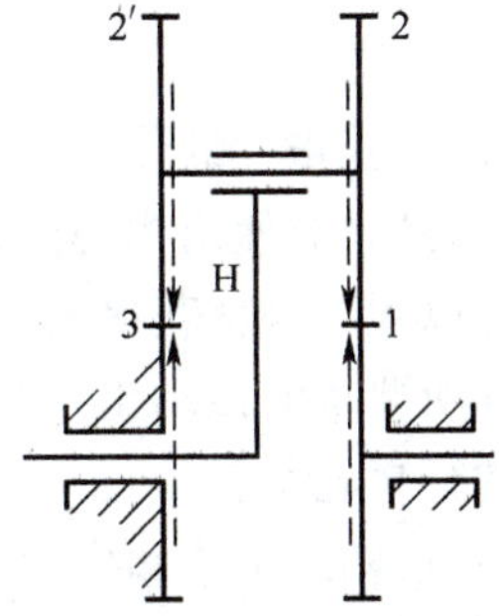


图 8-9　平面周转轮系
(行星轮系)

**例 8-3**　图 8-10 所示的差动轮系中,已知 $z_1=30$,$z_2=15$,$z_3=50$,$n_1=1000\text{r/min}$,$n_3=700\text{r/min}$,求 $n_H$。

**解:**$i_{13}^{H}=\frac{n_1-n_H}{n_3-n_H}=-\frac{z_2z_3}{z_1z_2}=-\frac{15\times50}{30\times15}=-\frac{5}{3}$

得

$$n_1-n_3=-\frac{5}{3}(n_3-n_H)$$

故

$$n_H=\frac{3}{8}\left(n_1+\frac{5}{3}n_3\right)$$

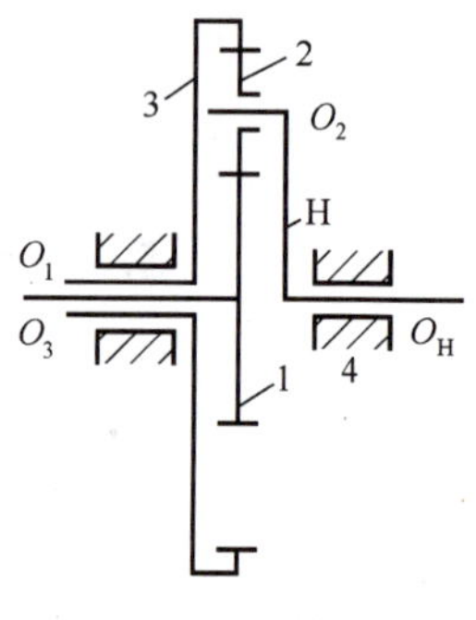


图 8-10 差动轮系

当 $n_1$、$n_3$ 同方向时，

$$n_H=\frac{3}{8}\left(n_1+\frac{5}{3}n_3\right)=\frac{3}{8}\left(1000+\frac{5}{3}\times 700\right)\approx 812.5\text{r/min}$$

“+”号说明系杆转速 $n_H$ 与齿轮 1 的转向相同。

当 $n_1$、$n_3$ 反方向时（$n_3=-700\text{r/min}$）：

$$n_H=\frac{3}{8}\left(n_1+\frac{5}{3}n_3\right)=\frac{3}{8}\left(1000-\frac{5}{3}\times 700\right)=-62.5(\text{r/min})$$

“−”号说明系杆转速 $n_H$ 与齿轮 1 的转向相反。

## 8.3 轮系的功用

由上述内容可知，轮系广泛应用于各种机械设备中，其功用如下：

（1）传递相距较远的两轴间的运动和动力。当两轴间的距离较大时，若改用一对齿轮进行传动，则齿轮尺寸过大，既占空间，又浪费材料，且制造安装都不方便。若改用定轴轮系传动，则可克服上述缺点，如图 8-11 所示。

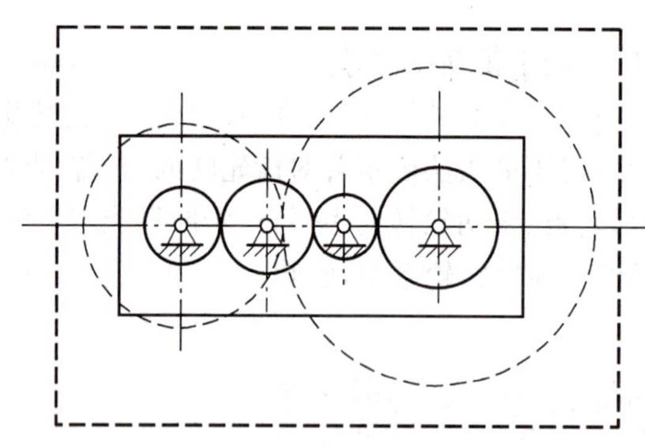

图 8-11 远距离传动

（2）可获得大的传动比。若想要用一对齿轮获得较大的传动比，必然有一个齿轮要做得很大，这样会使机构的体积增大，同时小齿轮也容易损坏。如果采用多对齿轮组成的轮系则可以很容易就获得较大的传动比。只要适当选择齿轮系中各对啮合齿轮的齿数，即可得到所要求的传动比。在周转轮系中，用较少的齿轮即可获得很大的传动比，如例 8-2 所示的行星轮系。

（3）可实现变速和换向传动。利用轮系可使输入轴在转速不变的情况下使输出轴获得多种工作转速，并能换向。图 8-12 所示为汽车用四速变速箱。牙嵌离合器的一半 Y 固联在输入轴Ⅰ上，另一半 X 固联在输出轴Ⅳ上，当双联齿轮 4、6 沿轴Ⅳ作轴向移动时，汽车可得到四种不同的转速：① 当离合器直接接合时，汽车高速前进；② 当齿轮 3 和 4 啮合时，汽车中速前进；③ 当齿轮 5 和 6 啮合时，汽车低速前进；④ 当齿轮 6 和 8 啮合时，汽车低速倒车。

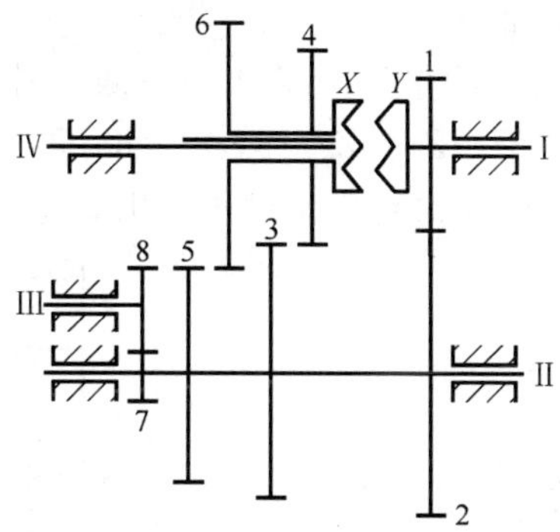


图 8-12　汽车用四速变速器

(4)用于对运动进行合成与分解。在差动齿轮系中，当给定两个基本构件的运动后，第三个构件的运动是确定的。换言之，第三个构件的运动是另外两个基本构件运动的合成。

同理，在差动齿轮系中，当给定一个基本构件的运动后，可根据附加条件按所需比例将该运动分解成另外两个基本构件的运动。

图 8-13 所示为滚齿机中的差动轮系。滚切斜齿轮时，由齿轮 4 传递来的运动传给中心轮 1，转速为 $n_1$；由蜗轮 5 传递来的运动传给 H，使其转速为 $n_H$。这两个运动经齿轮系合成后变成齿轮 3 的转速 $n_3$ 输出。

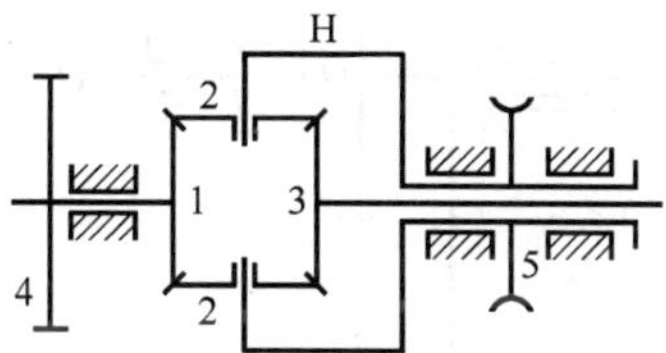


图 8-13　滚齿机中的差动轮系

因 $z_1=z_3$，则 $i_{13}^{H}=\dfrac{n_1-n_H}{n_3-n_H}=\dfrac{z_3}{z_1}=-1$，故 $n_H=\dfrac{n_1+n_3}{2}$。

这说明系杆的转速是太阳轮转速合成的 1/2，可作加法机构。如果以系杆和太阳轮 1 或 3 作为主动件，则可写为

$$n_3=2n_H-n_1$$

这说明太阳轮 1 的转速是系杆转速的两倍与太阳轮 3 转速的差，可作减法机构。

## 思考与练习题

1. 定轴轮系与行星轮系有何区别？试举例说明它们在生产中的应用。
2. 如何计算定轴轮系的传动比？怎样确定它们的转向？
3. 何谓转化轮系？$i_{ab}^{H}$与 $i_{ab}$有何本质区别？$i_{ab}^{H}$是行星轮系中 a、b 两轮间的传动比吗？

4. 轮系在机械传动中主要有哪些作用?

5. 图 8-14 所示为车床溜板箱进给刻度盘轮系,已知 $n_1=1450$rpm,$Z_1=18$,$Z_2=87$,$Z_3=28$,$Z_4=20$,$Z_5=84$,求 $i_{15}$、$n_5$。

6. 在如图 8-15 所示的钟表机构中,s、m 及 h 分别表示秒针、分针和时针,已知各轮齿数为 $Z_1=72$,$Z_2=12$,$Z_{2'}=64$,$Z_{2''}=Z_3=Z_4=8$,$Z_{3'}=60$,$Z_5=Z_6=24$,$Z_{5'}=6$。试求秒针与分针之间的传动比 $i_{sm}$ 以及时针与分针之间的传动比 $i_{hm}$。

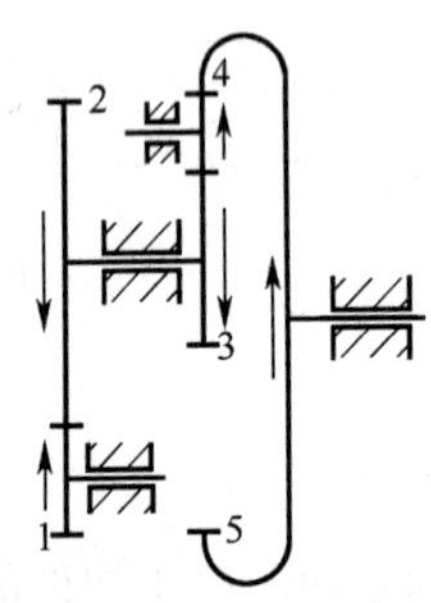

图 8-14 车床溜板箱进给刻度盘轮系

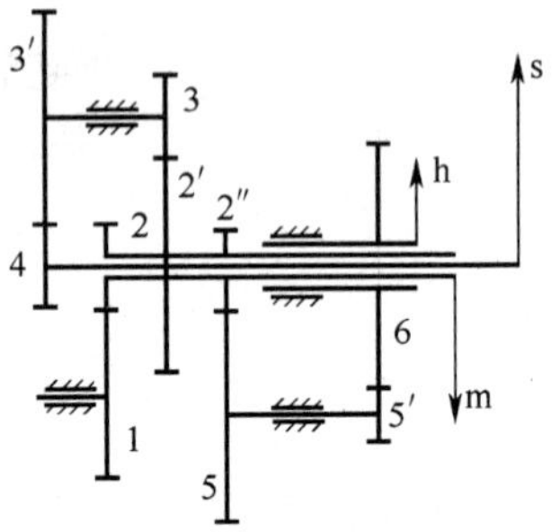

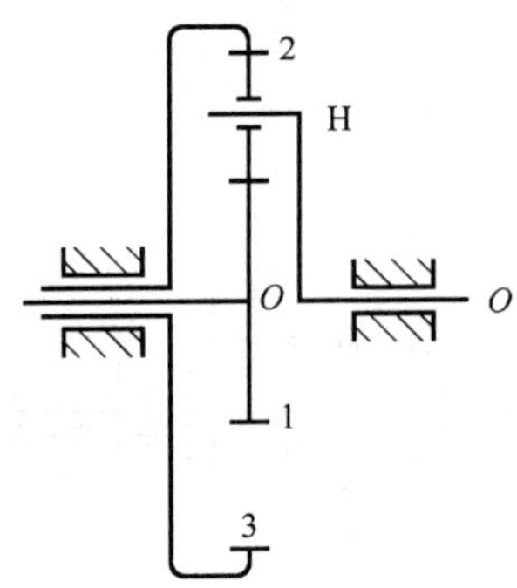

图 8-15 钟表机构轮系

7. 图 8-16 所示为一差动轮系,已知 $Z_1=45$,$Z_2=25$,$Z_3=60$,$n_1=800$r/min,$n_3=500$r/min,求 $n_H$。



图 8-16 差动轮系

8. 图 8-17 所示为某一机床回转工作台的传动机构,已知 $z_1=160$,$z_2=20$,马达转速 $n_M=14$r/min,求回转工作台 H 的转速 $n_H$ 的大小及其转向。

9. 图 8-18 所示为车床溜板箱手动操纵机构。已知轮 1、2 的齿数分别为 $z_1=16$,$z_2=80$;齿轮 3 的齿数为 $z_3=13$,模数 $m=2.5$mm,与齿轮 3 啮合的齿条被固定在床身上。试求当溜板箱移动速度为 1m/min 时手轮的转速。

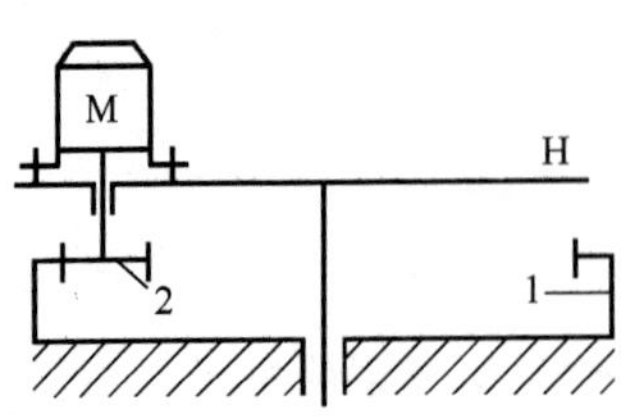

图 8-17 工作台传动机构

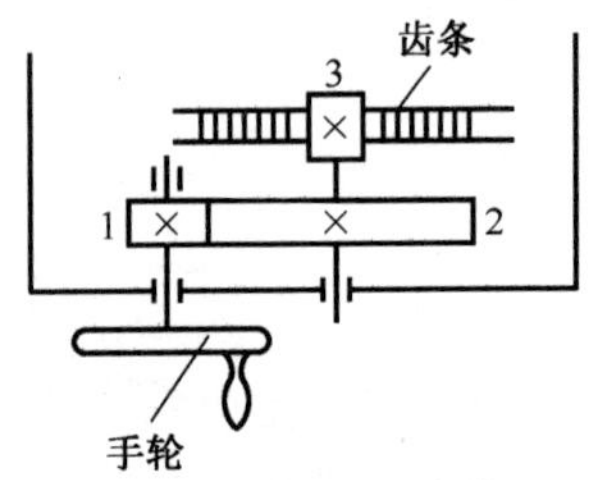

图 8-18 溜板箱手动操纵机构

# 第 9 章　带传动和链传动

带传动是通过传动带把主动轴的运动和动力传给从动轴的一种机械传动装置。链传动则是通过链条与链轮轮齿的相互啮合来传递运动和动力的。在机械传动中，当主动轴和从动轴相距较远时常采用这两种传动方式。

## 9.1　带传动的类型和特点

带传动一般由主动带轮、从动带轮、紧套在两带轮上的传动带及机架组成，如图 9-1 所示。当主动轮转动时，通过带和带轮间的摩擦力驱使从动轮转动并传递动力。

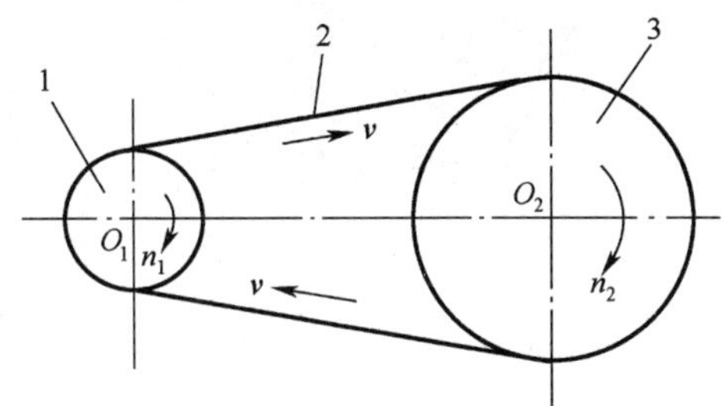


图 9-1　带传动
1—主动带轮；2—传动带；3—从动带轮。

### 9.1.1　带传动的类型

在带传动中，常用的有平带传动（图 9-2(a)）、V 带传动（图 9-2(b)）、多楔带传动（图 9-2(c)）、圆形带传动（图 9-2(d)）和同步带传动（图 9-3）等。前四种带传动都属于摩擦型传动，同步带传动则属于啮合型传动。本章主要讨论摩擦型带传动的问题。

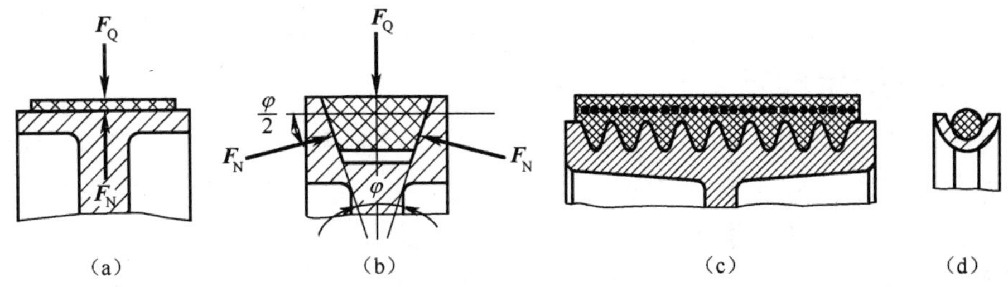


图 9-2　带传动的主要类型
(a)平带传动；(b)V 带传动；(c)多楔带传动；(d)圆形带传动。

(1)平带传动。平带是由多层胶帆布构成，其横截面形状为扁平矩形，工作面是与带轮轮面相接触的内表面。平带传动的结构最简单，主要用于两轴平行、转向相同的较远距离的传动。

(2)V带传动。V带的横截面形状为等腰梯形,带轮的轮槽也是梯形,与轮槽相接触的两侧面是工作面。根据槽面摩擦原理,在相同张紧力和相同摩擦系数的条件下,V带传动较平带传动能产生更大的摩擦力,所以V带传动可传递较大的功率,结构更紧凑。V带传动在机械传动中应用最广泛。

(3)多楔带传动。多楔带相当于平带与多根V带的组合,工作面是楔带侧面,它兼有两者的优点,柔性好,摩擦力大,传递功率大,多用于结构要求紧凑的大功率传动中。

(4)圆形带传动。圆形带的截面形状为圆形,仅用于如缝纫机、特殊仪器等低速、小功率的传动。

(5)同步带传动。同步(或啮合式)带传动是靠传动带与带轮上的齿相互啮合来传递运动和动力的,比较典型的是如图9-3所示的同步带传动。同步带除保持了摩擦带的优点外,还具有传动比准确的优点,多用于要求传动平稳、传动精度较高的场合。

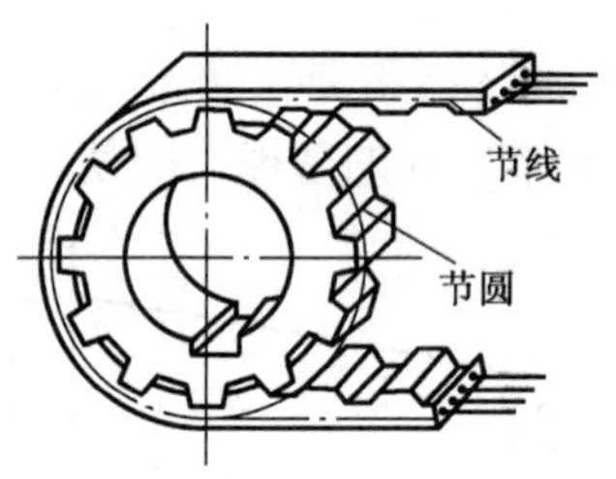


图9-3 同步带传动

### 9.1.2 带传动的特点

带传动具有如下特点:

(1)传动带具有弹性和挠性,可吸收振动并缓和冲击,从而使传动平稳、噪声小。

(2)当过载时,传动带与带轮间可发生相对滑动而不损伤其他零件,起过载保护作用。

(3)适合于主、从动轴间中心距较大的传动。

(4)由于有弹性滑动存在,故不能保证准确的传动比,传动效率较低。

## 9.2 带传动的工作原理和工作能力分析

### 9.2.1 带传动中的力分析

安装带传动时,传动带即以一定的张紧力 $\boldsymbol{F}_0$ 紧套在两个带轮上。由于 $\boldsymbol{F}_0$ 的作用,带与带轮相互压紧,并在接触面之间产生一定的正压力。带传动未工作时,传动带上下两边的拉力相等,都等于 $\boldsymbol{F}_0$(图9-4(a))。$\boldsymbol{F}_0$ 又称为初拉力。

工作时,主动轮1以转速 $n_1$ 转动,在摩擦力的作用下,带绕入主动轮的一边被拉紧,称为紧边,其所受拉力由 $\boldsymbol{F}_0$ 增大到 $\boldsymbol{F}_1$,而带的另一边则被放松,称为松边,其所受拉力由 $\boldsymbol{F}_0$ 降到 $\boldsymbol{F}_2$,如图9-4(b)所示。$\boldsymbol{F}_1$、$\boldsymbol{F}_2$ 分别称为带的紧边拉力和松边拉力。

图9-4(b)中,当取主动轮一端的带为分离体时,根据作用于带上的总摩擦力 $\sum \boldsymbol{F}_f$、紧边拉力 $\boldsymbol{F}_1$ 和松边拉力 $\boldsymbol{F}_2$ 对轮心 $O_1$ 的力矩代数和为零(即满足力矩平衡条件),可得

$$\sum \boldsymbol{F}_f = \boldsymbol{F}_1 - \boldsymbol{F}_2 \tag{9-1}$$

而带的紧、松边拉力之差就是带传递的有效圆周力 $\boldsymbol{F}$，即

$$\boldsymbol{F} = \boldsymbol{F}_1 - \boldsymbol{F}_2 \tag{9-2}$$

显然 $\boldsymbol{F} = \sum \boldsymbol{F}_f$。由图 9-4(b)可知，有效圆周力不是作用在某一固定点的集中力，而是带与带轮接触弧上各点摩擦力的总和。

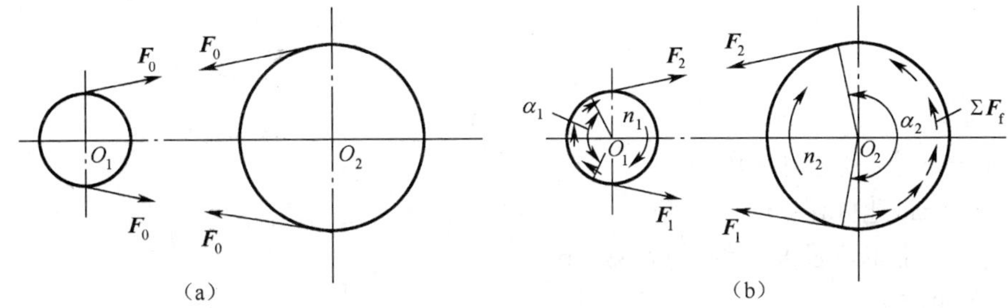


图 9-4　带传动的工作原理图

有效圆周力 $\boldsymbol{F}$(N)、带速 $\boldsymbol{v}$(m/s)和带传递功率 $\boldsymbol{P}$(kW)之间的关系为

$$P = \frac{Fv}{1000} \tag{9-3}$$

由上式可知，当带速一定时，传递的功率越大，所需要的摩擦力也越大。

若假设带在工作前后总长度不变，则带工作时，其紧边的伸长增量等于松边的伸长减量。由于带工作在弹性变形范围，若忽略离心力的影响，则可近似认为紧边拉力的增量等于松边拉力的减量，即

$$\boldsymbol{F}_1 - \boldsymbol{F}_0 = \boldsymbol{F}_0 - \boldsymbol{F}_2$$

$$\boldsymbol{F}_1 + \boldsymbol{F}_2 = 2\boldsymbol{F}_0 \tag{9-4}$$

当带与带轮的摩擦处于即将打滑而尚未打滑的临界状态时，$\boldsymbol{F}_1$ 与 $\boldsymbol{F}_2$ 的关系可用著名的欧拉公式表示，即

$$\boldsymbol{F}_1 = \boldsymbol{F}_2 e^{f\alpha} \tag{9-5}$$

式中　$\alpha$——带轮上的包角，即带与带轮接触弧所对应的圆周角(rad)(图 9-4(b))；

　　$f$——带与带轮之间的摩擦系数(V 带传动用当量摩擦系数 $f_v$)。

将式(9-4)和式(9-5)联立求解，可得传动带所能传递的最大有效圆周力 $F_{max}$，即

$$F_{max} = 2F_0\,\frac{e^{f\alpha} - 1}{e^{f\alpha} + 1} \tag{9-6}$$

### 9.2.2　带的应力分析

带传动工作时，带中的截面产生的应力包括三部分。

1. 拉应力

在带传动工作时，紧边和松边由拉力产生的拉应力分别为

$$\begin{cases} \sigma_1 = \dfrac{F_1}{A} \\[2ex] \sigma_2 = \dfrac{F_2}{A} \end{cases} \tag{9-7}$$

式中　$\sigma_1$、$\sigma_2$——紧边、松边上的拉应力(MPa)；

$A$——带的截面面积($mm^2$)；

$F_1$、$F_2$——紧边、松边的拉力(N)。

2. 离心应力

当带以切线速度 $v$ 沿带轮轮缘做圆周运动时，带本身的质量将引起离心力。离心力将使带受拉，在截面上产生离心应力。离心应力沿带的整个长度均匀分布。离心应力的大小为

$$\sigma_c = \frac{qv^2}{A} \tag{9-8}$$

式中　$\sigma_c$——离心应力(MPa)；

$v$——带速(m/s)；

q——带单位长度上的质量(kg/m)。

3. 弯曲应力

带绕过带轮时，由于弯曲变形会产生弯曲应力，如图 9-5 所示。带的弯曲应力为

$$\sigma_b \approx \frac{Eh}{d_d} \tag{9-9}$$

式中　$\sigma_b$——弯曲应力(MPa)；

$h$——带的高度(mm)；

$d_d$——V 带的基准直径(mm)；

$E$——带材料的弹性模量(MPa)。

由式(9-9)可知，带轮直径越小，则带所受的弯曲应力就越大。小带轮处的弯曲应力大于大带轮处的弯曲应力，设计时应限制小带轮的最小直径。

图 9-5 表示带工作时的应力分布情况。带中产生的最大应力发生在带的紧边开始绕入小带轮处，其最大应力为

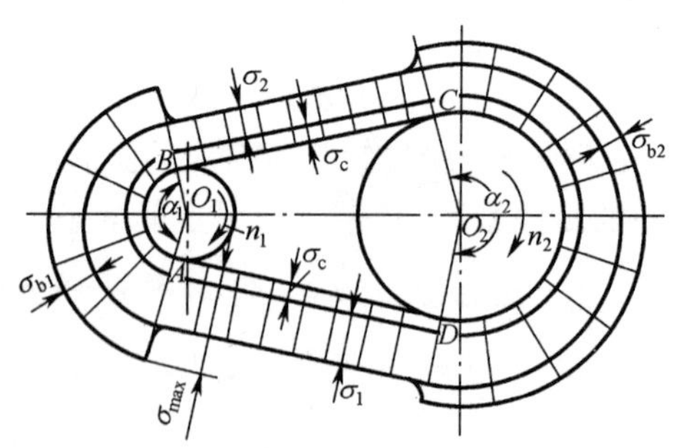


图 9-5　带传动时的应力分布情况示意图

$$\sigma_{max} = \sigma_1 + \sigma_c + \sigma_{b1} \tag{9-10}$$

带是在变应力状况下工作的，当应力循环次数达到一定值后，将引起带的疲劳破坏。

### 9.2.3　带的弹性滑动

传动带是弹性体，受到拉力后会产生弹性变形，如图 9-6 所示。带工作时，两边拉力不同，因而弹性变形也不同。当带的紧边在 $a$ 点绕上主动轮 1 时，带速 $v$ 与带轮

1 的圆周速度 $\boldsymbol{v}_1$ 大小相等；但在带轮 1 由 $a$ 点转动到 $b$ 点的过程中，带的拉力由 $\boldsymbol{F}_1$ 逐渐减小为 $\boldsymbol{F}_2$，其弹性伸长量也减小。因而带在绕过带轮的过程中，相对于主动轮向后收缩，带与主动轮间出现局部相对滑动，导致带的速度 $\boldsymbol{v}$ 逐渐小于主动轮 1 的圆周速度 $\boldsymbol{v}_1$。

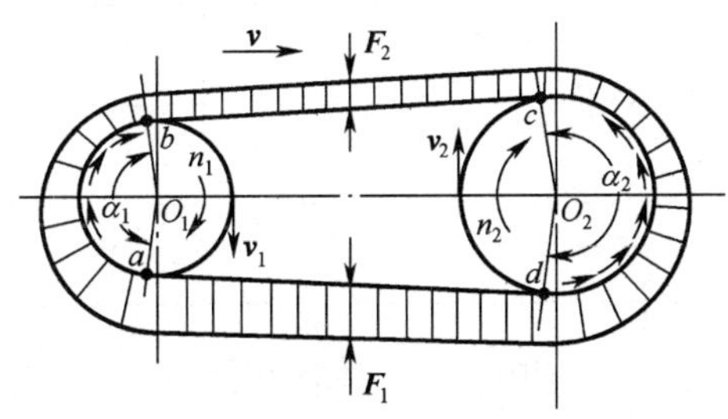


图 9-6　带传动的弹性变形

同理，带绕着从动轮 2 由 $c$ 点转动到 $d$ 点的过程中，作用在带上的拉力由 $\boldsymbol{F}_2$ 逐渐增大到 $\boldsymbol{F}_1$，带的弹性变形逐渐增加，这时带相对于从动轮向前伸长，带速 $\boldsymbol{v}$ 高于从动轮的圆周速度 $\boldsymbol{v}_2$。

由于带的弹性变形而引起带在轮面上滑动的现象，称为弹性滑动。弹性滑动是带传动时的固有特性，是不可避免的。

带传动时，带与轮面之间存在弹性滑动，这使得从动带轮的圆周速度 $\boldsymbol{v}_2$ 总是低于主动带轮的圆周速度 $\boldsymbol{v}_1$，$\boldsymbol{v}_2$ 相对于 $\boldsymbol{v}_1$ 的降低率称为带传动的滑动率 $\varepsilon$，即

$$\varepsilon=\frac{v_1-v_2}{v_1}\times 100\%=\frac{\pi d_1 n_1-\pi d_2 n_2}{\pi d_1 n_1}\times 100\% \tag{9-11}$$

此时，从动轮实际转速和带传动实际传动比分别为

$$\begin{cases} n_2=\dfrac{d_{d1}}{d_{d2}}(1-\varepsilon)n_1 \\ i=\dfrac{n_1}{n_2}=\dfrac{d_{d2}}{d_{d1}(1-\varepsilon)} \end{cases} \tag{9-12}$$

式中，$d_{d1}$、$d_{d2}$ 分别为两个带轮的基准直径，单位为 mm。

由于滑动率随所传递载荷的大小而变化，不是一个定值，故带传动的传动比也不能保持准确值。带传动正常工作时，其滑动率 $\varepsilon$ 约为 1%～2%，一般情况下可以不予考虑。

另外，要注意带的弹性滑动和打滑是截然不同的概念。打滑是由于超载所引起的带在带轮上的全面滑动，是可以避免的。

## 9.3　V 带的标准及其传动设计

### 9.3.1　V 带的标准

普通 V 带已标准化，标准普通 V 带通常制成无接头的环形带。在 GB 11544—89 中，按其截面尺寸由小到大分为 Y、Z、A、B、C、D、E 七种型号，各型号的界面尺寸如表 9-1 所列。

表 9-1　普通 V 带的截面尺寸(摘自 GB 11544—89)

| 型号 | Y | Z | A | B | C | D | E |
|---|---|---|---|---|---|---|---|
| $b_p$/mm | 5.3 | 8.5 | 11.0 | 14.0 | 19.0 | 27.0 | 32.0 |
| $b$/mm | 6 | 10 | 13 | 17 | 22 | 32 | 38 |
| $h$/mm | 4 | 6 | 8 | 11 | 14 | 19 | 25 |
| $\theta$ | 40° | | | | | | |

普通 V 带的截面结构由包布、顶胶、抗拉体和底胶组成。包布层用橡胶帆布制成,用于保护 V 带;顶胶和底胶均由橡胶制成;抗拉体又分为帘布芯结构(图 9-7(a))和绳芯结构(图 9-7(b))两种。其中,帘布结构的 V 带制造方便,抗拉强度好;而绳芯结构的 V 带柔韧性好,抗弯强度高,适用于带轮直径小、转速较高的场合。

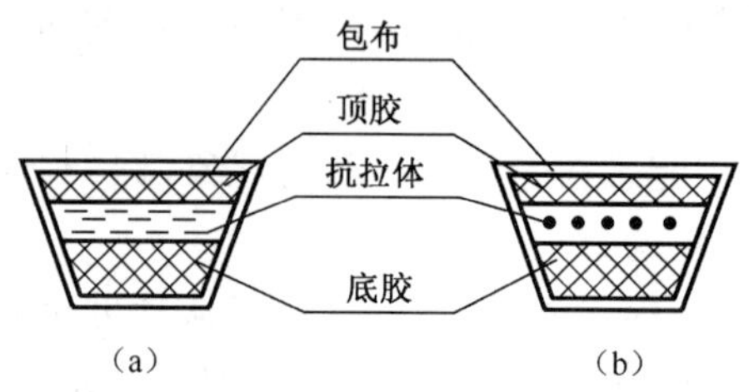


图 9-7　V 带的截面结构

(a)帘布芯结构;(b)绳芯结构。

当 V 带受弯曲时,顶胶伸长,而底胶缩短,两者之间有一层既不受拉也不受压的中性层,其长度不变,称为节面。带的截面宽度称为节宽 $b_p$(表 9-1 中的插图)。当带绕在带轮上弯曲时,其节宽保持不变。

在 V 带轮上,与所配 V 带的节宽 $b_p$ 相对应的带轮直径称为基准直径 $d_d$。V 带在规定的张紧力下,位于带轮基准直径上的周线长度称为基准长度 $L_d$。V 带的公称长度用基准长度 $L_d$ 表示。V 带轮的最小基准直径 $d_{dmin}$ 及基准直径系列如表 9-2 所列。普通 V 带基准长度 $L_d$ 及长度系数 $K_L$ 如表 9-3 所列。

表 9-2　普通 V 带轮的最小基准直径 $d_{dmin}$ 及基准直径系列

| V 带轮槽型 | Y | Z | A | B | C | D | E |
|---|---|---|---|---|---|---|---|
| $d_{dmin}$/mm | 20 | 50 | 75 | 125 | 200 | 355 | 500 |
| 基准直径系列/mm | 28　31.5　35.5　40　45　50　56　63　71　75　80　(85)　90　(95)　100　112　118　125　132　140　150　160　180　200　212　224　(236)　250　(265)　280　315　355　375　400　(425)　450　(475)　500　(530)　560　630 … | | | | | | |
| 注:括号内的直径尽量不用 | | | | | | | |

表 9-3 普通 V 带的基准尺寸系列及长度系数 $K_L$

| 基准长度 $L_d$/mm | 长度系数 $K_L$ | | | | | | |
|---|---|---|---|---|---|---|---|
| | Y | Z | A | B | C | D | E |
| 200 | 0.81 | | | | | | |
| 224 | 0.82 | | | | | | |
| 250 | 0.84 | | | | | | |
| 280 | 0.87 | | | | | | |
| 315 | 0.89 | | | | | | |
| 355 | 0.92 | | | | | | |
| 400 | 0.96 | 0.87 | | | | | |
| 450 | 1.00 | 0.89 | | | | | |
| 500 | 1.02 | 0.91 | | | | | |
| 560 | | 0.94 | | | | | |
| 630 | | 0.96 | 0.81 | | | | |
| 710 | | 0.99 | 0.82 | | | | |
| 800 | | 1.00 | 0.85 | | | | |
| 900 | | 1.03 | 0.87 | 0.81 | | | |
| 1000 | | 1.06 | 0.89 | 0.84 | | | |
| 1120 | | 1.08 | 0.91 | 0.86 | | | |
| 1250 | | 1.11 | 0.93 | 0.88 | | | |
| 1400 | | 1.14 | 0.96 | 0.90 | | | |
| 1600 | | 1.06 | 0.99 | 0.92 | 0.83 | | |
| 1800 | | 1.08 | 1.01 | 0.95 | 0.86 | | |
| 2000 | | | 1.03 | 0.98 | 0.88 | | |
| 2240 | | | 1.06 | 1.00 | 0.91 | | |
| 2500 | | | 1.09 | 1.03 | 0.93 | | |
| 2800 | | | 1.11 | 1.05 | 0.95 | 0.83 | |
| 3150 | | | 1.13 | 1.07 | 0.97 | 0.86 | |
| 3550 | | | 1.17 | 1.09 | 0.99 | 0.89 | |

## 9.3.2 V 带传动设计

1. 设计准则及内容

1)设计准则

由于带传动的主要失效形式是打滑和疲劳破坏,因此带传动的设计准则是在保证带传动不打滑的条件下，使V带具有一定的疲劳强度。

2)设计原始数据及内容

设计V带传动给定的原始数据为：传动的用途和工作条件，传递的功率 $P$，主动轮和从动轮的转速 $n_1$、$n_2$(或传动比 $i_{12}$)，传动的位置要求及原动机的类型等。

设计的内容包括确定V带的型号、长度和根数、传动中心距、带轮的材料、结构和尺寸、作用在轴上的压力等。

2. 设计方法及步骤

1)确定计算功率 $P_c$

计算功率是根据需要传递的额定功率考虑载荷性质、原动机类型和每天连续工作的时间长短等因素而确定的，表达式如下：

$$P_c=K_A P \tag{9-13}$$

式中 $P$——传递的额定功率(kW)；

$K_A$——工作情况系数，如表9-4所示。

表9-4 工作情况系数 $K_A$

| 工作情况 | | $K_A$ | | | | | |
|---|---|---|---|---|---|---|---|
| | | 空载、轻载启动 | | | 重载启动 | | |
| | | 每天工作小时数 | | | | | |
| | | <10 | 10～16 | >16 | <10 | 10～16 | >16 |
| 载荷平稳 | 液体搅拌机、离心式水泵和压缩机、通风机和鼓风机(≤7.5kW)、轻型输送机等 | 1.0 | 1.1 | 1.2 | 1.1 | 1.2 | 1.3 |
| 载荷变动较小 | 带式输送机、通风机(>7.5kW)、发电机、金属切割机床、印刷机等 | 1.1 | 1.2 | 1.3 | 1.2 | 1.3 | 1.4 |
| 载荷变动较大 | 制砖机、斗式提升机、起重机、冲剪机床、纺织机械、橡胶机械、重载输送机、磨粉机等 | 1.2 | 1.3 | 1.4 | 1.4 | 1.5 | 1.6 |
| 载荷变动很大 | 破碎机、磨碎机等 | 1.3 | 1.4 | 1.5 | 1.5 | 1.6 | 1.8 |

2)选择带的型号

根据计算功率 $P_c$ 和主动轮转速 $n_1$，根据图9-8选择V带型号。当所选取的结果在两种型号的分界线附近时，可以两种型号同时计算，最后从中选择较好的方案。

3)确定带轮基准直径 $d_{d1}$ 和 $d_{d2}$

(1)小带轮基准直径 $d_{d1}$。

小带轮的直径越小，结构就越紧凑，但带的弯曲应力越大，寿命会降低。所以，小带轮的基准直径 $d_{d1}$ 不宜选得太小。可参考表9-2选取 $d_{d1} \geqslant d_{dmin}$，并应按表9-2取直径系列值。

(2)验算带速。小轮直径确定后，应验算带速，即

$$v=\frac{\pi d_{d1} n_1}{60\times1000} \tag{9-14}$$

式中 $n_1$——小带轮转速(r/min);

$d_{d1}$——小带轮直径(mm)。

通常应使带速在 5m/s～25m/s 范围内。

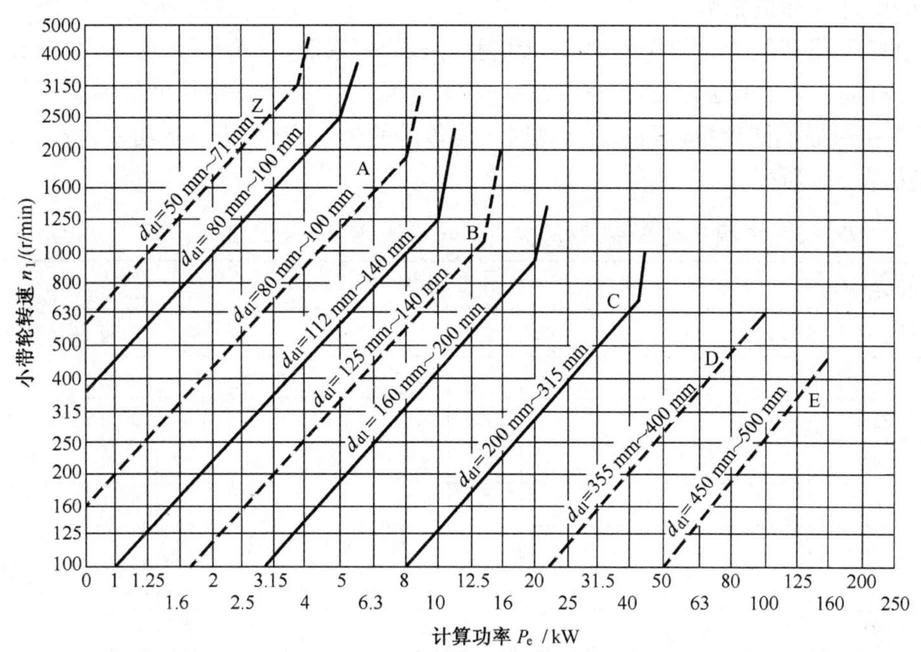


图 9-8 普通 V 带的选型图

(3)计算并确定大带轮基准直径 $d_{d2}$。大带轮直径可按下式计算:

$$d_{d2}=\frac{n_1}{n_2}d_{d1} \tag{9-15}$$

算出 $d_{d2}$后应圆整并按表 9-2 中的带轮直径系列取值。

4)确定中心距 $a$ 和带的基准长度 $L_d$。

设计时如无特殊要求,可按下式初步确定中心距 $a_0$,即

$$0.7(d_{d1}+d_{d2})\leqslant a_0\leqslant 2(d_{d1}+d_{d2}) \tag{9-16}$$

初选 $a_0$ 后,可根据下式计算 V 带的初选长度 $L_0$:

$$L_0\approx 2a_0+\frac{\pi}{2}(d_{d1}+d_{d2})+\frac{(d_{d2}-d_{d1})^2}{4a_0} \tag{9-17}$$

根据初选长度 $L_0$,查表 9-3 选取与 $L_0$ 相近的基准长度 $L_d$ 作为所选带的长度,然后就可以计算出实际中心距 $a$,即

$$a\approx a_0+\frac{L_d-L_0}{2} \tag{9-18}$$

考虑到安装调整和带松弛后张紧的需要,应给中心距留出一定的调整余量。中心距的变动范围为

$$\begin{cases} a_{min}=a-0.015L_d \\ a_{max}=a+0.03L_d \end{cases} \tag{9-19}$$

5)验算小带轮包角 $\alpha_1$

小带轮包角可按下式进行计算：

$$\alpha_1=180°-\frac{d_{d2}-d_{d1}}{a}\times 57.3° \tag{9-20}$$

一般要求 $\alpha_1 \geqslant 120°$，如太小，应适当增大中心距或减小传动比，也可以增加张紧轮。

6)确定 V 带的根数 $z$

单根 V 带所能传递的功率 $P_0$ 与带的型号、长度、带速、带轮直径、包角大小以及载荷性质等有关。为了便于设计，测得在载荷平稳、包角为 180°及特定长度的实验条件下，单根 V 带在保证不打滑并具有一定寿命时所能传递的功率 $P_0$ 称为额定功率。各种型号的 $P_0$ 值如表 9-5 所列。

表 9-5 单根普通 V 带的基本额定功率 $P_0$(摘自 GB/T 13575.1—92)

| 型号 | 小带轮基准直径 $d_{d1}$/mm | 小带轮转速 $n_1$/(r·min$^{-1}$) | | | | | | | | | | | |
|---|---|---|---|---|---|---|---|---|---|---|---|---|---|
| | | 200 | 300 | 400 | 500 | 600 | 730 | 800 | 980 | 1200 | 1460 | 1600 | 1800 |
| Y | 20 | — | — | — | — | — | — | — | 0.02 | 0.02 | 0.02 | 0.03 | — |
| | 31.5 | — | — | — | — | — | 0.03 | 0.04 | 0.04 | 0.05 | 0.06 | 0.06 | — |
| | 40 | — | — | — | — | — | 0.04 | 0.05 | 0.06 | 0.07 | 0.08 | 0.09 | — |
| | 50 | — | — | 0.05 | — | — | 0.06 | 0.07 | 0.08 | 0.09 | 0.11 | 0.12 | — |
| Z | 50 | — | — | 0.06 | — | — | 0.09 | 0.10 | 0.12 | 0.14 | 0.16 | 0.17 | — |
| | 63 | — | — | 0.08 | — | — | 0.13 | 0.15 | 0.18 | 0.22 | 0.25 | 0.27 | — |
| | 71 | — | — | 0.09 | — | — | 0.17 | 0.20 | 0.23 | 0.27 | 0.31 | 0.33 | — |
| | 80 | — | — | 0.14 | — | — | 0.20 | 0.22 | 0.26 | 0.30 | 0.36 | 0.39 | — |
| | 90 | — | — | 0.14 | — | — | 0.22 | 0.24 | 0.28 | 0.33 | 0.37 | 0.40 | — |
| A | 75 | 0.16 | — | 0.27 | — | — | 0.42 | 0.45 | 0.52 | 0.60 | 0.68 | 0.73 | — |
| | 90 | 0.22 | — | 0.39 | — | — | 0.63 | 0.68 | 0.79 | 0.93 | 1.07 | 1.15 | — |
| | 100 | 0.26 | — | 0.47 | — | — | 0.77 | 0.83 | 0.97 | 1.14 | 1.32 | 1.42 | — |
| | 125 | 0.37 | — | 0.67 | — | — | 1.11 | 1.19 | 1.40 | 1.66 | 1.93 | 2.07 | — |
| | 160 | 0.51 | — | 0.94 | — | — | 1.56 | 1.69 | 2.00 | 2.36 | 2.74 | 2.94 | — |
| B | 125 | 0.48 | — | 0.84 | — | — | 1.34 | 1.44 | 1.67 | 1.93 | 2.20 | 2.33 | 2.50 |
| | 160 | 0.74 | — | 1.32 | — | — | 2.16 | 2.32 | 2.72 | 3.17 | 3.64 | 3.86 | 4.15 |
| | 200 | 1.02 | — | 1.85 | — | — | 3.06 | 3.30 | 3.86 | 4.50 | 5.15 | 5.46 | 5.83 |
| | 250 | 1.37 | — | 2.50 | — | — | 4.14 | 4.46 | 5.22 | 6.04 | 6.85 | 7.20 | 7.63 |
| | 280 | 1.58 | — | 2.89 | — | — | 4.77 | 5.13 | 5.93 | 6.90 | 7.78 | 8.13 | 8.46 |
| C | 200 | 1.39 | 1.92 | 2.41 | 2.87 | 3.30 | 3.80 | 4.07 | 4.66 | 5.29 | 5.86 | 6.07 | 6.28 |
| | 250 | 2.03 | 2.85 | 3.62 | 4.33 | 5.00 | 5.82 | 6.23 | 7.18 | 8.21 | 9.06 | 9.38 | 9.63 |
| | 315 | 2.86 | 4.04 | 5.14 | 6.17 | 7.14 | 8.34 | 8.92 | 10.23 | 11.53 | 12.48 | 12.72 | 12.67 |
| | 400 | 3.91 | 5.54 | 7.06 | 8.52 | 9.82 | 11.52 | 12.10 | 13.67 | 15.04 | 15.51 | 15.24 | 14.08 |
| | 450 | 4.51 | 6.40 | 8.20 | 9.81 | 11.29 | 12.98 | 13.80 | 15.39 | 16.59 | 16.41 | 15.57 | 13.29 |

（续）

| 型号 | 小带轮基准直径 $d_{d1}$/mm | 小带轮转速 $n_1$/(r·min$^{-1}$) | | | | | | | | | | | |
|---|---|---|---|---|---|---|---|---|---|---|---|---|---|
| | | 200 | 300 | 400 | 500 | 600 | 730 | 800 | 980 | 1200 | 1460 | 1600 | 1800 |
| D | 355 | 5.31 | 7.35 | 9.24 | 10.90 | 12.39 | 14.04 | 14.83 | 16.30 | 17.25 | 16.70 | 15.63 | 12.97 |
| | 450 | 7.90 | 11.02 | 13.85 | 16.40 | 19.67 | 21.12 | 22.25 | 24.16 | 24.84 | 22.42 | 19.59 | 13.34 |
| | 560 | 10.76 | 15.07 | 18.95 | 22.38 | 25.32 | 28.28 | 29.55 | 31.00 | 29.67 | 22.08 | 15.13 | — |
| | 710 | 14.55 | 20.35 | 25.45 | 29.76 | 33.18 | 35.97 | 36.87 | 35.58 | 27.88 | — | — | — |
| | 800 | 16.76 | 13.39 | 19.08 | 33.72 | 37.13 | 39.26 | 39.55 | 35.26 | 21.32 | — | — | — |
| E | 500 | 10.86 | 14.96 | 18.55 | 21.65 | 24.21 | 26.62 | 27.57 | 28.52 | 25.53 | 16.25 | — | — |
| | 630 | 15.65 | 21.69 | 26.95 | 31.36 | 34.83 | 37.64 | 38.52 | 37.14 | 29.17 | — | — | — |
| | 800 | 21.70 | 30.05 | 37.05 | 42.53 | 46.26 | 47.79 | 47.38 | 39.08 | 16.46 | — | — | — |
| | 900 | 25.15 | 34.71 | 42.49 | 48.20 | 51.48 | 51.13 | 49.21 | 34.01 | — | — | — | — |
| | 1000 | 28.52 | 39.17 | 47.52 | 53.12 | 55.45 | 52.26 | 48.19 | — | — | — | — | — |

当实际使用条件与实验条件不符合时，应当加以修正，修正后即得实际工作条件下单根V带所能传递的功率$[P_0]$的计算公式：

$$[P_0]=(P_0+\Delta P_0)K_\alpha K_L$$

式中 $K_\alpha$——包角系数。考虑到不同包角$\alpha$对传动能力的影响，其值如表9-6所列。

$K_L$——长度系数，其值如表9-3所列；

$\Delta P_0$——功率增量，其值如表9-7所列。

表9-6 包角系数 $K_\alpha$

| 包角 $\alpha_1$ | 70° | 80° | 90° | 100° | 110° | 120° | 130° | 140° |
|---|---|---|---|---|---|---|---|---|
| $K_\alpha$ | 0.56 | 0.62 | 0.68 | 0.73 | 0.78 | 0.82 | 0.86 | 0.89 |
| 包角 $\alpha_1$ | 150° | 160° | 170° | 180° | 190° | 200° | 210° | 220° |
| $K_\alpha$ | 0.92 | 0.95 | 0.96 | 1.00 | 1.05 | 1.10 | 1.15 | 1.20 |

V带的根数可用下式计算：

$$z=\frac{P_c}{[P_0]}=\frac{P_c}{(P_0+\Delta P_0)K_\alpha K_L} \tag{9-21}$$

表9-7 单根普通V带额定功率的增量$\Delta P_0$(摘自GB/T 13575.1—92) (kW)

| 型号 | 传动比 $i$ | 小带轮转速 $n_1$/(r·min$^{-1}$) | | | | | | | | | | | |
|---|---|---|---|---|---|---|---|---|---|---|---|---|---|
| | | 200 | 300 | 400 | 500 | 600 | 730 | 800 | 980 | 1200 | 1460 | 1600 | 1800 |
| Y | 1.35～1.51 | — | — | 0.00 | — | — | 0.00 | 0.00 | 0.01 | 0.01 | 0.01 | 0.01 | — |
| | 1.52～1.99 | — | — | 0.00 | — | — | 0.00 | 0.00 | 0.01 | 0.01 | 0.01 | 0.01 | — |
| | ≥2 | — | — | 0.00 | — | — | 0.00 | 0.00 | 0.01 | 0.01 | 0.01 | 0.01 | — |
| Z | 1.35～1.51 | — | — | 0.01 | — | — | 0.01 | 0.01 | 0.02 | 0.02 | 0.02 | 0.02 | — |
| | 1.52～1.99 | — | — | 0.01 | — | — | 0.01 | 0.02 | 0.02 | 0.02 | 0.02 | 0.03 | — |
| | ≥2 | — | — | 0.01 | — | — | 0.02 | 0.02 | 0.02 | 0.03 | 0.03 | 0.03 | — |

（续）

| 型号 | 传动比 $i$ | 小带轮转速 $n_1/(\mathrm{r \cdot min^{-1}})$ | | | | | | | | | | | |
|---|---|---|---|---|---|---|---|---|---|---|---|---|---|
| | | 200 | 300 | 400 | 500 | 600 | 730 | 800 | 980 | 1200 | 1460 | 1600 | 1800 |
| A | 1.35～1.51 | 0.02 | — | 0.04 | — | — | 0.07 | 0.08 | 0.08 | 0.11 | 0.13 | 0.15 | — |
| | 1.52～1.99 | 0.02 | — | 0.04 | — | — | 0.08 | 0.09 | 0.10 | 0.13 | 0.15 | 0.17 | — |
| | ≥2 | 0.03 | — | 0.05 | — | — | 0.09 | 0.10 | 0.11 | 0.15 | 0.17 | 0.19 | — |
| B | 1.35～1.51 | 0.05 | — | 0.10 | — | — | 0.17 | 0.20 | 0.23 | 0.30 | 0.36 | 0.39 | 0.44 |
| | 1.52～1.99 | 0.06 | — | 0.11 | — | — | 0.20 | 0.23 | 0.26 | 0.34 | 0.40 | 0.45 | 0.51 |
| | ≥2 | 0.06 | — | 0.13 | — | — | 0.22 | 0.25 | 0.30 | 0.38 | 0.46 | 0.51 | 0.57 |
| C | 1.35～1.51 | 0.14 | 0.21 | 0.27 | 0.34 | 0.41 | 0.48 | 0.55 | 0.65 | 0.82 | 0.99 | 1.10 | 1.23 |
| | 1.52～1.99 | 0.16 | 0.24 | 0.31 | 0.39 | 0.47 | 0.55 | 0.63 | 0.74 | 0.94 | 1.14 | 1.25 | 1.41 |
| | ≥2 | 0.18 | 0.26 | 0.35 | 0.44 | 0.53 | 0.62 | 0.71 | 0.83 | 1.06 | 1.27 | 1.41 | 1.59 |
| D | 1.35～1.51 | 0.49 | 0.73 | 0.97 | 1.22 | 1.46 | 1.70 | 1.95 | 2.31 | 2.92 | 3.52 | 3.89 | 4.98 |
| | 1.52～1.99 | 0.56 | 0.83 | 1.11 | 1.39 | 1.67 | 1.95 | 2.22 | 2.64 | 3.34 | 4.03 | 4.45 | 5.01 |
| | ≥2 | 0.63 | 0.94 | 1.25 | 1.56 | 1.88 | 2.19 | 2.50 | 2.97 | 3.75 | 4.53 | 5.00 | 5.62 |
| E | 1.35～1.51 | 0.96 | 1.45 | 1.93 | 2.41 | 2.89 | 3.38 | 3.86 | 4.58 | 5.61 | 6.83 | — | — |
| | 1.52～1.99 | 1.10 | 1.65 | 2.20 | 2.76 | 3.31 | 3.86 | 4.41 | 5.23 | 6.41 | 7.80 | — | — |
| | ≥2 | 1.24 | 1.86 | 2.48 | 3.10 | 3.72 | 4.34 | 4.96 | 5.89 | 7.21 | 8.78 | — | — |

带的根数 $z$ 应圆整为整数。为使各根带受力均匀，其根数不宜过多，一般取 $z$ 为 2 根～5 根为宜，最多不能超过 10 根，否则应改选型号或加大带轮直径后重新设计。

7）计算初拉力 $\boldsymbol{F}_0$ 和轴上压力 $\boldsymbol{F}_Q$

保持适当的初拉力 $\boldsymbol{F}_0$ 是带传动工作的首要条件。初拉力过小，摩擦力小，传动易打滑；初拉力过大，则带寿命降低，轴和轴承受力增大。

单根普通 V 带最合适的初拉力可按下式计算：

$$F_0 = 500 \times \frac{P_c}{vz}\left(\frac{2.5}{K_\alpha} - 1\right) + qv^2 \tag{9-22}$$

式中 $v$——带速（m/s）；

$z$——带根数；

$P_c$——计算功率（kW）；

$K_\alpha$——包角系数，如表 9-6 所列；

$q$——带单位长度的质量（kg/m），如表 9-8 所列。

表 9-8 V 带每米长的质量

| 型 号 | $Y$ | $Z$ | $A$ | $B$ | $C$ | $D$ | $E$ |
|---|---|---|---|---|---|---|---|
| $q/(\mathrm{kg \cdot m^{-1}})$ | 0.02 | 0.06 | 0.10 | 0.17 | 0.30 | 0.62 | 0.90 |

为了设计轴和轴承，必须求出 V 带作用在轴上的压力，可按下式计算：

$$F_Q = 2zF_0 \sin\frac{\alpha_1}{2} \tag{9-23}$$

式中 $z$——带根数；

$F_0$——单根带的初拉力(N)；

$\alpha_1$——小带轮上的包角。

8)带轮的结构设计

带轮设计包括确定结构类型、结构尺寸、轮槽尺寸、材料，画出带轮工作图。V 带轮常用的材料为铸铁。当 $v \leqslant 25\text{m/s}$ 时，常用牌号为 HT150；当 $v$ 为 25m/s～30m/s 时，常用牌号为 HT200；高速带轮可采用铸钢或钢板焊接而成；小功率时也可采用铸铝或工程塑料。

V 带轮有 3 种典型结构：

(1)实心式，如图 9-9(a)所示，用于较小直径；

(2)腹板式(孔板式)，如图 9-9(b)、(c)所示，用于中等直径；

(3)当直径大于 350mm 时，可采用轮辐式，如图 9-9(d)所示。

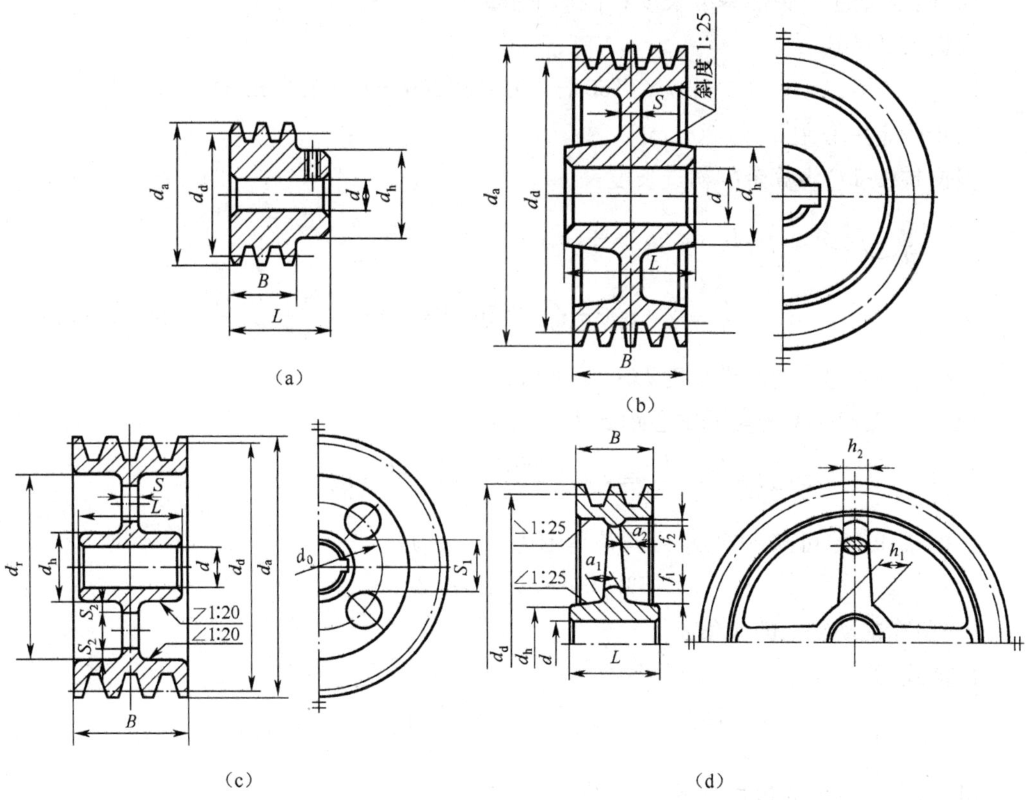


图 9-9 带轮结构

**例** 试设计带式输送机的 V 带传动，采用三相异步电机 Y160L-6，其额定功率 $P=$

11kW，转速 $n_1=970\text{r/min}$，传动比 $i=2.5$，两班制工作。

**解**：(1)确定计算功率 $P_c$，选取 V 带类型。

查表 9-4 得工作情况系数 $K_A=1.2$，根据式(9-13)有

$$P_c=K_AP=1.2\times11=13.2(\text{kW})$$

根据 $P_c=13.2\text{kW}$、$n_1=970\text{r/min}$，从图 9-8 中选用 B 型普通 V 带。

(2)确定带轮基准直径。

由表 9-2 查得主动轮的最小基准直径 $d_{d1\min}=125\text{mm}$，根据带轮的基准直径系列，取 $d_{d1}=160\text{mm}$。

根据式(9-15)，计算从动轮基准直径：

$$d_{d2}=d_{d1}\times i_{12}=160\times2.5=400(\text{mm})$$

根据基准直径系列，取 $d_{d2}=400\text{mm}$。

(3)验算带的速度。

$$v_1=\frac{\pi d_{d1}n_1}{60\times1000}=\frac{\pi\times160\times970}{60\times1000}\approx8.13(\text{m/s})$$

速度在 5m/s～25m/s 之内，合适。

(4)确定普通 V 带的基准长度和传动中心距。

根据式(9-16)，有

$$a_0=(0.7\sim2)\times(160+400)=392(\text{mm})\sim1120(\text{mm})$$

初步确定中心距 $a_0=800\text{mm}$。

根据式(9-17)计算带的初选长度：

$$L_0\approx2a_0+\frac{\pi}{2}(d_{d1}+d_{d2})+\frac{(d_{d2}-d_{d1})^2}{4a_0}$$
$$=2\times800+\frac{\pi}{2}\times(160+400)+\frac{(400-160)^2}{4\times800}\approx2497.6(\text{mm})$$

根据表 9-3 选带的基准长度 $L_d=2500\text{mm}$。

根据式(9-18)，带的实际中心距 $a$ 为

$$a\approx a_0+\frac{L_d-L_0}{2}=800+\frac{2500-2497.6}{2}=801.2(\text{mm})$$

根据式(9-19)可知，中心距可调整范围为

$$763.7\text{mm}<a<876.2\text{mm}$$

(5)验算主动轮上的包角 $\alpha_1$。

根据式(9-20)，有

$$\alpha_1=180^\circ-\frac{(d_{d2}-d_{d1})}{a}\times57.3^\circ=180^\circ-\frac{400-160}{801.2}\times57.3^\circ=162.8^\circ>120^\circ$$

可见，主动轮上的包角合适。

(6)计算 V 带的根数 $z$。由 B 型普通 V 带，$n_1=970\text{r/min}$，$d_{d1}=160\text{mm}$，查表 9-5 得 $P_0=2.70\text{kW}$；由 $i=2.5$，查表 9-7 得 $\Delta P_0=0.3\text{kW}$；由 $\alpha_1=162.8^\circ$，查表 9-6 得 $K_\alpha=0.953$；由 $L_d=2500\text{mm}$，查表 9-3 得 $K_L=1.03$。根据式(9-21)可得

$$z=\frac{P_C}{(P_0+\Delta P_0)K_\alpha K_L}=\frac{13.2}{(2.70+0.3)\times 0.953\times 1.03}\approx 4.5$$

取 $z=5$ 根。

(7)计算初拉力 $F_0$。

根据式(9-22)有

$$F_0=500\frac{P_C}{vz}\left(\frac{2.5}{K_\alpha}-1\right)+qv^2$$

查表 9-8 得 q=0.17kg/m,故

$$\begin{aligned}F_0&=500\frac{P_C}{vz}\left(\frac{2.5}{K_\alpha}-1\right)+qv^2\\&=500\times\frac{13.2}{8.13\times 5}\left(\frac{2.5}{0.953}-1\right)+0.17\times 8.13^2\approx 275(\mathrm{N})\end{aligned}$$

(8)计算作用在轴上的压力 $F_Q$。

根据式(9-23)有

$$F_Q=2zF_0\sin\frac{\alpha_1}{2}=2\times 5\times 275\times\sin\frac{162.8^\circ}{2}\approx 2719.1(\mathrm{N})$$

(9)带轮结构设计,画带轮工作图(略)。

## 9.4 链传动

链传动是一种以链条作中间挠性件的啮合传动,一般用于两轴相距较远的场合。链传动由主动链条、从动链条、跨绕在两链轮上的闭合链条所组成,如图 9-10 所示。工作时,通过链条与链轮轮齿的相互啮合来传递运动和动力。

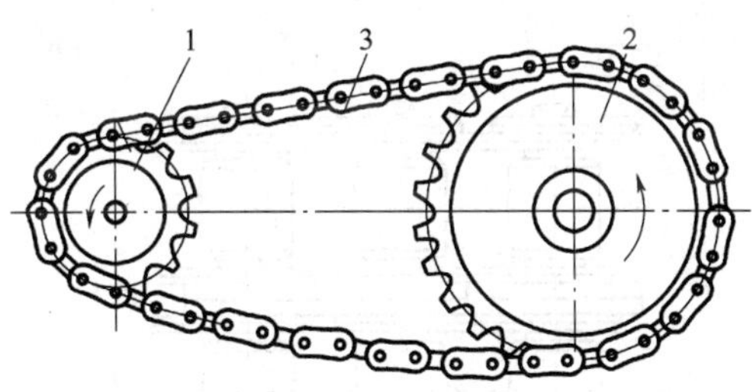


图 9-10 链传动

1—主动链轮;2—从动链轮;3—链条。

与带传动相比,链传动主要特点为:

(1)链传动是通过中间挠性件的啮合传动,无弹性滑动和打滑现象,因此能保持准确的平均传动比;

(2)张紧力小,作用在轴上的压力较小;

(3)结构简单,加工成本低;

(4)对工作条件要求较低,能在高温、多尘、油污等恶劣环境下工作;

(5)链传动的瞬时传动比不恒定,从动链轮瞬时转速不均匀,传动平稳性差,有冲击和

噪声,不宜用于高速的场合。

一般链传动的适用范围:传递功率 $P\leqslant100$kW,链速 $v\leqslant15$m/s,传动比 $i\leqslant7$,效率为92%~97%。

链的类型有很多,其中以滚子链应用最为广泛,本书主要讨论滚子链。

### 9.4.1 滚子链的结构特点

滚子链的结构如图 9-11 所示,它是由内链板、外链板、销轴、套筒和滚子组成。滚子与套筒、销轴与套筒之间均为间隙配合,形成动连接;而套筒与内链板、销轴与外链板间则均为过盈配合,构成内、外链节。传动时,通过套筒绕销轴自由转动,可使内、外链板之间作相对转动。同时,滚子在链轮的齿间滚动,以减轻链与链轮轮齿的磨损。

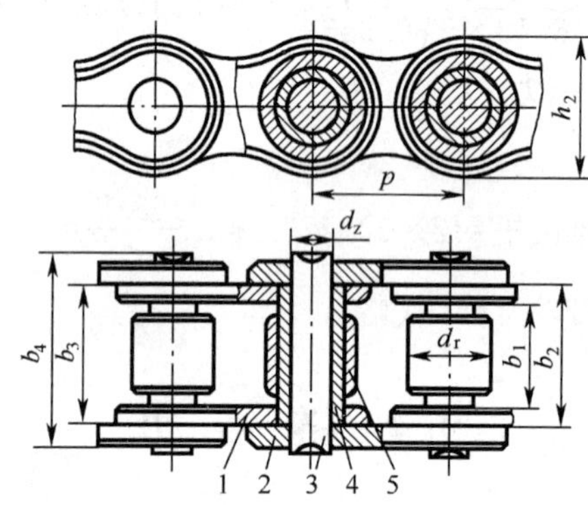


图 9-11 滚子链的结构

1—内链板;2—外链板;3—销轴;4—套筒;5—滚子。

当传递大的载荷时,可采用双排链(图 9-12)或多排链。多排链的承载能力与排数成正比。

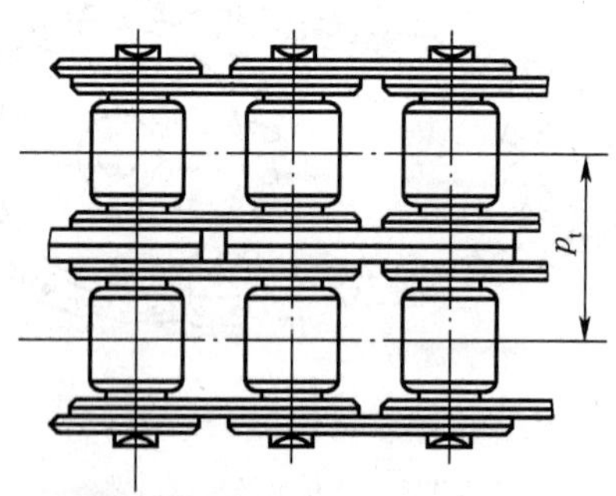


图 9-12 双排链

图 9-11 中,滚子链和链轮啮合的基本参数是节距 $p$、滚子外径 $d_1$ 和内链节内宽 $b_1$(对于多排链还有排距 $p_t$,如图 9-12 所示)。其中节距 $p$ 是滚子链的主要参数,节距增大时,链条中的各零件的尺寸相应增大,可传递的功率也随之增大。

滚子链已经标准化,其结构基本参数已在国标中做了规定,设计时可根据载荷大小及工作条件选用。滚子链又分为 A、B 两个系列,我国常用 A 系列滚子链。滚子链基本参数和尺寸如表 9-9 所列。

表 9-9 A 系列滚子链的基本参数和尺寸

| 链号 | 节距 | 排距 | 滚子外径 | 单排极限拉伸载荷 | 单排每米质量 |
|---|---|---|---|---|---|
| | $p$/mm | $p_t$/mm | $d_r$/mm | $F_Q$/N | q/(kg·$m^{-1}$) |
| 08A | 12.7 | 14.38 | 7.95 | 13800 | 0.60 |
| 10A | 15.875 | 18.11 | 10.16 | 21800 | 1.00 |
| 12A | 19.05 | 22.78 | 11.91 | 31100 | 1.50 |
| 16A | 25.40 | 29.29 | 15.88 | 55600 | 2.60 |
| 20A | 31.75 | 35.76 | 19.05 | 86700 | 3.80 |
| 24A | 38.10 | 45.44 | 22.23 | 124600 | 5.60 |
| 28A | 44.45 | 48.87 | 25.40 | 169000 | 7.50 |
| 32A | 50.80 | 58.55 | 28.58 | 222400 | 10.10 |
| 40A | 63.50 | 71.55 | 39.68 | 347000 | 16.10 |
| 48A | 76.20 | 87.83 | 47.63 | 500400 | 22.60 |

滚子链的标记方法为：

链号—排数×链节数 标准代号

例如，08A—1×88GB/T 1243.1—83 表示：A 系列、8 号链、节距 12.7mm、单排、88 节的滚子链。

## 9.4.2 链轮的结构和材料

链轮是链传动的主要零件，链轮齿形已经标准化。链轮设计主要是确定其结构及尺寸、选择材料和热处理方法。

链轮轮齿的齿形应保证链节能自由地进入或退出啮合，在啮合时应保证良好的接触，同时它的形状应尽可能简单，以便于加工。

根据 GB/T 1244—85，链轮端面的齿形推荐采用“三圆弧一直线”齿形，如图 9-13 所示，齿形是由三段圆弧和一段直线组成。

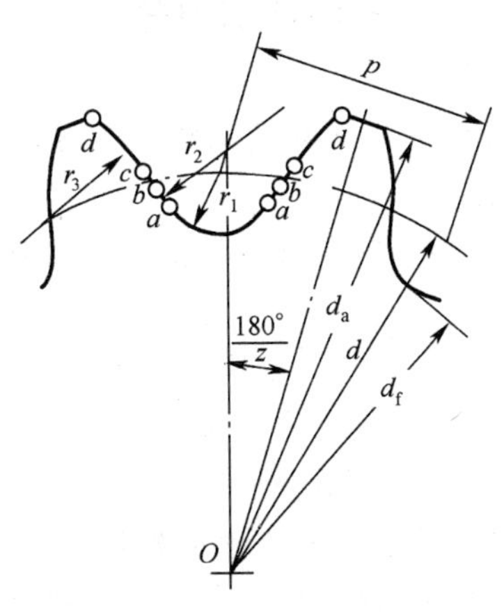


图 9-13 “三圆弧一直线”齿槽形状

链轮的主要尺寸如下：

(1)分度圆直径

$$d=\frac{p}{\sin\frac{180^\circ}{z}} \tag{9-24}$$

(2)齿顶圆直径

$$d_a=p\left(0.54+\cot\frac{180^\circ}{z}\right) \tag{9-25}$$

(3)齿根圆直径

$$d_f=d-d_r \tag{9-26}$$

链轮的结构与链轮的直径有关。当链轮尺寸较小时可制成整体式(图 9-14(a))；中等直径的链轮可制成孔板式(图 9-14(b))；直径较大的链轮可采用焊接结构(图 9-14(c))或装配式(图 9-14(d))。齿圈磨损后可以更换。

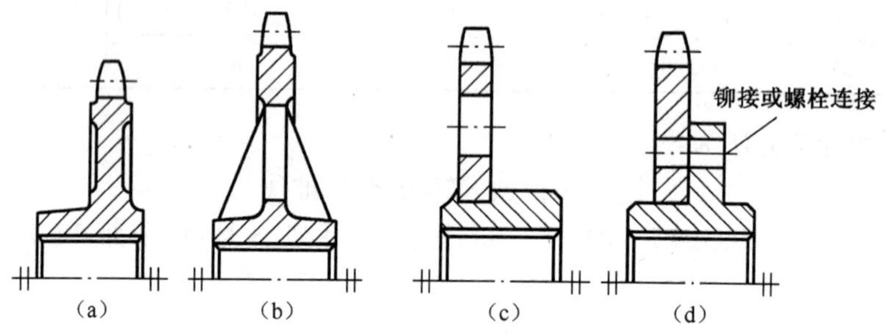


图 9-14　链轮的结构

(a)整体式；(b)孔板式；(c)焊接结构；(d)装配式。

链轮的材料应保证具有足够的强度和良好的耐磨性，通常采用碳钢或合金钢，并经过热处理，以提高其强度和耐磨性。

滚子链传动的设计计算可查阅有关资料。

## 思考与练习题

1. 摩擦带传动按胶带截面形状划分有哪几种？各有什么特点？为什么传递动力多采用 V 带传动？

2. 窄 V 带传动与普通 V 带传动有什么不同？带传动为什么会产生弹性滑动？弹性滑动与打滑有什么不同？

3. 设计 V 带传动时，如果根数过多，如何处理？如果小带轮包角太小，如何处理？

4. 什么是 V 带的基准长度和 V 带轮的基准直径？

5. 设计 V 带传动时，为什么要限制速度？为什么直径不宜取得太小？

6. 带传动的主要失效形式有哪些？设计计算准则是什么？

7. 试设计一液体搅拌机用的 V 带传动。小带轮装在电动机轴上，电动机功率 $P=1.5$kW，转速 $n_1=940$r/min，从动轮转速 $n_2=290$r/min，二班制工作，要求中心距不超过 500mm。

8. 某 V 带传动传递的功率 $P=5.5\text{kW}$，带速 $v=10\text{m/s}$，紧边拉力 $F_1$ 是松边拉力 $F_2$ 的 2 倍，求该带传动的有效拉力及紧边拉力 $F_1$。

9. 某普通 V 带传动由电动机直接驱动，已知电动机转速 $n_1=1450\text{r/min}$，主动带轮基准直径 $d_{d1}=160\text{mm}$，从动带轮直径 $d_{d2}=400\text{mm}$，中心距 $a=1120\text{mm}$，用两根 B 型 V 带传动，载荷平稳，两班制工作。试求该传动可传递的最大功率。

10. 一带传动的中心距 $a=370\text{mm}$，小带轮节圆直径 $d_1=140\text{mm}$，大带轮节圆直径 $d_2=400\text{mm}$，求传动带的节线长度和小带轮上的包角。

11. 链传动属于何种传动？链传动与带传动比较有哪些特点？

12. 套筒滚子链由哪几部分组成？标记方法是什么？

13. 链传动节距的大小对传递载荷及运动的不均匀性方面有何影响？应怎样选择节距？

# 第10章　连　接

连接是将两个或两个以上的零件组合成一体的结构。为了便于机器的制造、安装、运输等常采用不同的连接。连接按是否可拆分为两大类。

(1)可拆连接。允许多次装拆，不会破坏或损伤连接中的任何一个零件，如螺纹连接和键连接等。

(2)不可拆连接。若不破坏或不损伤连接中的零件就不能将连接拆开，如焊接、铆接、粘接和过盈连接。

## 10.1　螺纹连接

### 10.1.1　螺纹

螺纹连接是利用螺旋副将两个或两个以上的零件刚性地连接起来，具有结构简单、装拆方便、连接可靠和成本低廉等优点，广泛应用于各类机械设备中。螺纹连接要满足两个基本要求：①不断裂，即要求有足够的强度；②不松动，即要求使用时连接可靠，有放松措施。

1. 螺纹的形成、特点及应用

如图10-1所示，将一底边长等于 $\pi d_2$ 的直角三角形绕到直径为 $d_2$ 的圆柱体上，三角形斜边在圆柱体表明形成的空间曲线称为螺旋线。

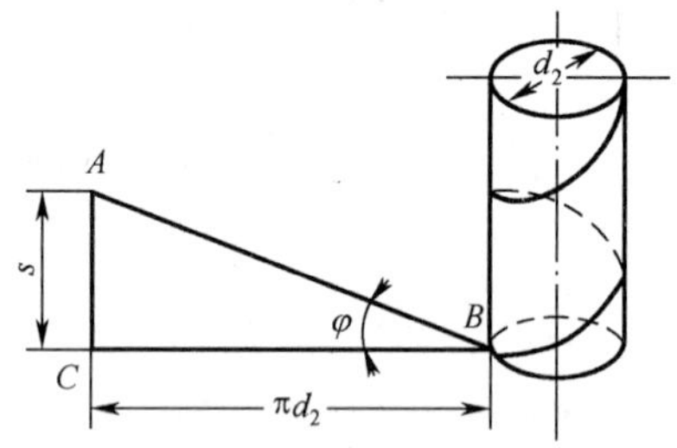


图10-1　螺旋线的形成

螺纹按工作性质分为连接用螺纹和传动用螺纹。其中，连接螺纹的牙形有三角形(即普通螺纹)、管螺纹；传动螺纹的牙形有矩形、梯形和锯齿形。表10-1所示为常用螺纹的特点及应用。

表10-1　常用螺纹的特点及应用

| 螺纹类型 | 牙 形 图 | 特点和应用 |
| --- | --- | --- |
| 三角形 | 60° | 牙形角 $\alpha=60°$，当量摩擦系数大，自锁性能好，同一公称直径按螺距的大小分为粗牙和细牙。粗牙螺纹用于一般连接，细牙螺纹常用于细小零件和薄壁件 |

(续)

| 螺纹类型 | 牙 形 图 | 特点和应用 |
| --- | --- | --- |
| 管螺纹 |  | 牙型角 $\alpha=55°$，牙顶有较大圆角，内外螺纹旋合后无径向间隙，该螺纹为英制细牙螺纹，公称直径近似为管子内径，紧密性好，用于压力在 1.5MPa 以下的管路连接 |
| 矩形 |  | 牙型斜角为 0°，传动效率高，但牙根强度差，磨损后无法补偿间隙，定心性能差，一般很少采用 |
| 梯形 |  | 牙型角 $\alpha=30°$，牙根强度高，对中性好，传动效率较高，是应用较广的传动螺纹 |
| 锯齿形 |  | 工作面的牙型斜角为 3°，非工作面的牙型斜角为 30°，传动效率较梯形螺纹高，牙根强度也高，用于单向受力的传动螺旋机构，如用于轧钢机的压下螺旋和螺旋压力机等机械 |

2. 普通螺纹的主要参数

现以圆柱普通螺纹为例来说明螺纹的主要参数，如图 10-2 所示。

图 10-2 中，大径 $d$ 为螺纹的公称直径；小径 $d_1$ 常用于螺纹连接的强度计算；中径 $d_2$ 常用于螺纹连接的几何计算，$d_2\approx0.5(d+d_1)$；螺距 $P$ 为螺纹相邻两个牙形上对应点间的轴向距离；牙形角 $\alpha$ 为螺纹轴向截面内、螺纹牙形两侧边的夹角。

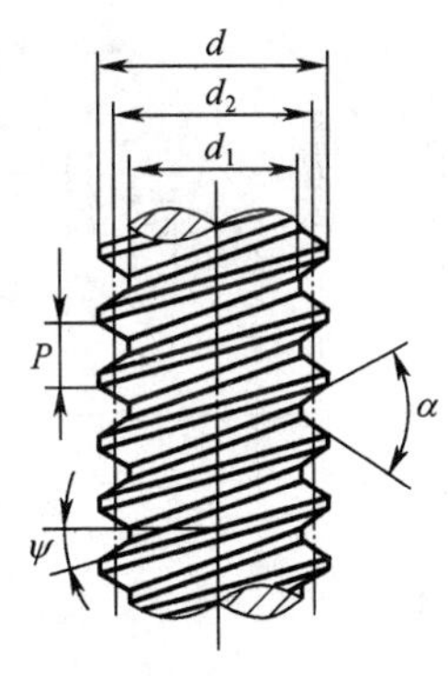

图 10-2　普通螺纹的主要参数

(1)大径 $d$、$D$(外螺纹用小写，内螺纹用大写)。螺纹的最大直径，即与外螺纹牙顶或内螺纹牙底相重合的假想圆柱直径，是螺纹的公称直径。

(2)小径 $d_1$、$D_1$。螺纹的最小直径，即与外螺纹牙底或内螺纹牙顶相重合的假想圆柱直径。

(3)中径 $d_2$、$D_2$。一个假想圆柱的直径，其母线通过牙型上牙厚和牙间宽度相等的地方。

(4)牙形角 $\alpha$。在螺纹轴向截面内，螺纹牙形两侧边的夹角。

(5)螺纹线数 $n$。螺纹的螺旋线数目。

(6)螺距 $P$。螺纹相邻两牙在中径线上对应两点间的轴向距离。

(7)导程 $S$。同一条螺旋线上相邻两牙在中径线上对应两点间的轴向距离。对于单线螺纹，$S=P$；对于多线螺纹，$S=nP$。

(8)螺纹升角 $\varphi$。在中径圆柱上，螺旋线的切线与垂直于螺纹轴线的平面间的夹角，即

$$\varphi=\arctan\frac{S}{\pi d_2}=\arctan\frac{nP}{\pi d_2}\tag{10-1}$$

3. 螺纹连接的基本类型及用途

螺纹连接的四种基本类型为螺栓连接(普通螺栓连接和铰制孔螺栓连接)、双头螺柱连接、螺钉连接以及紧定螺钉连接，其结构形式、特点及应用如表 10-2 所列。

表 10-2　螺纹连接的基本类型

| 类型 | | 结　构 | 特 点 和 应 用 |
|---|---|---|---|
| 螺栓连接 | 普通螺栓连接 | 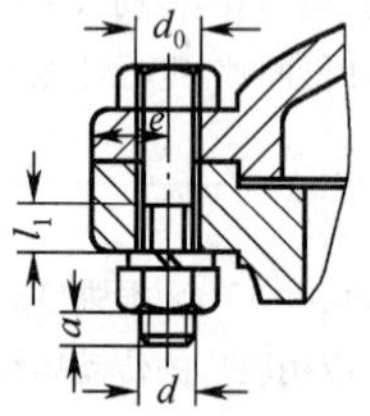 | 螺纹连接常用于经常装拆且被连接件不太厚的场合。<br>其中，普通螺栓连接装配后，螺栓和孔壁有间隙，主要承受横向载荷，也可作定位用，孔的加工精度低 |
| | 铰制孔螺栓连接 | 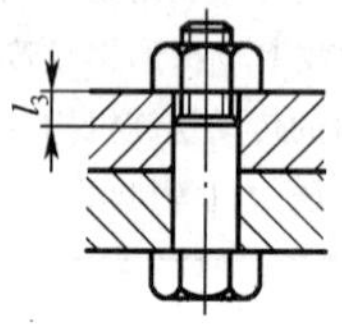 | 螺杆与孔过渡配合，没有间隙，承受轴向载荷，孔需精制，可起定位作用 |
| 双头螺柱连接 | | 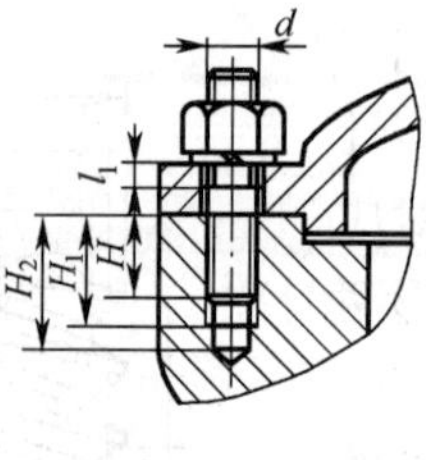 | 双头螺柱两端均加工螺纹，装配时，一端旋入被连接件，另一端配以螺母。使用于经常拆卸且被连接件之一较厚的场合 |
| 螺钉连接 | | 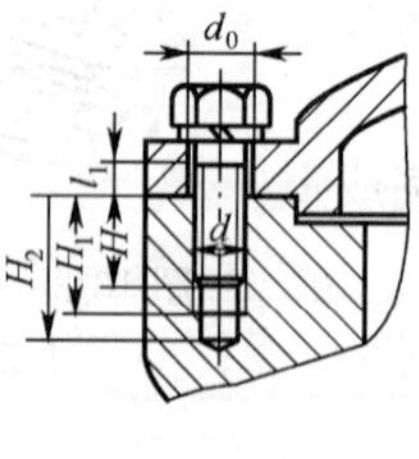 | 螺钉的结构形状与螺栓类似，但螺钉头部形式较多，适用于被连接件之一较厚、不常拆卸的场合 |
| 紧定螺钉连接 | | 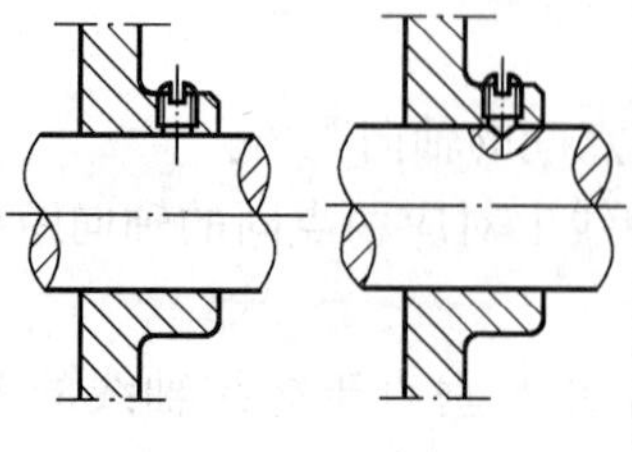 | 紧定螺钉旋入一零件的螺纹孔中，并用其末端顶住另一零件的表面或顶入相应的凹坑中，以固定两零件的相应位置，并可传递不大的力和转矩。多用于轴上零件与轴的固定 |

4. 螺纹连接件的主要类型及应用

机械制造中常见的螺纹连接件有螺栓、双头螺柱、螺钉、螺母、垫圈等，其结构特点及应用如表10-3所列。

表10-3 螺纹连接件的主要类型

| 类型 | 图 例 | 结构特点及应用 |
| --- | --- | --- |
| 六角头螺栓 | 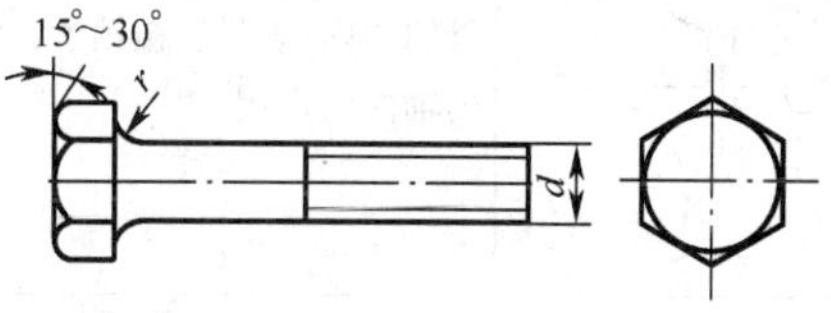 15°～30° r d | 种类很多，应用最广，分为A、B、C三级，通用机械制造中多用C级。螺栓杆部可制出一段螺纹或全螺纹，螺纹可用粗牙或细牙(A、B级) |
| 双头螺柱 | 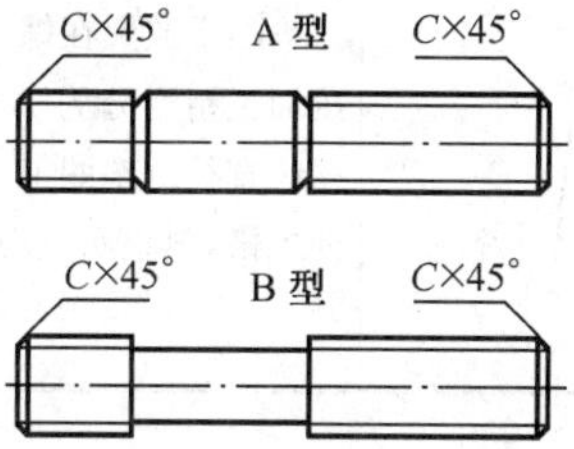 C×45° A型 C×45°<br>C×45° B型 C×45° | 螺柱两端有螺纹，两端螺纹可相同也可不同，螺柱可带退刀槽或加工成全螺纹。螺柱的一端常用于旋入铸铁或有色金属的螺孔中，旋入后即不拆卸；另一端则用于安装螺母以固定其他零件 |
| 螺钉 | 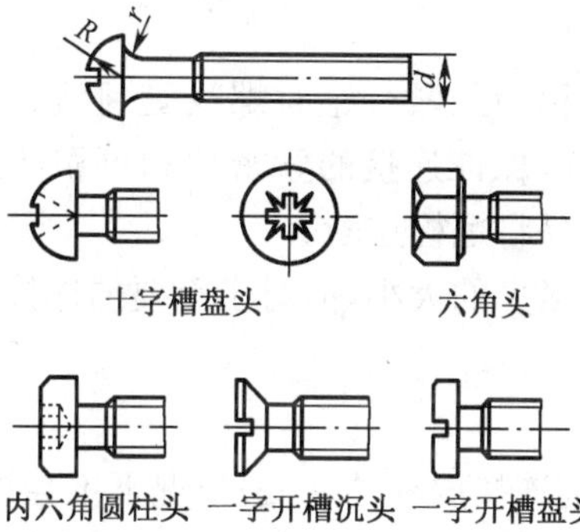 R r d<br>十字槽盘头 六角头<br>内六角圆柱头 一字开槽沉头 一字开槽盘头 | 螺钉头部形状有六角头、圆柱头、圆头、盘头和沉头等，头部旋具(起子)槽有一字槽、十字槽和内六角孔等形式。十字槽螺钉头部强度高，对中性好，易于实现自动化装配；内六角孔螺钉能承受较大的扳手力矩，连接强度高，可代替六角头螺栓，用于要求结构紧凑的场合 |
| 紧定螺钉 | 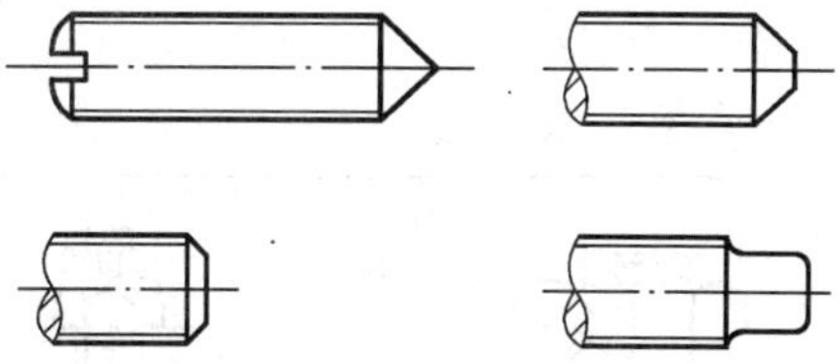  | 紧定螺钉的末端形状，常用的有锥端、平端和圆柱端。锥端适用于被顶紧零件的表面硬度较低或不经常拆卸的场合；平端接触面积大，不伤零件表面，常用于顶紧硬度较大的平面或经常拆卸的场合；圆柱端压入凹坑内，适用于紧定空心轴上的零件位置 |
| 六角螺母 | 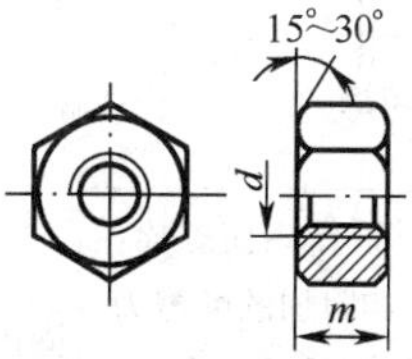 15°～30° d m | 根据六角螺母厚度的不同，分为标准、厚、薄等三种，六角螺母的制造精度和螺栓相同，分为A、B、C三级，分别与同级别的螺栓配用 |

（续）

| 类型 | 图　例 | 结构特点及应用 |
|---|---|---|
| 圆螺母 | 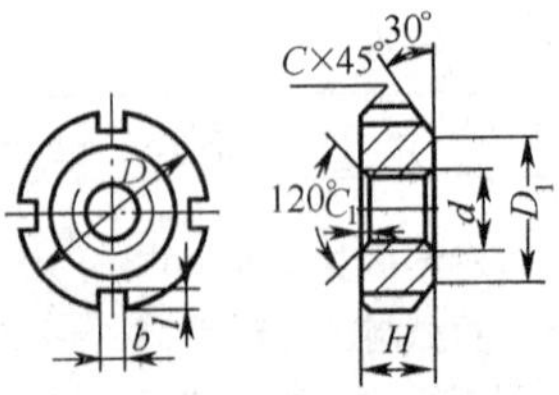 C×45° 30° 120° C₁ d D₁ D H b 圆螺母 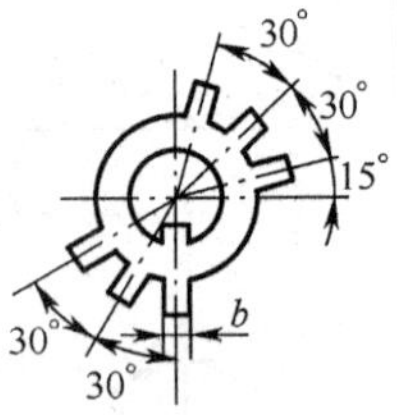　30° 30° 15° 30° 30° b 止动片 | 圆螺母常与止动垫圈配用，装配时将垫圈内舌插入轴上的槽内，而将垫圈的外舌嵌入圆螺母的槽内，螺母即被锁紧。它常作为轴上零件的轴向固定用 |
| 垫圈 | 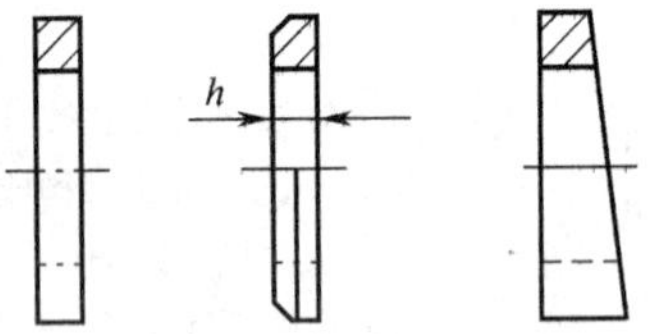 h | 垫圈常放置在螺母和被连接件之间，平垫圈按加工精度分为 A 级和 C 级两种，用于同一螺纹直径的垫圈又分为特大、大、普通和小四种规格，斜垫圈只用于倾斜的支承面上 |

### 10.1.2 螺纹连接的预紧与防松

1. 螺纹连接的预紧

一般螺纹连接在装配时都必须拧紧（称为预紧），这时螺纹受到预紧力的作用。预紧的目的是防止工作时连接出现缝隙和滑移，保证连接的紧密性和可靠性。如果预紧力过小，会使连接不可靠；如果预紧力过大，容易将螺栓拉断。

对于一般连接，可凭借经验来控制预紧力的大小，但对于重要的连接必须经过严格的测定来控制预紧力的大小。

2. 螺纹连接的防松

螺纹连接是利用螺纹的自锁性来达到连接要求的，一般情况下不会松动。但是，在冲击、振动、变载、温度变化较大时螺纹会产生自动松脱。因此，在设计螺纹连接时必须考虑防松。螺纹连接防松的根本问题是阻止螺旋副相对转动。防松的方法很多，常用的防松方法如表 10-4 所列。

表 10-4　常用防松方法

| 利用摩擦力防松 | 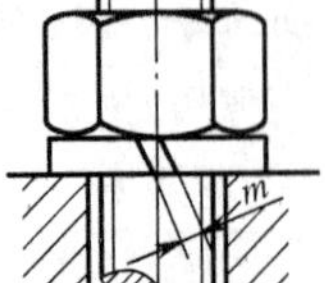 m<br>弹簧垫圈 | 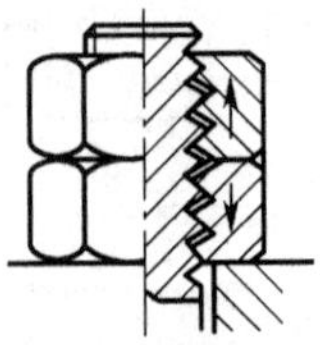 对顶螺母 | 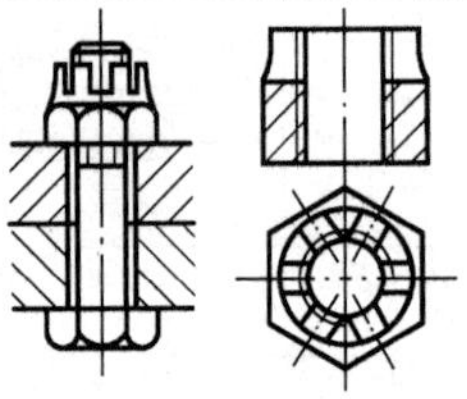 弹性锁紧螺母 |
|---|---|---|---|
| | 弹簧垫圈材料为弹簧钢，装配后垫圈被压平，其反弹力能使螺纹间保持压紧力和摩擦力 | 利用两螺母的对顶作用使螺栓始终受到附加的拉力和附加的摩擦力。结构简单，可用于低速重载场合 | 螺母中嵌有尼龙圈，拧上后尼龙圈内孔被胀大，箍紧螺栓 |

（续）

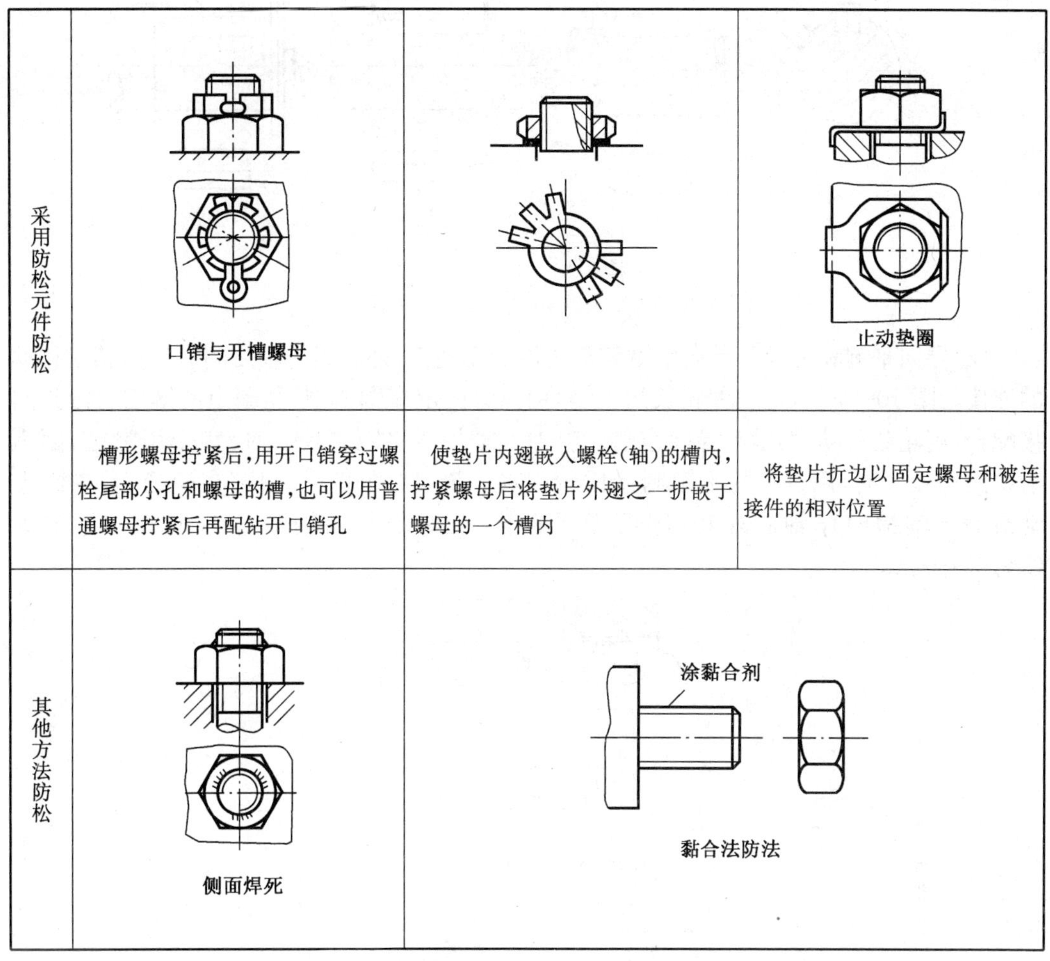


| | | | |
|---|---|---|---|
| 采用防松元件防松 | 口销与开槽螺母 | | 止动垫圈 |
| | 槽形螺母拧紧后，用开口销穿过螺栓尾部小孔和螺母的槽，也可以用普通螺母拧紧后再配钻开口销孔 | 使垫片内翅嵌入螺栓（轴）的槽内，拧紧螺母后将垫片外翅之一折嵌于螺母的一个槽内 | 将垫片折边以固定螺母和被连接件的相对位置 |
| 其他方法防松 | 侧面焊死 | 黏合法防法 | |

## 10.2 键 连 接

键是固定件，通常用来实现轴与轮毂之间的周向固定以传递转矩，有的还能实现轴上零件的轴向固定或轴向移动的导向。键连接的主要类型有平键连接、半圆键连接、楔键连接和切向键连接，平键和半圆键连接都属于松键连接。

松键连接中，键的两个侧面是工作面，工作时靠键与键槽侧面的挤压来传递转矩。键的上表面和轮毂的键槽底面间留有间隙。该类型连接对中性好，装拆方便。

1. 平键连接

图 10-3 所示为普通平键，它的两侧面为工作面，工作时依靠键的侧面与键槽接触传递转矩；而它的上面与键槽底之间有间隙。这种键连接对中性好，结构简单，拆装方便，因此应用最为广泛。但这种键连接对轴上零件无轴向固定作用，零件的轴向固定需借助其他零件来完成。平键按用途可分为普通平键、导向平键和滑键。

（1）普通平键。普通平键用于静连接，即轮毂与轴之间无相对移动的连接。按键的结构可分为 A 型（圆头）、B 型（方头）和 C 型（半圆头）三类，如图 10-3 所示。

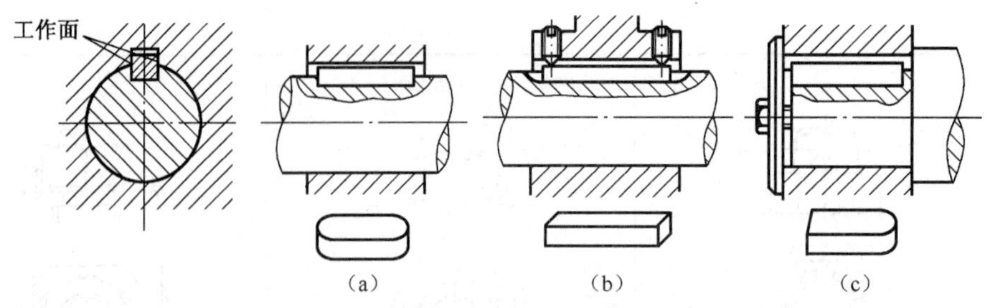


图 10-3 普通平键

(a)A 型(圆头);(b)B 型(方头);(c)C 型(半圆头)。

(2)导向平键和滑键。导向平键和滑键用于动连接,即轮毂与轴之间有轴向相对移动的连接。图 10-4 所示是一种较长的平键,用螺钉固定在轴槽中,轮毂上的键槽与键是间接配合,当轮毂移动时,键起导向作用。当轴上零件滑移距离较大时,宜采用滑键,因为滑移距离较大时,用过长的平键制造比较困难。滑键(图 10-5)固定在轮毂上,轮毂带动滑键在轴槽中作轴向移动,因而需要在轴上加工长的键槽,导向平键的标准为 GB 1097—79。

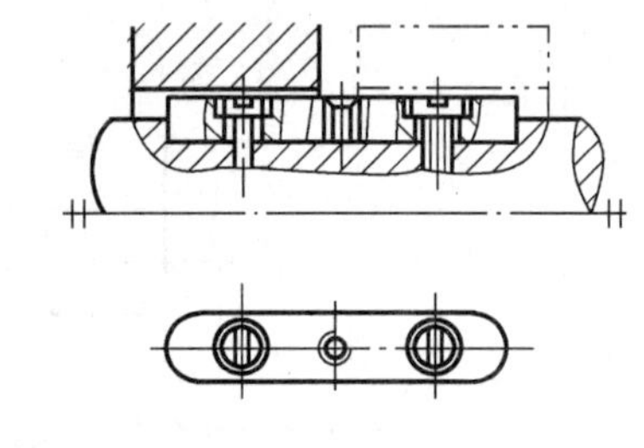

图 10-4 导向平键

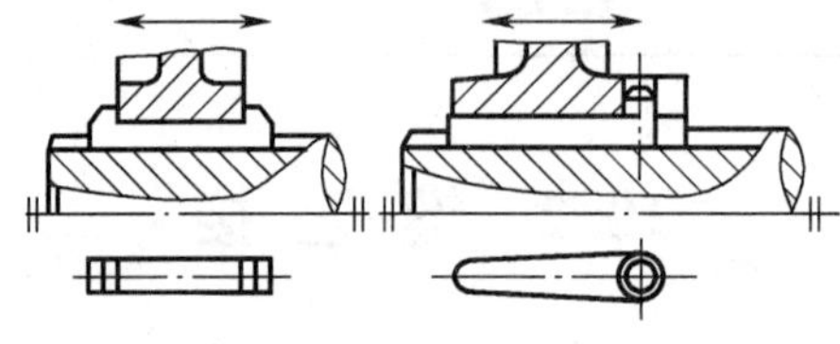

图 10-5 滑键

2. 半圆键连接

如图 10-6 所示,用半圆键连接时,键能在轴槽中绕几何中心摆动,键的侧面为工作面,工作时靠其侧面的挤压来传递扭矩。

优点:键在轴槽中能绕槽底圆弧曲率中心摆动,自动适应毂上键槽的斜度,工艺性好,装配简单,尤其适用于锥形轴与轮毂的连接。

缺点:轴上的键槽较深,对轴的强度削弱较大,只适用于轻载连接。

3. 楔键

楔键的上、下面为工作表面,有 1∶100 的斜度,装配时将键打入轴与轴上零件之间的键槽内,使工作面上产生很大的挤压力。根据楔键的结构不同,楔键连接分为普通楔键连接(图 10-7(a))和钩头楔键连接(图 10-7(b))两种。

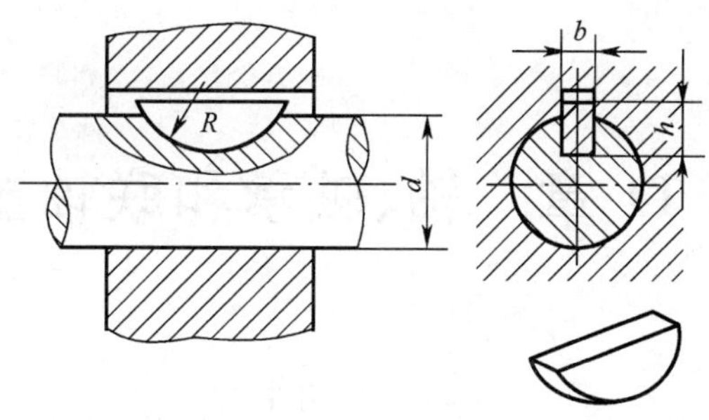


图 10-6　半圆键连接

特点：楔键对中性较差，变载荷作用时易松动，不宜用于对高速和精度要求高的连接。钩头楔键只用于轴端连接，如在中间用，则键槽应比键长两倍才能装入。

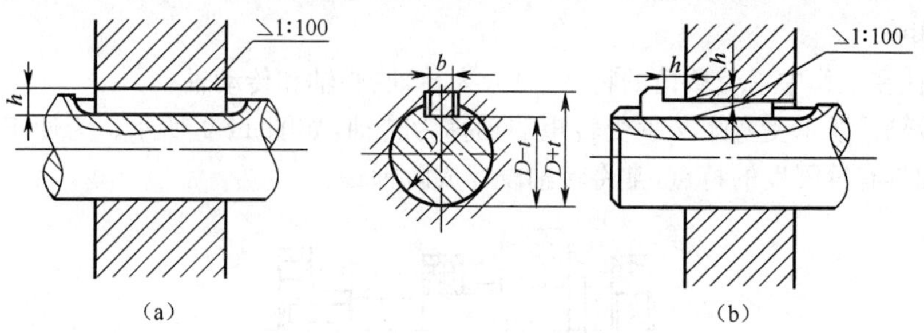


图 10-7　楔键连接

(a)普通楔键连接；(b)钩头楔键连接。

## 思考与练习题

1. 试说明普通连接螺纹、管螺纹、传动螺纹的特点及其螺纹的基本参数。
2. 螺纹的导程和螺距是什么关系？
3. 为什么绝大多数螺纹连接都要预紧？主要有哪些防松措施？
4. 键连接有哪些基本形式？各有何特点？

# 第 11 章　轴、轴承和联轴器

## 11.1　轴

### 11.1.1　轴的功用和分类

轴是组成机器的重要零件之一，其主要功用是支撑回转零件(如齿轮、带轮等)并传递运动和转矩。

根据轴在工作中承受载荷的特点，可分为转轴、心轴和传动轴。

(1)转轴。既承受弯矩又承受转矩的轴称为转轴，如图 11-1 所示。为便于加工和装配，并使轴具有等强度的特点，常将转轴设计成阶梯轴。

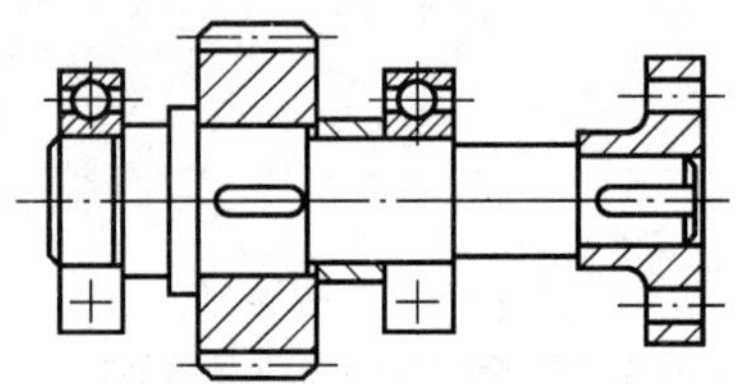

图 11-1　转轴

(2)心轴。只承受弯矩的轴称为心轴，如图 11-2 所示。按其是否与轴上零件一起转动，又可分为固定心轴和转动心轴。

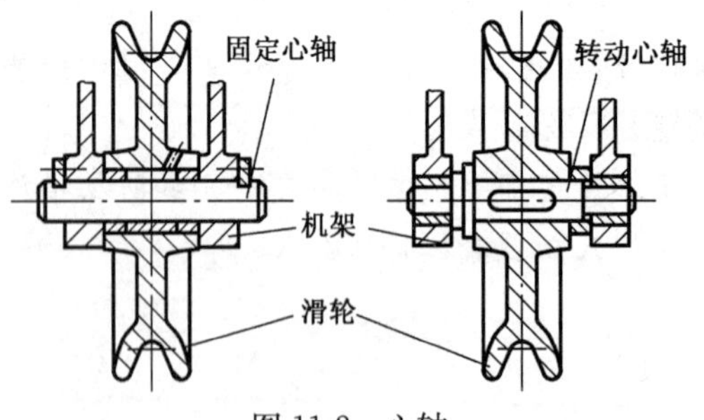


图 11-2　心轴

(3)传动轴。只承受转矩而不承受弯矩的轴称为传动轴。图 11-3 所示汽车变速器与后桥间的轴即为传动轴。

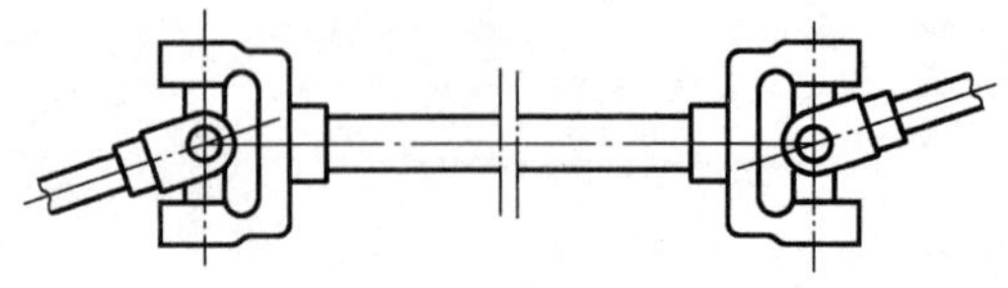

图 11-3　传动轴

## 11.1.2 轴的材料

轴工作时主要承受弯矩和转矩，且多为交变应力作用，其主要失效形式为疲劳破坏。因此，轴的材料应满足强度、刚度、耐磨性、耐腐蚀性等方面的要求，并且对应力集中的敏感性较小。另外，选择轴的材料时还应考虑是否易于加工和经济性的因素。

轴的常用材料主要有碳素钢和合金钢。

碳素钢对应力集中的敏感性较低且价格相对低廉，经热处理后可改善其综合力学性能，因此应用广泛。常用的优质碳素钢有 35 钢、40 钢、45 钢等，尤以 45 钢应用最广。碳素钢一般应经过调质或正火处理，以改善其力学性能。受载较小或不重要的轴也可采用 Q235、Q275 等碳素结构钢制造。

合金钢具有较高的力学性能和良好的热处理性能，但对应力集中比较敏感，价格较贵，因此在承受重载荷或较重载荷时受到一定限制，要求提高轴颈耐磨性以及高温、低温条件下工作的轴，宜采用合金钢制造。

球墨铸铁吸振性好，对应力集中不敏感且价格低廉，故适用于制造形状复杂的轴，如凸轮轴、曲轴等。

轴的毛坯一般采用轧制的圆钢或锻件。

轴的常用材料及力学性能如表 11-1 所列。

表 11-1 轴的常用材料及力学性能

| 材料 | 牌号 | 热处理类型 | 毛坯直径/mm | 硬度 | | 力学性能/MPa | | | 备注 |
|---|---|---|---|---|---|---|---|---|---|
| | | | | HBS | HRC | 抗拉强度 | 屈服点 | 弯曲疲劳强度 | |
| 碳素结构钢 | Q235 | | | | | 440 | 240 | 200 | 用于受载较小或不重要的轴 |
| | Q275 | | | | | 580 | 280 | 230 | |
| 优质碳素结构钢 | 45 | 正火 | 25 | ⩽241 | 55～61 | 600 | 360 | 260 | 应用最广泛。用于要求强度较高、韧性中等的轴，通常经调质或正火后使用 |
| | | 正火回火 | ⩽100 | 170～217 | | 600 | 300 | 275 | |
| | | | >100～300 | 162～217 | | 580 | 290 | 270 | |
| | | 调质 | ⩽200 | 217～255 | | 650 | 360 | 300 | |
| 合金钢 | 20Cr | 渗碳淬火回火 | 15 | | 表面 56～62 | 835 | 540 | 375 | 用于要求强度和韧性均较高的轴 |
| | | | ⩽60 | | | 650 | 400 | 280 | |
| | 20CrMnTi | | 15 | | 表面 56～62 | 1080 | 835 | 525 | |
| | 35SiMn | 调质 | 25 | | 45～55 | 885 | 735 | 460 | 性能接近 40Cr，用于中小型轴类 |
| | | | ⩽100 | 229～286 | | 800 | 520 | 400 | |
| | | | >100～300 | 217～269 | | 750 | 450 | 350 | |
| | 40Cr | 调质 | 25 | | 48～55 | 980 | 785 | 500 | 用于载荷较大且无很大冲击的重要的轴 |
| | | | ⩽100 | 241～266 | | 750 | 550 | 350 | |
| | | | >100～300 | 241～266 | | 700 | 550 | 340 | |

（续）

| 材料 | 牌号 | 热处理类型 | 毛坯直径/mm | 硬度 | | 力学性能/MPa | | | 备注 |
|---|---|---|---|---|---|---|---|---|---|
| | | | | HBS | HRC | 抗拉强度 | 屈服点 | 弯曲疲劳强度 | |
| 球墨铸铁 | QT400—18 | | | 130～180 | | 400 | 250 | 145 | 用于制造形状复杂的轴 |
| | QT600—3 | | | 190～270 | | 600 | 370 | 215 | |

## 11.1.3 轴的结构设计

图 11-4 所示为单级圆柱齿轮减速器中的输出轴。该轴系由联轴器、轴、轴承盖、轴承、套筒以及齿轮等组成。在确定轴的结构、尺寸时必须注意：

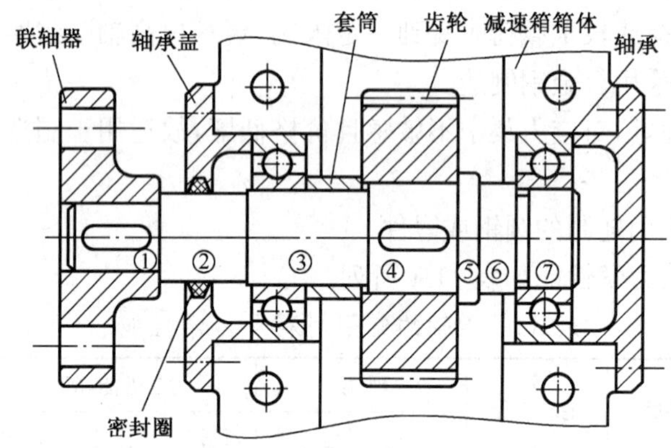


图 11-4　减速器输出轴

(1)轴及轴上零件应准确定位、固定可靠，不允许零件沿轴向及周向有相对运动。

(2)应具有良好的加工工艺性及装配工艺性，即轴应便于加工，轴上零件应装卸方便。

(3)尽量减少应力集中。

1. 轴上零件的轴向定位和固定

零件轴向定位的方式常取决于轴向力的大小，常用的轴向定位和固定方式及其特点和应用如表 11-2 所列。

表 11-2　常用轴上零件的轴向定位和固定方式

| 轴向定位和固定方式 | | 特点和应用 |
|---|---|---|
| 轴肩和轴环 | | 能承受较大的轴向力，加工方便，定位可靠，应用最广泛<br>为使零件端面与轴肩(轴环)贴合，轴肩(轴环)的高度 $h$、零件孔端的圆角 $R$(或倒角 $C$)与轴间的圆角 $r$ 应满足左图的关系。<br>轴环的宽度 $b$ 一般取 $b \approx 1.4h$ |

（续）

| 轴向定位和固定方式 | | 特 点 和 应 用 |
|---|---|---|
| 套筒 | 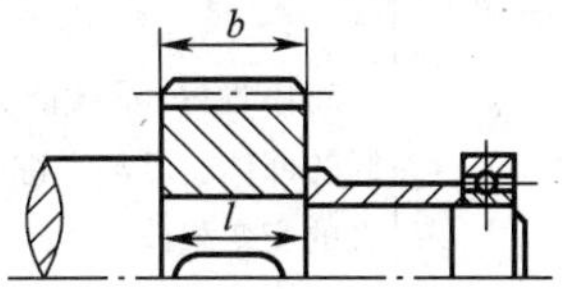 b<br>l | 定位可靠，加工方便，可简化轴结构。用于轴上间距不大的两零件间的轴向定位和固定。<br>与滚动轴承组合时，套筒的厚度不应超过轴承内圈的厚度，以便轴承拆卸 |
| 圆螺母和止动垫圈 | 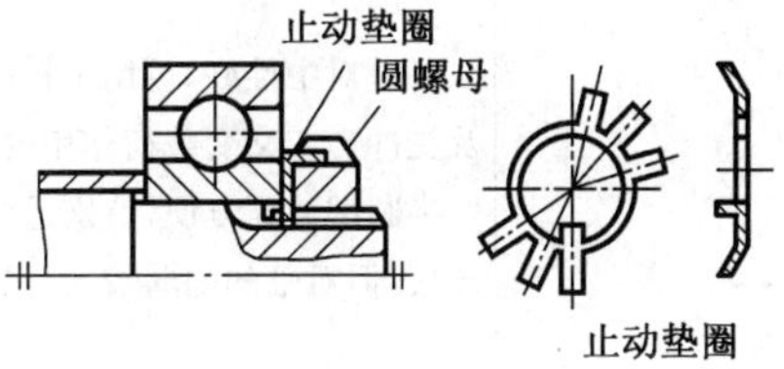 止动垫圈<br>圆螺母<br>止动垫圈 | 固定可靠，能承受较大的轴向力 |
| 轴端挡圈 | 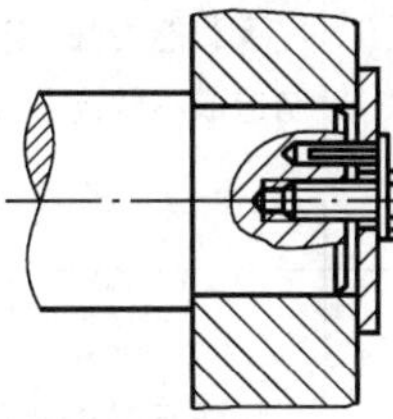 | 能承受较大的轴向力及冲击载荷，需采用放松措施。常用于轴端零件的固定 |
| 圆锥面 | 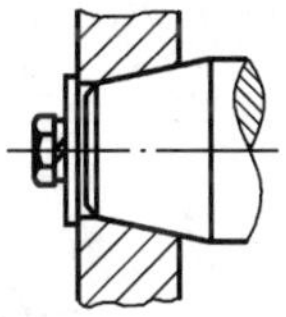 | 能承受冲击载荷，装拆方便。常用于轴端零件的定位和固定，但配合面加工比较困难 |
| 弹性挡圈 | 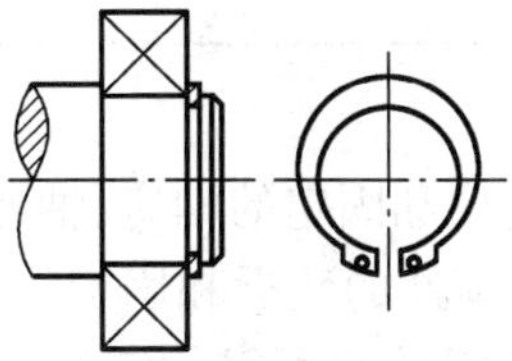 | 能承受较小的轴向力，结构简单，装拆方便，但可靠性差。常用于固定滚动轴承和滑移齿轮的限位 |

2. 轴上零件的周向固定

轴上零件的周向固定是为了防止零件与轴之间的相对转动。常用的固定方式有键连接、花键连接和过盈配合等。在传递转距不大的场合，也可采用紧定螺钉或圆锥销作为周向固定，详见表 11-3 所列。

表 11-3　轴上零件的周向固定方式

| 周向固定方式 | | 特点及应用 |
|---|---|---|
| 过盈配合 | 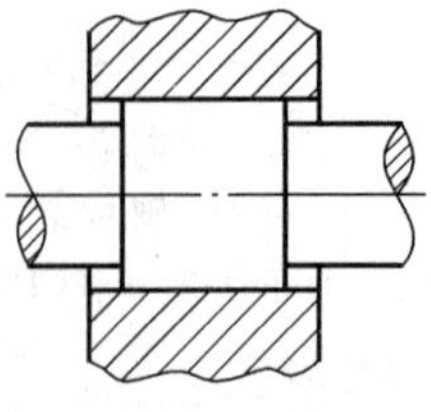 | 对中性好，承载能力高，适用于不常拆卸的部位。可与平键联合使用，能承受较大的交变载荷 |
| 键 | 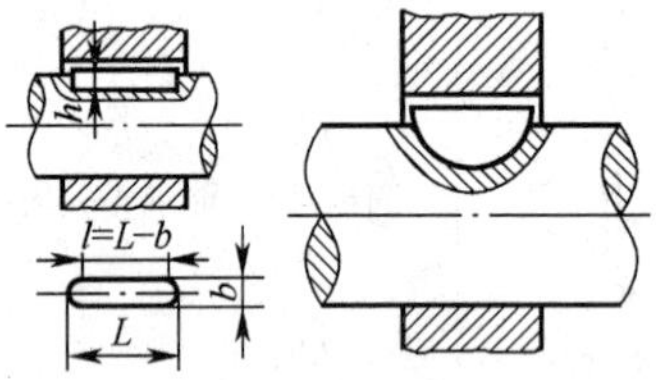 $h$<br>$l=L-b$<br>$b$<br>$L$ | 平键对中性好，可用于较高精度高转速及受冲击或交变载荷作用的场合<br>半圆键装配方便，特别适合锥形轴端的连接，但对轴的削弱较大，只适于轻载 |
| 花键 | 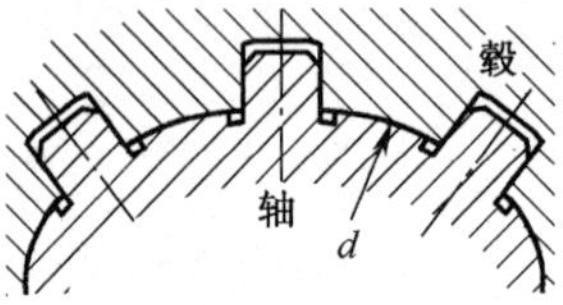 毂<br>轴<br>$d$ | 承载能力强，定心精度高，导向性好，但制造成本较高 |
| 紧定螺钉 | 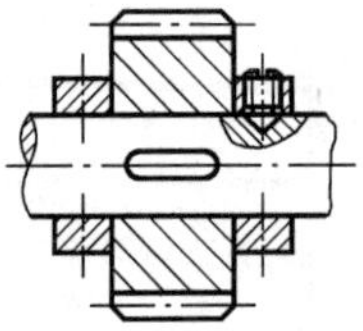 | 只能承受较小的周向力，结构简单，可兼作轴向固定。在有冲击和振动的场合，应有防松措施 |
| 圆锥销 | 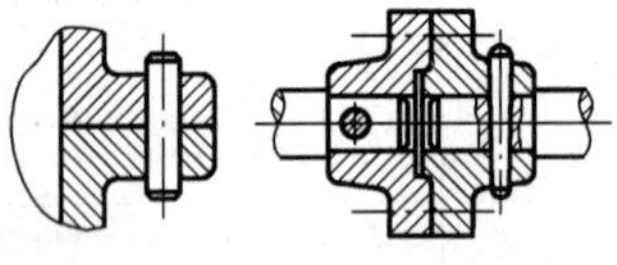 | 用于受力不大的场合，可作安全销使用 |

3. 轴结构的工艺要求

(1)一般将轴设计成阶梯轴，目的是提供零件定位和固定的轴肩、轴环，区别不同的精度和表面粗糙度以及达到配合的要求，同时也便于零件的装拆和固定。如图 11-4 所示，可将齿轮、套筒、轴承、轴承盖等零件依次装入，既使零件有可靠的定位，又不易划伤配合表面。轴的两端和各阶梯端面应有倒角，使相配零件易于导入且不易划伤人手及相配零件。

(2)轴上要求磨削的表面如与滚动轴承配合处，需在轴肩处留出砂轮越程槽，如图 11-5 所示，砂轮边缘可磨削到轴肩端部，以保证轴肩的垂直度。对于轴上需车削螺纹的部分，应有退刀槽，以保证车削时能退刀，如图 11-6 所示。

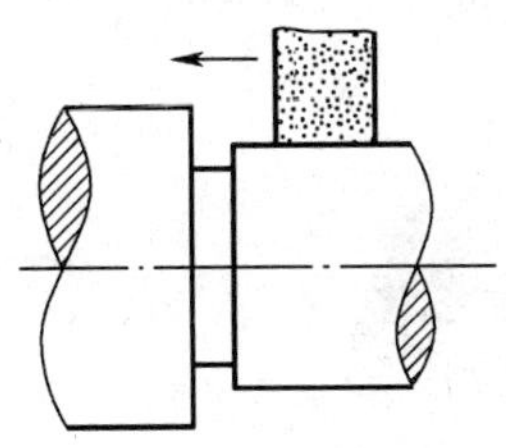

图 11-5　砂轮越程槽

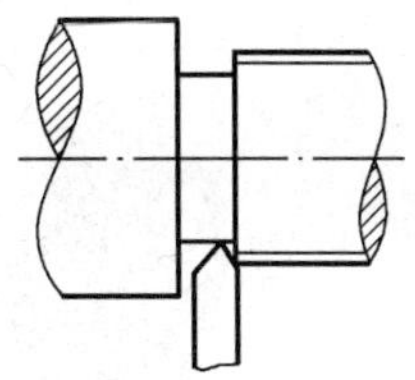

图 11-6　螺纹退刀槽

当轴上有多个键槽时，为加工方便，应使键槽尽量布置在同一母线上。另外，键槽尺寸应按标准设计，如图 11-7 所示。

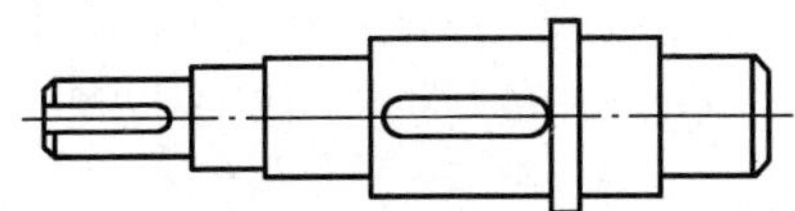

图 11-7　不同轴段键槽布置在同一母线上

(3)轴的直径除了应满足强度和刚度的要求外，还应注意尽量采用标准直径(表 11-4)；与滚动轴承配合处必须满足滚动轴承内径的标准系列；螺纹处的直径应符合螺纹标准系列；安装联轴器处的轴径应按联轴器孔径设计。

表 11-4　标准直径(摘自 GB 2822—81)

| 10 | 11 | 12 | 14 | 16 | 18 | 20 | 22 | 25 | 28 | 30 | 32 | 36 |
|---|---|---|---|---|---|---|---|---|---|---|---|---|
| 40 | 45 | 50 | 56 | 60 | 63 | 71 | 75 | 80 | 85 | 90 | 95 | 100 |

(4)为了减小轴径突变处的应力集中，阶梯轴截面尺寸变化处应采用圆角过渡，圆角半径不宜过小。

此外，轴的表面质量对疲劳强度影响很大，可采取表面强化工艺提高轴的疲劳强度。

## 11.2　轴　承

轴承是支承轴的部件。根据工作时的摩擦性质不同，轴承可分为滑动摩擦轴承(简称滑动轴承)和滚动摩擦轴承(简称滚动轴承)。本节重点介绍滚动轴承。

### 11.2.1　滚动轴承的结构、类型和代号

1. 滚动轴承的结构

如图 11-8 所示，滚动轴承由外圈、内圈、滚动体和保持架组成。通常内圈固定在轴上随轴转动，外圈装在轴承座孔内不动；但亦有外圈转动、内圈不动的情况。滚动体在内外圈的滚道中滚动。保持架将滚动体均匀隔开，使其沿圆周均匀分布，减小滚动体的摩擦和磨损。

滚动体的形状有球形、圆柱形、圆锥形、鼓形、滚针形等多种(图 11-9)。

滚动轴承的外圈、内圈和滚动体常用 GCr15、GCr15SiMn 等轴承钢制造。保持架多用低碳钢或铜合金制造，也可采用塑料及其他材料。

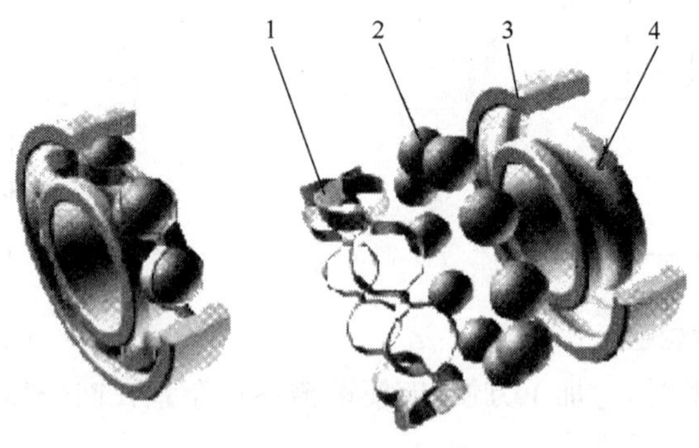


图 11-8 滚动轴承的结构

1—保持架;2—滚动体;3—外圈;4—内圈。

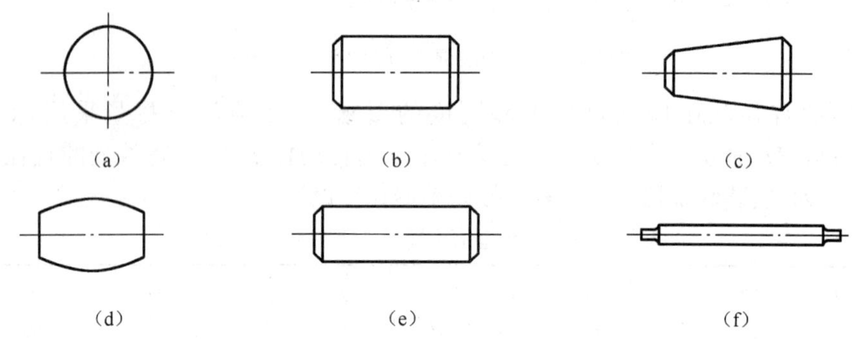


图 11-9 滚动体的形状

(a)球;(b)圆柱滚子;(c)圆锥滚子;(d)鼓形滚子;(e)长圆柱滚子;(f)滚针。

2. 常用滚动轴承的类型

1)按滚动体的形状分类

按滚动体的形状分类,滚动轴承可分为:

(1)球轴承。滚动体的形状为球的轴承称为球轴承。球与滚道之间为点接触,故其承载能力、耐冲击能力较低;但球的制造工艺简单,极限转速较高,价格便宜。

(2)滚子轴承。除了球轴承以外,其他均称为滚子轴承。滚子与滚道之间为线接触,故其承载能力、耐冲击能力均较高;但制造工艺较球复杂,价格较高。

2)按承受载荷的方向分类

按承受载荷的方向分类,滚动轴承可分为:

(1)向心轴承。向心轴承主要承受径向载荷,具体分为:

①径向接触轴承。主要承受径向载荷,也可承受较小的轴向载荷,如深沟球轴承、调心轴承等。

②向心角接触轴承。能同时承受径向载荷和轴向载荷的联合作用,如角接触轴承、圆锥滚子轴承等。

(2)推力轴承。推力轴承只能或主要承受轴向载荷,具体分为:

①轴向推力轴承。只能承受轴向载荷,如单、双向推力球轴承、推力滚子轴承等。

②推力角接触轴承。主要承受轴向载荷,也可承受较小的径向载荷,如推力调心球面

滚子轴承等。

常用滚动轴承的类型及主要性能如表 11-5 所列。

表 11-5 常用滚动轴承的类型及主要性能

| 名称、类型代号 | 结构简图 | 特点及应用 |
|---|---|---|
| 调心球轴承<br>(1) | 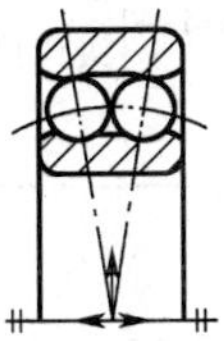 | 主要承受径向载荷，能自动调心。<br>适用于多支承传动轴、刚性较差的轴以及不能精确对中的支承处 |
| 圆锥滚子轴承<br>(3) | 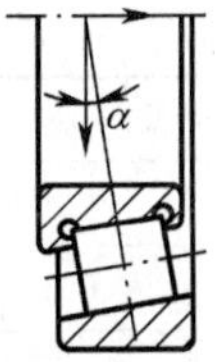 | 特点与向心推力球轴承相似，但承载能力较大。内外圈可分离，间隙容易调整。摩擦阻力较大，极限转速较低。<br>常用于转速不太高、刚性好、轴向和径向负荷很大的轴上，如斜齿轮轴、蜗杆减速器轴、机床主轴等 |
| 推力球轴承<br>(5) |  | 只能承受单向的轴向负荷，极限转速很低。<br>适用于转速较低、仅有轴向负荷的轴，如起重吊钩、千斤顶、机床主轴等 |
| 深沟球轴承<br>(6) | 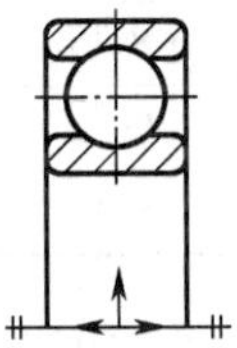 | 主要承受径向负荷，也能承受一些轴向负荷(双向)。结构简单，摩擦系数小，极限转速高，但要求轴的刚度大，承受冲击能力差。<br>常用于小功率电动机、齿轮变速箱等 |
| 角接触球轴承<br>(7) | 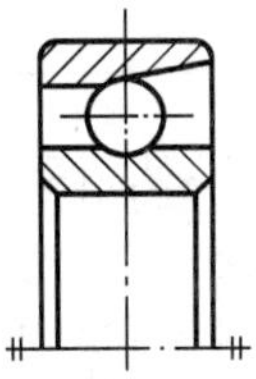 | 能承受径向及单向的轴向负荷，接触角 $\alpha$ 有 15°(36000 型)、25°(46000 型)和 40°(66000 型)三种，$\alpha$ 角越大，轴向承载能力越大。极限转速高。<br>用于转速较高、刚性较好、同时承受径向和轴向负荷的轴上(通常成对使用)，如机床主轴、螺纹减速器等 |

3. 滚动轴承的代号

代号用于表征滚动轴承的结构、尺寸、类型、精度等，由 GB/T 272—93 规定。

一般滚动轴承的代号由前置代号、基本代号和后置代号构成。基本代号由类型代号、尺寸系列代号、内径代号和公差等级代号组成，并按上述顺序由左向右依次排列，如

表11-6 所列。

表 11-6 滚动轴承代号的结构

| 前置代号 | 基本代号 | | | | | 后置代号 | | | | | | | |
|---|---|---|---|---|---|---|---|---|---|---|---|---|---|
| 轴承分部件代号 | 五 | 四 | 三 | 二 | 一 | 内部结构代号 | 密封与防尘结构代号 | 保持架及其材料代号 | 特殊轴承材料代号 | 公差等级代号 | 游隙代号 | 多轴承配置代号 | 其他代号 |
| | 类型代号 | 尺寸系列代号 | | 内径代号 | | | | | | | | | |
| | | 宽度系列代号 | 直径系列代号 | | | | | | | | | | |

1)前置、后置代号

前置、后置代号是轴承在结构形状、尺寸、公差、技术要求等有改变时，在基本代号左、右添加的补充代号，其排列如表 11-7 所列。

表 11-7 滚动轴承的代号排列

| 轴承代号 | | | | | | | | | |
|---|---|---|---|---|---|---|---|---|---|
| 前置代号 | 基本代号 | 后置代号(组) | | | | | | | |
| | | 1 | 2 | 3 | 4 | 5 | 6 | 7 | 8 |
| 成套轴承分部件 | | 内部结构 | 密封与防尘结构代号 | 保持架及其材料代号 | 特殊轴承材料代号 | 公差等级代号 | 游隙代号 | 多轴承配置代号 | 其他代号 |

(1)前置代号。前置代号用字母表示。代号及含义如表 11-8 所列。

表 11-8 前置代号

| 代号 | 含义 | 示例 |
|---|---|---|
| L | 可分离轴承的可分离内圈或外圈 | LNU207 LN207 |
| R | 不带可分离内圈或外圈的轴承 | RNU207 RNA6904 |
| K | 滚子和保持架组件 | K81107 |
| WS | 推力圆柱滚子轴承轴圈 | WS81107 |
| GS | 推力圆柱滚子轴承座圈 | GS81107 |

(2)后置代号。后置代号有 8 组(表 11-7)，用字母(或加数字)表示，具体包括：

①内部结构代号，如表 11-9 所列。

表 11-9 内部结构代号

| 代号 | 含义 | |
|---|---|---|
| A、B、C、D、E | (1)表示内部结构改变<br>(2)表示标准设计，其含义随不同类型、结构而异 | B 角接触球轴承　公称接触角 $\alpha=40°$<br>7210B<br>圆锥滚子轴承　接触角加大　32310B<br>C 角接触球轴承　公称接触角 $\alpha=15°$<br>7005C<br>调心滚子轴承　C 型　23122C |
| AC<br>D<br>ZW | 角接触球轴承<br>剖分式轴承<br>滚针保持架组件，双列 | 7210AC<br>K50×55×20D<br>K20×25×40ZW |

②密封、防尘与外部形状变化代号。用字母表示，如 K 表示圆锥孔轴承；N 表示轴承外圈上有止动槽；NR 表示轴承外圈上有止动槽并带止动环等，详见轴承手册。

③公差等级代号。分为 0、6、6x、5、4、2 六级，分别用/P0、/P6、/P6x、/P5、/P4、/P2 表示。其中，0 级为最低(普通级)，2 级最高；6x 级仅用于圆锥滚子轴承。0 级在轴承代号中可省略不标。

④游隙代号。游隙代号共分为 6 组，常用基本组代号为 0，一般可不予标注。

2)基本代号

代号组成如表 11-6 所列。

(1)类型代号。滚动轴承的类型代号用数字或字母表示，如表 11-10 所列。

表 11-10　常用滚动轴承类型代号

| 轴承类型 | 代号 | 轴承类型 | 代号 |
|---|---|---|---|
| 双列角接触球轴承 | 0 | 角接触球轴承 | 7 |
| 调心球轴承 | 1 | 推力滚子轴承 | 8 |
| 调心滚子轴承 | 2 | 推力圆锥滚子轴承 | 9 |
| 推力调心滚子轴承 | 29 | 圆柱滚子轴承 | N |
| 圆锥滚子轴承 | 3 | 滚针轴承 | NA |
| 双列深沟球轴承 | 4 | 外球面球轴承 | U |
| 推力球轴承 | 5 | 四点接触球轴承 | QJ |
| 深沟球轴承 | 6 | | |

(2)尺寸系列代号。尺寸系列代号是轴承的宽度系列(或高度系列)与直径系列的组合。宽度系列是指径向接触轴承或向心角接触轴承的内径相同，而宽度有一个递增的系列尺寸。宽度系列是指轴向接触轴承的内径相同，轴承高度有一个递增的系列尺寸。直径系列表示同一类型、内径相同的轴承，其外径有一个递增的系列尺寸。组合排列时，宽(高)度系列在前，直径系列在后。当宽度系列为“0”时，可省略(在调心滚子轴承和圆锥滚子轴承中不可省略)。

(3)内径代号。内径代号表示轴承内径尺寸的大小，常用内径代号如表 11-11 所列。

表 11-11　轴承内径代号

<table>
<tr><th colspan="2">轴承公称内径/mm</th><th>内径代号</th><th>示例</th></tr>
<tr><td colspan="2">0.6～10(非整数)</td><td>直接用公称内径毫米数表示，在其与尺寸系列代号之间用“/”分开</td><td>深沟球轴承　618/2.5<br>$d=2.5$mm</td></tr>
<tr><td colspan="2">1～9(整数)</td><td>直接用公称内径毫米数表示，对深沟球轴承及角接触球轴承 7、8、9 直径系列，内径与尺寸系列代号之间用“/”分开</td><td>深沟球轴承　625　618/5<br>$d=5$mm</td></tr>
<tr><td rowspan="4">10～17</td><td>10</td><td>00</td><td rowspan="4">深沟球轴承　6200<br>$d=10$mm</td></tr>
<tr><td>12</td><td>01</td></tr>
<tr><td>15</td><td>02</td></tr>
<tr><td>17</td><td>03</td></tr>
</table>

(续)

| 轴承公称内径/mm | 内 径 代 号 | 示 例 |
| --- | --- | --- |
| 20～480(22、28、32 除外) | 用公称内径除以 5 的商表示，商为一位数时，需在商左边加“0” | 调心滚子轴承 232 08<br>$d$=40mm |
| ≥500 以及 22、28、32 | 直接用公称内径毫米数表示，但在内径与尺寸系列代号之间用“/”表示 | 调心滚子轴承　230/500<br>$d$=500mm<br>深沟球轴承　62/22<br>$d$=22mm |
| 注：轴承内径代号用两位阿拉伯数字表示。内径为 22、28、32 的轴承用内径毫米数直接表示，但与组合代号之间用“/”分开。例如，深沟球轴承 62/22，表示内径 $d$=22mm | | |

**例**：说明轴承代号 6308、7214AC/P4 和 30213 的含义。

**解**：6308：6—深沟球轴承，3—中系列，08—内径 $d$=40mm，公差等级为 0 级。

7214AC/P4：7—角接触球轴承，2—轻系列，14—内径 $d$=7mm，公差等级为 4 级，公称接触角 $\alpha=15°$。

30213：3—圆锥滚子轴承，2—轻系列，13—内径 $d$=65mm，0—正常宽度(圆锥滚子轴承，0 不可省略)，公差等级为 0 级。

### 11.2.2 滚动轴承的固定

1. 滚动轴承的支承结构类型

滚动轴承轴向固定的目的是防止轴工作时发生轴向窜动，保证轴上零件有确定的工作位置，常用的固定方式有以下两种。

(1)两端固定式。如图 11-10 所示，两端用深沟球轴承支承。轴承靠端盖轴向固定。通过调整垫片，调节轴承盖与轴承外圈的预留间隙 $c$，向心角接触轴承。

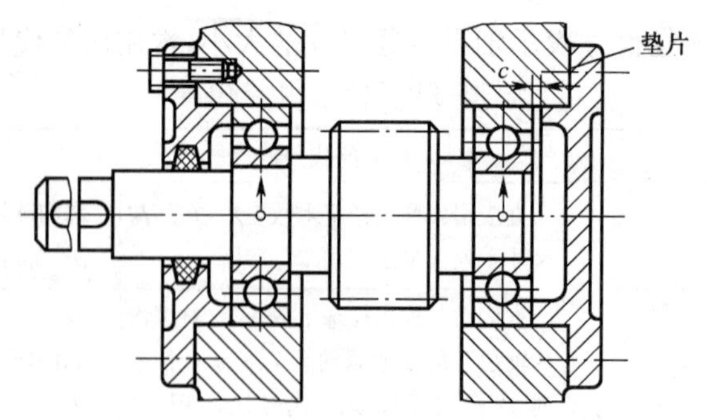


图 11-10　深沟球轴承两端固定式

(2)一端固定、一端游动。当轴的支点跨距较大或工作温升较高时，多采用一端固定、一端游动支承。固定端能承受双向轴向载荷，当轴受热膨胀伸长时，游动端能自由伸长和缩短，如图 11-11。

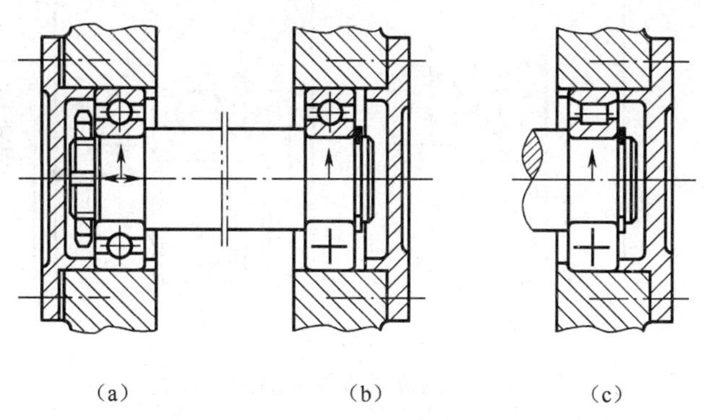

(a) (b) (c)

图 11-11 一端固定、一端游动

(a)固定支承;(b)游动支承;(c)游动支承。

2. 滚动轴承内、外圈的轴向固定方法

为了防止轴承在承受轴向载荷时相对于轴或座孔产生轴向移动,轴承内圈与轴、外圈与座孔必须进行轴向固定。

1)内圈固定

(1)如图 11-12(a)所示,内圈靠轴间单向固定。其结构简单,装拆方便。

(2)如图 11-12(b)所示,用弹性挡圈与轴间对轴承双向定位。其结构简单,但弹性挡圈承受轴向载荷的能力较小,不宜在高速场合使用。

(3)如图 11-12(c)所示,用圆螺母与止动垫圈固定,用于轴向载荷大且转速高的场合。

(4)如图 11-12(d)所示,用轴端压板和螺钉固定。允许较高转速,能承受中等轴向载荷。

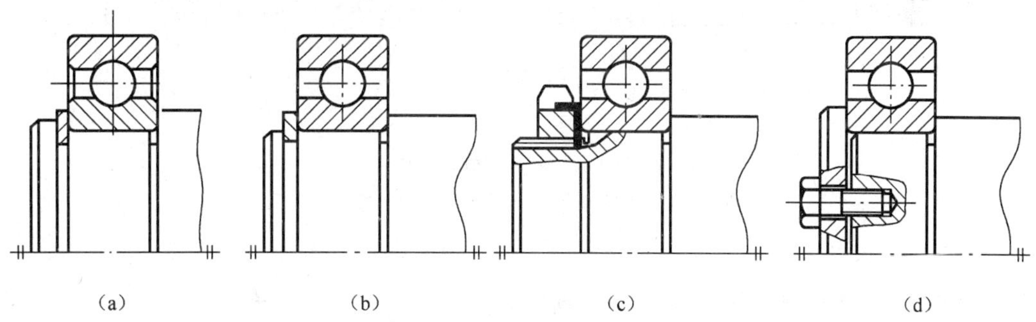

(a) (b) (c) (d)

图 11-12 滚动轴承的内圈固定方式

2)外圈固定

(1)如图 11-13(a)所示,用轴承端盖固定。其结构简单,固定可靠,调整方便。

(2)如图 11-13(b)所示,用弹性挡圈固定。其结构简单,装拆方便,占用空间少。

(3)如图 11-13(c)所示,用端盖和座孔挡肩固定。其结构简单,固定可靠,能承受较大的轴向载荷,但机座孔加工不方便。

(4)如图 11-13(d)所示,用套筒挡肩和端盖固定。其结构简单,机座孔加工方便,利用垫片可调整轴系轴向位置。

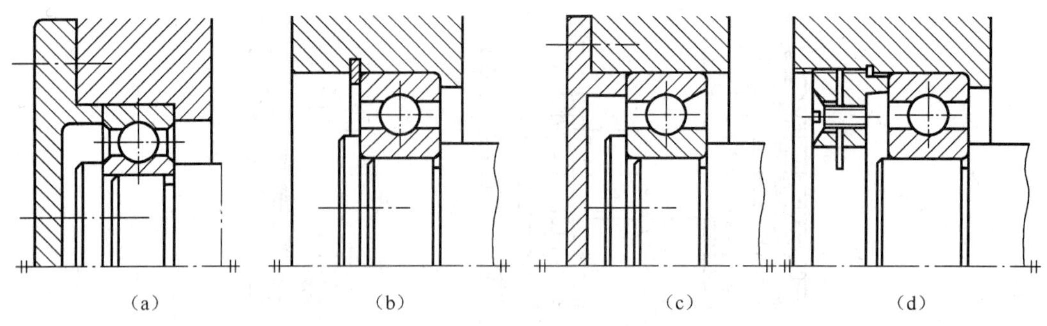



图 11-13　滚动轴承的外圈固定方式

## 11.3　联 轴 器

联轴器是机械传动中的重要部件，可连接主、从动轴，使其一同回转并传递扭矩，如图 11-4 所示。联轴器大多已标准化，可直接从标准中选用。

1. 联轴器的性能要求

联轴器所连接的两轴由于制造及安装误差、承载后变形、温度变化和轴承磨损等原因，不能保证严格对中，使两轴线之间出现相对位移，如图 11-14 所示，这就要求联轴器具有补偿一定范围内两轴线相对位移量的能力。对于经常负载启动或工作载荷变化的场合，可采用具有起缓冲、减振作用的弹性元件的联轴器，以保护原动机和工作机不受或少受损伤。同时要求联轴器安全、可靠，有足够的强度和使用寿命。

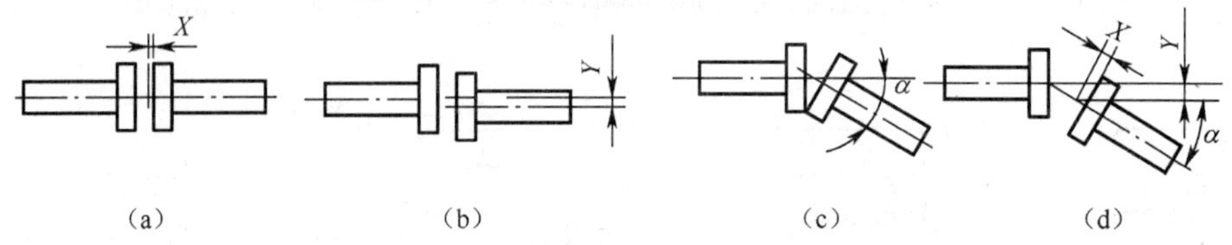



图 11-14　轴线的相对位移

(a)轴向位移；(b)径向位移；(c)角度位移；(d)综合位移。

2. 联轴器的分类

联轴器可分为刚性联轴器和挠性联轴器两大类。

刚性联轴器用于两轴安装对中严格且在工作中不发生轴线偏移的场合。挠性联轴器用于两轴有一定限度的轴线偏移场合。挠性联轴器又可分为无弹性元件联轴器和弹性联轴器。

3. 常用联轴器的结构和特点

1)凸缘联轴器

凸缘联轴器是刚性联轴器中应用最广泛的一种，结构如图 11-15 所示，它是由两个带凸缘的半联轴器用螺栓连接而成，半联轴器与两轴之间用键连接。这种联轴器有两种对中方式：一种是通过分别具有凸肩和凹槽的两个半联轴器的相互嵌合来对中，半联轴器之间采用普通螺栓连接；另一种是通过铰制孔用螺栓与孔的过盈配合对中。

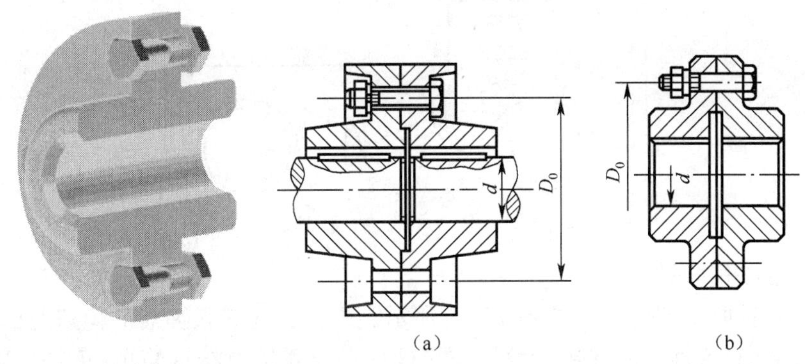


图 11-15　刚性凸缘联轴器

(a)普通螺栓连接;(b)铰制孔螺栓连接。

2)套筒联轴器

套筒联轴器的结构如图 11-16 所示,套筒联轴器有套筒和连接零件(销钉或键)组成,也是刚性联轴器的一种。其特点是构造简单,径向尺寸小,多用于两轴对中严格、低速轻载的场合。

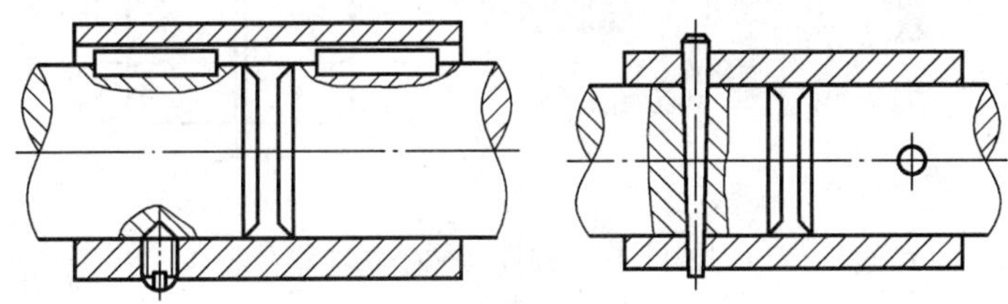

图 11-16　套筒联轴器

3)万向联轴器

万向联轴器的结构如图 11-17 所示。万向联轴器是一种无弹性元件挠性联轴器,此联轴器具有挠性,可补偿两轴的相对位移,但因无弹性元件,故不能缓冲减振。它是由两个叉形的万向接头和一个十字销组成,可用于两轴线交角较大的场合。

图 11-17　万向联轴器

万向联轴器的使用:

(1)万向联轴器用于连接两相交轴,如图 11-18;

(2)常将两个万向联轴器成对使用;

(3)主动轴、从动轴的轴线与中间轴的轴线之间的夹角应相等,以免引起附加载荷。

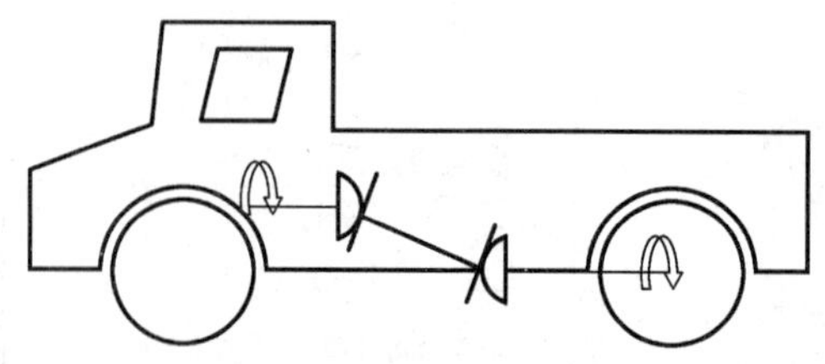

图 11-18　万向联轴器的应用

4)弹性套柱销联轴器

弹性套柱销联轴器的结构如图 11-19 所示。弹性套柱销联轴器的构造与凸缘联轴器相似,只是用套有弹性套的柱销代替了连接螺栓。此联轴器结构简单,可缓冲减振,但弹性套易磨损,常用于冲击载荷小、启动频繁的中、小功率传动中。

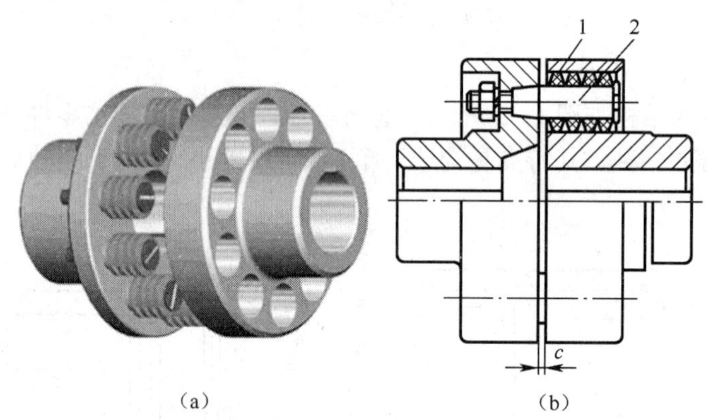


图 11-19　弹性套柱销联轴器

1—弹性套;2—柱销。

5)弹性柱销联轴器

弹性柱销联轴器的结构如图 11-20 所示。此联轴器与弹性套柱销联轴器相似,不同的是用弹性柱销(通常用尼龙制成)将两半联轴器连接起来。这种联轴器制造、装配及维护都很简便,而且寿命长,可代替弹性套柱销联轴器,但外形尺寸较大。

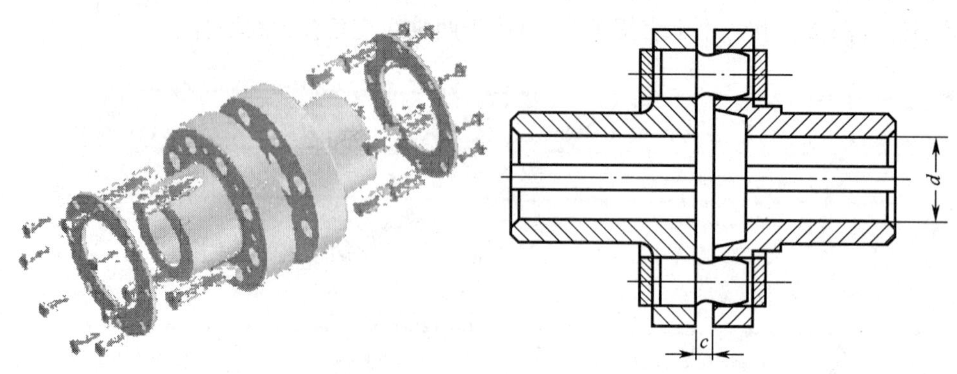


图 11-20　弹性柱销联轴器

4. 联轴器的选择

常用联轴器多已标准化,选用时首先应根据工作条件选择合适的类型,然后再按转矩、轴径迹转速选择联轴器的型号尺寸，必要时应对个别薄弱零件进行强度验算。

1)类型的确定

选择联轴器的类型时，应根据机器的工作特点及要求，结合联轴器的性能选定。

两轴对中精确，轴本身刚度较好时，可选用凸缘联轴器；对中困难，轴的刚性差时，可选用具有补偿偏移能力的联轴器；两轴成一定夹角时，可选用万向联轴器；转速高，要求能吸振和缓冲时，可采用弹性联轴器。

2)型号的确定

类型确定后，再根据转矩、轴径迹转速从有关标准手册中选择型号、尺寸。选择时应注意以下几点：

(1)计算转矩不超过所选型号的规定值；

(2)工作转速不大于所选型号的规定值；

(3)两轴径在所选型号的孔径范围内。

## 思考与练习题

1. 根据承受载荷的不同，轴可分为哪几种？
2. 典型的滚动轴承由哪四部分组成？
3. 常用的轴瓦材料有哪几种？轴承合金为什么只能做轴衬？
4. 轴瓦上为什么要开油槽？开油槽时应注意哪些问题？
5. 选择滚动轴承时，应考虑哪些因素？
6. 试说明下列各轴承的内径有多大？哪种轴承的公差等级最高？
   6208/P2、30208、5308/P6、N2208
7. 选择滚动轴承配合的一般原则是什么？
8. 滚动轴承的内、外圈如何实现轴向和周向固定？
9. 滚动轴承为什么要进行润滑和密封？常用的润滑剂和密封装置有哪些？
10. 轴系的固定方式有几种？适用于什么场合？
11. 轴上零件最常用的轴向固定方法是什么？
12. 按照轴的承载情况，轴可分为哪几类？
13. 机械式联轴器有哪些类型？各有什么特点？分别适用于什么场合？
14. 指出图 11-21 中轴的结构错误，并画出改正后的结构图。

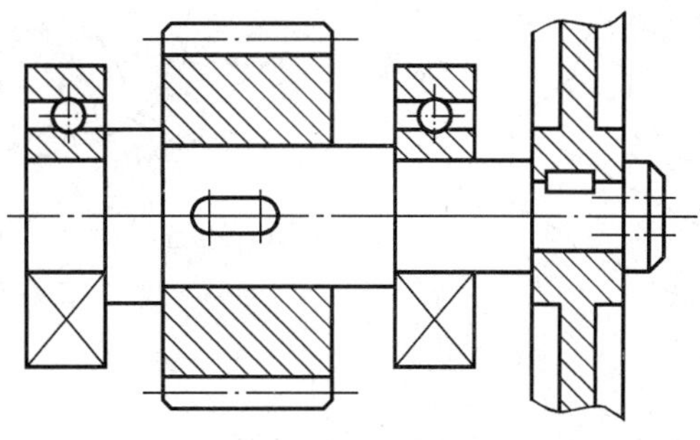

图 11-21

# 第 12 章　机械制造技术

## 12.1　机械制造技术概述

### 12.1.1　金属切削加工的基本概念

金属切削加工是利用刀具从毛坯或型材上切除多余的金属材料，以便获得形状、尺寸、精度和表面质量等都符合要求的零件的机械加工过程。主要的切削加工方法有车削、铣削、刨削、钻削、镗削和磨削等，其相应的机床是车床、铣床、刨床、钻床、镗床和磨床等。

1. 机床的切削运动

金属切削时，刀具与工件间的相对运动称为切削运动，按其作用可分为主运动、进给运动及辅助运动。

(1)主运动。主运动是切下切屑的基本运动。其特点是运动速度最高，消耗功率最大，在切削运动中仅有一个。

(2)进给运动。进给运动是使切削层不断进入切削运动过程中，配合主运动可连续加工出完整表面的运动。其特点是运动速度较低，消耗功率较小，可以由一个、两个或多个运动组成。图 12-1 所示为常见的几种切削加工方法的切削运动。

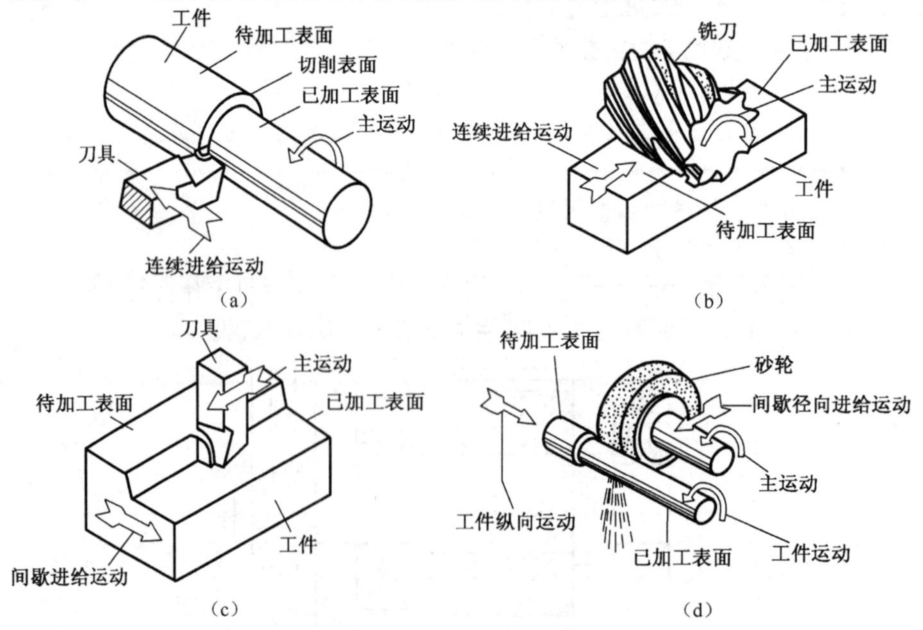


图 12-1　典型切削加工的切削运动及加工表面

(a)车削；(b)铣削；(c)刨削；(d)磨削。

(3)辅助运动。辅助运动虽不直接参加切削，但却是完成零件表面加工全过程必不可少的运动，如控制刀具切入表面的吃刀运动和重复走刀时的退刀运动等。

2. 工件上的几个表面

在切削过程中，工件上的金属层不断被刀具切除而变成切屑，同时在工件上形成新的表面。在新表面的形成过程中，工件上有三个不断变化着的表面：

(1)待加工表面。工件上尚未被切除的表面。

(2)过渡表面(切削表面)。切削刃正在切削的表面。

(3)已加工表面。工件上经切削后形成的新表面。

在切削过程中，工件上的表面不断变化，顺序为待加工表面→切削表面→已加工表面。

常见的几种切削加工方法在工件上形成的几种表面如图 12-1 所示。

3. 切削用量三要素

切削用量是表示主运动、进给运动和切入量参数大小的量，它是调整机床所必需的参数，如图 12-2 所示，包括切削速度、进给量和背吃刀量三个要素。

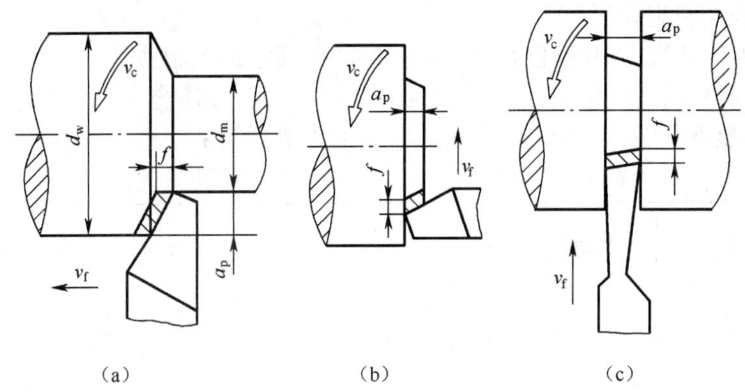


图 12-2　切削用量图

(1)切削速度 $v_c$。切削速度是指主运动的线速度，单位为 m/min。当主运动为旋转运动时，切削速度为其最大线速度，即

$$v_c=\frac{\pi dn}{1000}\quad (\mathrm{m/min})$$

式中　$d$——工件待加工表面(或刀具)的直径(mm)；

$n$——工件或刀具的转速(r/min)。

当主运动为往复直线运动时，切削速度为其平均速度，即

$$v_c=\frac{\pi Ln}{1000}\quad (\mathrm{m/min})$$

式中　$L$——往复运动的行程长度(mm)；

$n$——主运动每分钟的往复次数(str/min)。

(2)进给量 $f$。工件或刀具每转或往复一次时，工件与刀具在进给运动方向上的相对位移量，当主运动为旋转运动时，$f$ 的单位是 mm/r；当主运动为往复运动时，$f$ 的单位是 mm/str。

(3)背吃刀量 $a_p$。背吃刀量是指工件已加工表面和待加工表面的垂直距离，单位为 mm。

加工外圆、内孔等回转表面时，

$$a_p=\frac{d_w-d_m}{2}$$

式中 $d_w$——工件待加工表面直径(mm)；

$d_m$——工件已加工表面直径(mm)。

### 12.1.2 金属切削刀具材料简介

在切削过程中，刀具切削部分是在较大的切削力、较高的切削温度和剧烈的摩擦状态下工作的。因此，刀具切削部分材料应满足下列要求：

(1)高硬度。刀具材料应具有较高的硬度且必须高于工件的硬度。

(2)高耐磨性。刀具在切削过程中能承受剧烈摩擦。

(3)高热硬性。刀具材料在高温下能够持续保持一定的硬度、强度和耐磨性。

(4)足够的强度和冲击韧性。刀具材料具有承受切削力以及切削时产生的冲击和振动，以免刀具脆性断裂和崩刀。

(5)良好的工艺性。热处理、焊接、刃磨性能好，便于加工制造。

常用的刀具材料有碳素工具钢、合金工具钢、高速钢、硬质合金及陶瓷材料等，其中应用最多的是高速钢和硬质合金。各种刀具材料的主要性能及用途如表 12-1 所列。

表 12-1 常用刀具材料的主要性能及用途

<table>
<tr><th colspan="2">材料种类</th><th>典型牌号</th><th>硬度</th><th>抗弯强度/GPa</th><th>耐热性</th><th>用途</th></tr>
<tr><td colspan="2" rowspan="3">碳素工具钢</td><td>T8A</td><td rowspan="3">HRC60～65</td><td rowspan="3">2.16</td><td rowspan="3">200～250</td><td rowspan="3">用于手动工具，如锉刀、锯条等</td></tr>
<tr><td>T10A</td></tr>
<tr><td>T12A</td></tr>
<tr><td colspan="2" rowspan="2">合金工具钢</td><td>9SiCr</td><td rowspan="2">HRC60～65</td><td rowspan="2">2.5～2.8</td><td rowspan="2">250～300</td><td rowspan="2">用于低速刀具，如锉刀、丝锥、板牙等</td></tr>
<tr><td>CrWMn</td></tr>
<tr><td colspan="2" rowspan="2">高速钢</td><td>W18Cr4V</td><td rowspan="2">HRC62～67</td><td rowspan="2">2.5～4.5</td><td rowspan="2">550～600</td><td rowspan="2">用于形状复杂的机动刀具，如钻头、铰刀、铣刀、齿轮刀具</td></tr>
<tr><td>W6Mo5Cr4V2</td></tr>
<tr><td rowspan="6">硬质合金</td><td rowspan="3">钨钴类</td><td>YG3</td><td rowspan="6">HRA87～93</td><td rowspan="6">0.9～2.5</td><td rowspan="6">850～1000</td><td rowspan="6">一般做成刀片镶嵌在刀体上使用，如车刀的刀头</td></tr>
<tr><td>YG6</td></tr>
<tr><td>YG8</td></tr>
<tr><td rowspan="3">钨钛钴类</td><td>YT5</td></tr>
<tr><td>YT15</td></tr>
<tr><td>YT30</td></tr>
</table>

### 12.1.3 机床的类型及编号

1. 机床的类型

机床可按不同特征进行分类，最基本的是按加工方式及主要用途进行分类。目前，我国机床分为 11 个大类：车床、钻床、镗床、磨床、齿轮加工机床、螺纹加工机床、铣床、刨插床、拉床、锯床及其他机床，其代号如表 12-2 所列。

表 12-2　机床的类型及代号

| 类型 | 车床 | 钻床 | 镗床 | 磨床 | | | 齿轮加工机床 | 螺纹加工机床 | 铣床 | 刨插床 | 拉床 | 锯床 | 其他机床 |
|---|---|---|---|---|---|---|---|---|---|---|---|---|---|
| 代号 | C | Z | T | M | 2M | 3M | Y | S | X | B | L | G | Q |

2. 机床型号的编制方法

机床型号不仅仅是一个代号，它必须要反映出机床的类别、结构特征、特性和主要技术规格。我国机床型号的编制按 GB/T 15375—1994《金属切削机床型号编制方法》实施，机床型号由基本部分和辅助部分组成，中间用“/”隔开，读作“之”。

机床型号的构成如下：

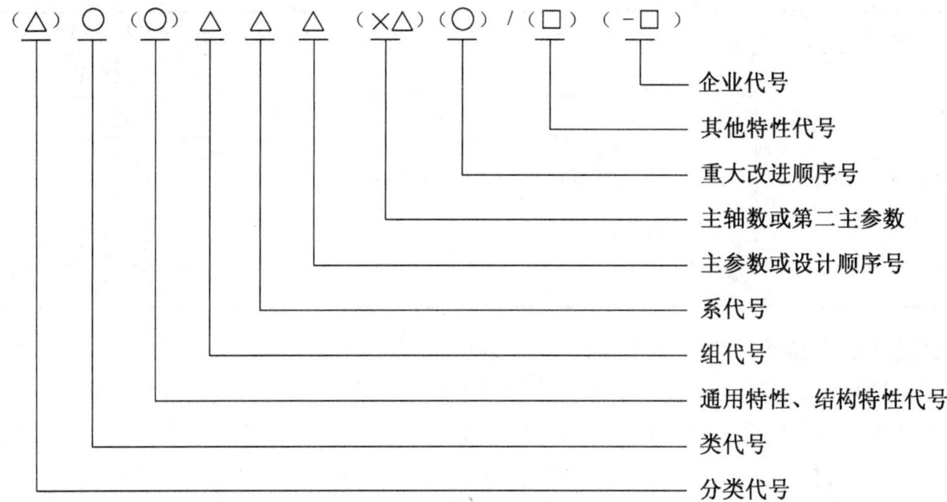


其中，△表示数字；○表示大写汉语拼音字母或英文字母；□表示大写汉语拼音字母或阿拉伯数字或二者兼有；括号中的表示可选用，当无内容时不表示，有内容时则不带括号。

1)机床的类代号

机床的类代号用大写汉语拼音字母表示，居型号的首位。我国机床分为 11 大类(表 12-2)。其中如需进一步分类，在类代号前用数字加以区别，作为分类代号(1 可省略)。目前只有磨床才有分类代号，磨床分为三类，分别用“M”、“2M”和“3M”表示。

2)通用特性、结构特性代号

(1)通用特性代号。当某类型机床除有普通形式外，还具有表 12-3 所列的通用特性时，则在类代号之后用大写汉语拼音字母表示。例如，精密车床需在“C”后面加“M”。如果同时具有两种通用特性，则可用两个代号同时表示，如“MBG”表示半自动高精度磨床。

表 12-3 机床通用特性和结构特性代号

| 通用特性 | 高精度 | 精密 | 自动 | 半自动 | 数控 | 加工中心 | 仿形 | 轻型 | 加重型 | 简式或经济型 | 柔性加工单元 | 数显 | 高速 |
|---|---|---|---|---|---|---|---|---|---|---|---|---|---|
| 代号 | G | M | Z | B | K | H | F | Q | C | J | R | X | S |

(2)结构特性代号。为了区别主参数相同而结构不同的机床,在型号中用结构特性代号来表示。结构特性代号为汉语拼音字母。例如,CA6140 型卧式车床型号中的"A"可理解为这种型号车床在结构上区别于 C6140 型车床。

3)机床的组、系代号

每类机床按其用途、性能、结构等分为若干组,如车床分为 10 组,用阿拉伯数字"0～9"表示。每组又分为若干系,如"落地及卧式车床组"中有六个系别,用阿拉伯数字"0～5"表示,如表 12-4 所列。在机床型号中,第一位数字代表组别,第二位数字代表系别。

表 12-4 落地及卧式车床组

| 组 名 | 组 号 | 系 号 | 机 床 名 称 |
|---|---|---|---|
| 落地及卧式车床 | 6 | 0 | 落地车床 |
| | 6 | 1 | 卧式车床 |
| | 6 | 2 | 马鞍车床 |
| | 6 | 3 | 轴车床 |
| | 6 | 4 | 卡盘车床 |
| | 6 | 5 | 球面车床 |

4)机床的主参数和第二主参数

机床型号中,用阿拉伯数字给出主参数的折算值,折算系数一般是 1/10 或 1/100,也有少数是 1,位于组、系代号之后,它反映机床的主要技术规格,其尺寸单位为 mm。例如 C6140 车床,主参数折算值为 50,折算系数为 1/10,即主参数(床身最大回转直径)为 500 的卧式车床。

第二主参数在主参数后面,用"×"分开,如 C2150×6 表示最大棒料直径为 500mm 的卧式六角自动车床。

5)机床的重大改进的序号

当机床的结构、性能有重大改进和提高时,按其设计改进的次序,分别用大写字母"A、B、C、D、…"表示,附在机床型号的末尾,以示区别。如 C6140A 是 C6140 型车床经过第一次重大改进的车床。

此外,其他特性代号和企业代号作为辅助部分由企业自定。

## 12.2 车削加工

### 12.2.1 车削加工概述

车削加工是在车床上以工件旋转为主运动、车刀移动为进给运动的一种切削加工方法。车削加工主要用于加工零件上的各种回转表面，其加工范围如图 12-3 所示。

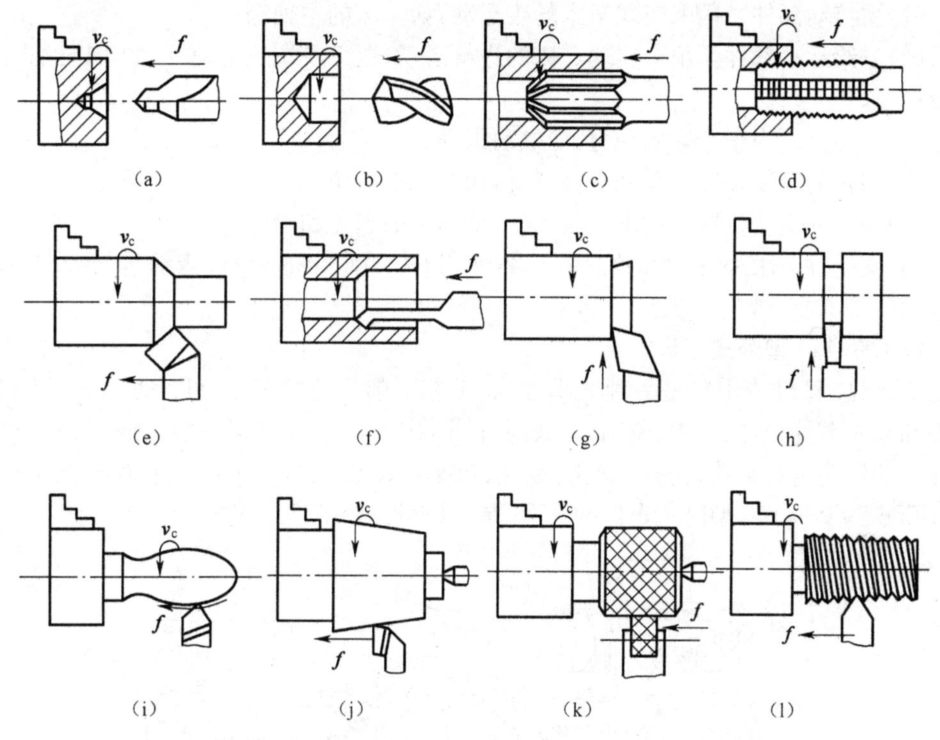


图 12-3　车削加工范围

(a)钻中心孔；(b)钻孔；(c)铰孔；(d)攻内螺纹；(e)车外圆；(f)车孔；
(g)车端面；(h)车槽；(i)车曲面；(j)车外圆锥；(k)滚花；(l)车外螺纹。

车削加工的主要特点：

(1)由于主运动是连续的旋转运动，除粗车时可能因毛坯余量不均匀导致非连续切削外，一般均为连续切削，因此，切削过程连续稳定，具备了进行高速车削和强力车削的重要条件。

(2)车削加工不仅是回转体零件不可缺少的加工方法，而且对于短杆、小支架类零件，只要能够装夹在车床上，它们的回转表面、端面就可以车削加工。

(3)车削加工的工件可大可小。

(4)车削加工适应的工件材料范围很广。

(5)车削加工的精度范围很广。

(6)车削加工容易保证零件加工表面之间的位置精度。

(7)车刀为单切削刃刀具，结构简单，制造、刃磨和装拆都很方便。

车削加工工件的尺寸公差等级一般为 IT9～IT7 级，表面粗糙度可达 $Ra3.2 \sim 1.6\mu m$。

## 12.2.2　车床

1. 车床的类型及组成

车床种类很多，按用途和结构不同，大致可分为卧式车床、立式车床、转塔车床、仿形车床、自动车床以及数控车床等。

车床的种类虽然多种多样,但其基本的组成可归纳为以下几个部分。

(1)主传动部件。用来实现车床的主运动,如车床的主轴箱。

(2)进给运动部件。用来实现车床的进给运动、退刀及快速运动等,如车床的进给箱、溜板箱等。

(3)动力源。为车床提供动力,如电动机等。

(4)刀具的安装装置。用来安装刀具,如车床的刀架。

(5)工件的安装位置。用来安装工件,如车床的卡盘和尾座等。

(6)支承件。用来支承和连接车床各零部件,如车床的床身、床腿等,是车床的"骨架"。

2. CA6140 型卧式车床

CA6140 型卧式车床是一种通用性强、工艺范围广泛的车床,可以加工各种轴类、套筒类和盘类零件;车削米制、英制、模数制、径节制四种螺纹和精密、非标准螺纹;还可利用车床上的尾座进行钻孔、扩孔、铰孔、滚花、攻螺纹、套螺纹等,适用于单件小批生产。图 12-4 所示为 CA6140 型卧式车床的外形,是由以下几个部件组成的。

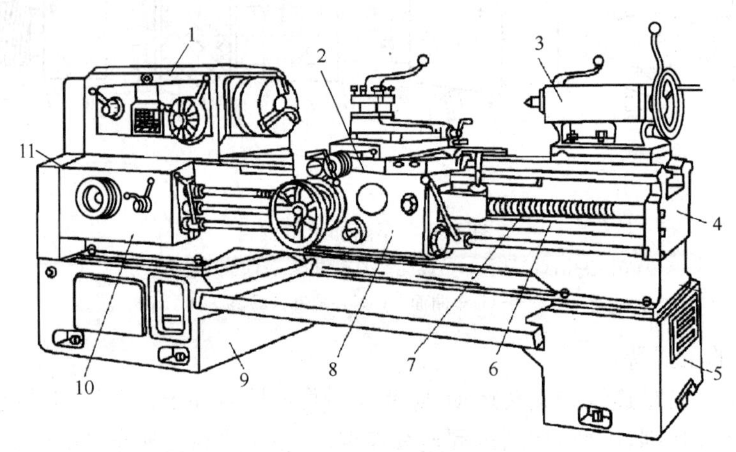


图 12-4 CA6140 型卧式车床

1—主轴箱;2—床鞍;3—尾座;4—床身;5、9—床腿;6—光杠;7—丝杠;8—溜板箱;10—进给箱;11—交换齿轮。

(1)主轴箱。主轴箱由箱体、主轴、传动轴、轴上传动件、变速操纵机构等组成,其功用是支承主轴部件,并使主轴与工件以所需速度和方向旋转。

(2)刀架与滑板。四方刀架用于装夹刀具。滑板俗称拖板,由上、中、下三层组成。

(3)进给箱。进给箱内装有进给运动的传动及操纵装置,用以改变机动进给的进给量或被加工螺纹的导程。

(4)溜板箱。溜板箱安装在刀架部件底部,它可以通过光杠或丝杠接受自进给箱传来的运动,并将运动传给刀架部件,从而使刀架实现纵、横向进给或车螺纹运动。

(5)尾座。尾座安装于床身尾座导轨上,可沿其导轨纵向调整位置,其上可安装顶尖用来支承较长或较重的工件,也可安装各种刀具,如钻头、铰刀等。

(6)床身。床身固定在左床腿和右床腿上,用以支承其他部件,如主轴箱、进给箱、溜板箱、滑板和尾座等,并使它们保持准确的相对位置。

### 12.2.3 车刀简介

车刀种类很多，按用途和结构可分类如下：

1. 按用途分类

车刀按用途可分为外圆车刀、端面车刀、内孔车刀、切断车刀、螺纹车刀等，如图 12-5 所示。

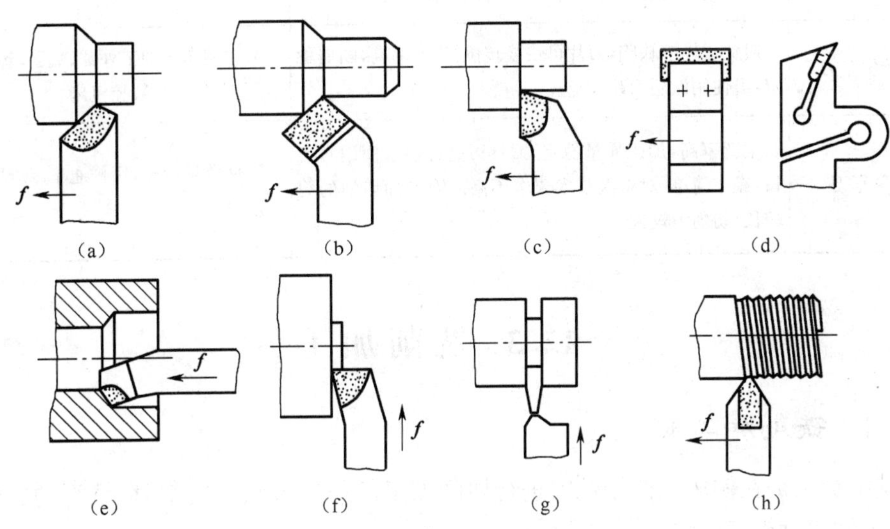

图 12-5 车刀按用途分类

(a)直头外圆车刀；(b)弯头外圆车刀；(c)90°外圆车刀；(d)宽刃精车外圆车刀；(e)内孔车刀；(f)端面车刀；(g)切断车刀；(h)螺纹车刀。

外圆车刀又分为直头车刀和弯头车刀，并常以主偏角的数值大小来命名，如 $k_r=90°$ 时称为 90°外圆车刀，$k_r=45°$时称为 45°外圆车刀。

2. 按结构分类

车刀按结构可分为整体车刀、焊接车刀、机夹车刀、可转位车刀和成形车刀等，如图 12-6 所示，其特点与适用场合如表 12-5 所列。

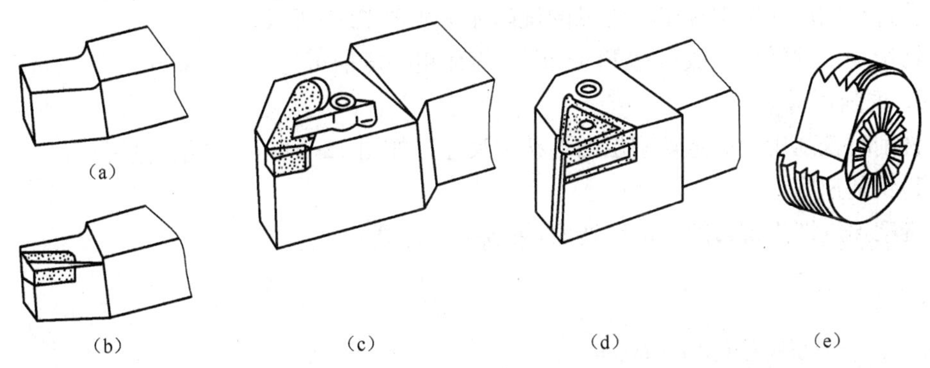

图 12-6 车刀按结构分类

(a)整体车刀；(b)焊接车刀；(c)机夹车刀；(d)可转位车刀；(e)成形车刀。

表 12-5 车刀结构类型、特点及用途

| 名 称 | 特 点 | 适 用 场 合 |
|---|---|---|
| 整体车刀 | 用整体高速钢制造，切削刃可磨得较锋利 | 小型车床或加工非铁金属 |
| 焊接车刀 | 焊接硬质合金或高速钢刀片，结构紧凑，使用灵活 | 各类车刀，特别是小刀具 |
| 机夹车刀 | 避免了焊接产生的应力、裂纹等缺陷，刀杆利用率高；刀片可集中刃磨获得所需参数，使用灵活方便 | 外圆、端面、镗孔、切断、螺纹车刀 |
| 可转位车刀 | 避免了焊接缺陷，刀片可快换转位，生产率高，断屑稳定，可使用涂层刀片 | 大中型车床加工外圆、端面、镗孔，特别适用于自动线、数控机床 |
| 成形车刀 | 生产率高，加工质量稳定，刀具刃磨方便且使用寿命长，操作简单，对工人技术要求不高。因参加切削的刃较长，切削力较大 | 工件数量较多，用普通车床难以保证加工质量 |

# 12.3 铣削加工

## 12.3.1 铣削加工概述

铣削加工是在铣床上使用铣刀进行切削加工的一种方法。铣削时，铣刀的旋转是主运动，工件相对铣刀的移动是进给运动。

1. 铣削加工的特点

(1)铣刀是多齿刀具，刀齿能实现轮换切削，切削速度高。

(2)铣刀的主运动是旋转运动，可提高铣削用量和生产率。

(3)铣刀刀齿的不断切入和切出使得切削力不断变化。因此，切削过程不平稳，易产生冲击和振动。

2. 铣削用途

在铣床上使用不同类型的铣刀，可以加工平面、斜面、台阶面、燕尾槽、螺旋槽和各种键槽以及成形面等。另外，还可以利用万能分度头进行分度件的铣削加工，也可以对工件上的孔进行钻削或镗削加工。常见的铣削加工如图 12-7 所示。

铣削加工的精度一般可达 IT9～IT7，表面粗糙度值可达 $Ra$ 为 3.2μm～1.6μm。

3. 铣削用量

铣削时铣削用量决定切削层的形状和尺寸。如图 12-8 所示，铣削用量包括：

1)铣削速度

铣削速度即为铣刀旋转的线速度，可按下式计算：

$$v_c=\frac{\pi d n}{1000}$$

式中 $v_c$——铣削速度(m/min)；

$d$——铣刀直径(mm)；

$n$——铣刀转速(r/min)。

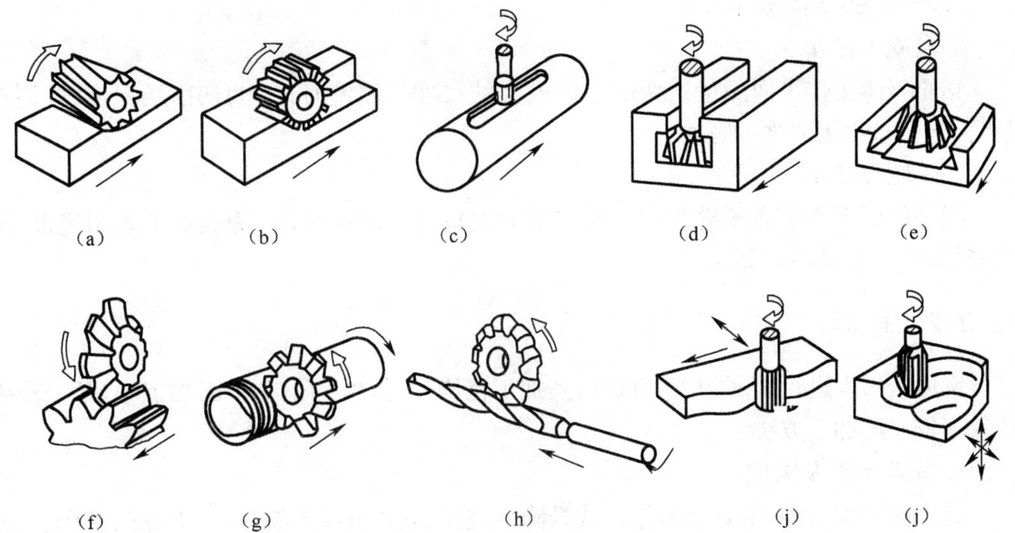


图 12-7　铣削加工的典型表面

(a)铣水平面;(b)铣台阶面;(c)铣键槽;(d)铣 T 型槽;(e)铣燕尾槽;

(f)铣齿轮;(g)铣螺纹;(h)铣螺旋槽;(i)、(j)铣成形面。

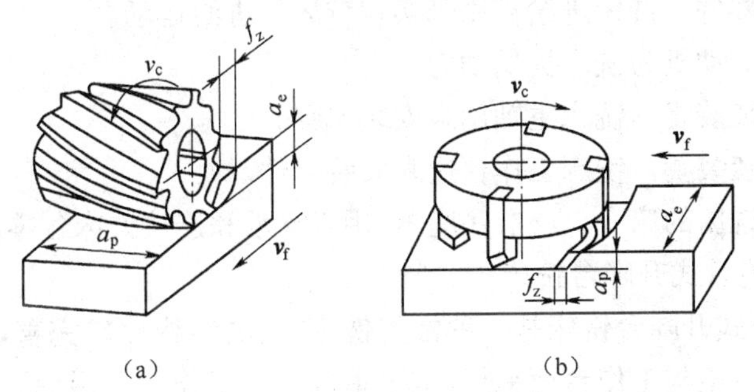


图 12-8　铣削用量要素

(a)圆周铣削;(b)端面铣削。

2)进给量

进给量即为铣刀与工件在进给方向上的相对位移量。它有三种表示方法:

(1)每转进给量 $f$。铣刀每转一转时,工件与铣刀的相对位移(mm/r);

(2)每齿进给量 $f_z$。铣刀每转过一个刀齿时,工件与铣刀的相对位移(mm/z);

(3)进给速度 $v_f$。单位时间内工件与铣刀的相对位移(mm/min)。通常铣床铭牌上列出的是进给速度,因此,在调整机床时先根据加工条件选择合理的 $f_z$ 值,然后按下式求出 $v_f$:

$$v_f=\frac{fn}{60}=\frac{f_z zn}{60}$$

式中　$v_f$——进给速度(m/s);

$f_z$——每齿进给量(mm/z);

$n$——铣刀转速(r/min);

$z$——铣刀齿数。

3)背吃刀量 $a_p$

指垂直于工作平面测量的切削层中最大的尺寸。端铣时，$a_p$ 为切削层深度；圆周切削时，$a_p$ 为被加工表面的宽度。

4)侧吃刀量 $a_e$

指平行于工作平面测量的切削层中最大的尺寸。端铣时，$a_e$ 为被加工表面宽度；圆周铣削时，$a_e$ 为切削层深度。

### 12.3.2 铣床

铣床是用来进行铣削加工的机床，其加工范围广泛，特别是在平面加工中，是一种生产效率较高的加工方法。

1. 铣床类型及组成

铣床的种类很多，主要有万能卧式升降台铣床、立式升降台铣床，还有龙门铣床、工具铣床、仿形铣床及各种专门化铣床，近年来又出现了数控铣床。

铣床种类虽然很多，但其基本组成可归纳为以下几个部分。

(1)主传动部件。铣床主轴箱用来实现铣床的主运动。

(2)进给运动部件。铣床进给箱用来实现铣床的进给运动。

(3)动力源。电动机为铣床提供动力。

(4)刀具的安装装置。铣床主轴用来安装刀具。

(5)工件的安装装置。铣床工作台用来安装工件。

(6)支承件。铣床的床身、立柱、底座等，用来支承和连接铣床各零部件。

2. X6132 万能卧式升降台铣床

X6132 万能卧式升降台铣床是一种常用铣床，它的结构比较完善，变速范围大，刚性好，操作方便。其主轴与工作台面平行，呈水平位置。工作台可沿纵、横和垂直三个方向移动，并可在水平面内回转一定的角度，以适应不同铣削加工的需要。图 12-9 所示为 X6132 万能卧式升降台铣床的外形，它是由以下几个部分组成的：

(1)床身。铣床的主体，起着支承和连接铣床各部件的作用。顶面上有水平导轨，供悬梁移动用。前壁有燕尾形的垂直导轨，供升降台上下移动。

(2)悬梁。可以沿着床身顶部导轨移动。其外端装有吊架，用来支承铣刀刀杆，以增加刀杆的刚性。

(3)主轴。主轴是空心轴，前端有 7∶24 的精密锥孔，用来安装铣刀刀杆并带动铣刀旋转。

(4)转台。它的上面有水平导轨，供工作台纵向进给。下面用螺钉与横向工作台相连接，可随其移动，松开螺钉，可以使转台带动工作台在水平面内回转±45°。

(5)纵向工作台。在转台的上面，用来安装夹具和工件，并带动其做纵向移动。

(6)横向工作台。在转台和升降台之间，可以带动纵向工作台沿升降台的水平导轨做横向移动。

(7)升降台。位于横向工作台的下面，安装在床身前侧垂直导轨上，并能沿导轨移动。

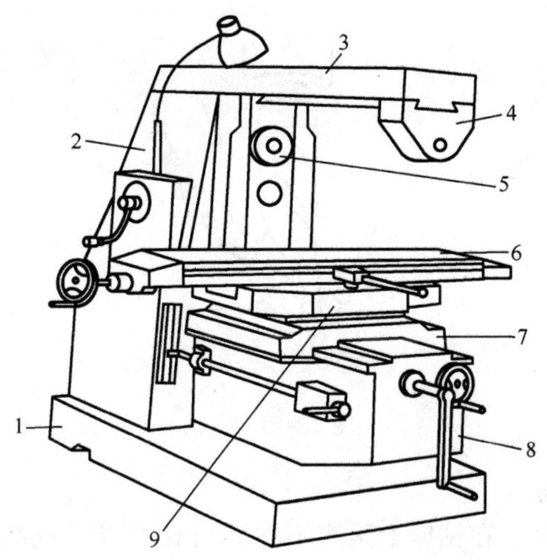


图 12-9　X6132 万能卧式升降台铣床外形及各部分名称

1—底座；2—床身；3—悬梁；4—托架；5—主轴；

6—纵向工作台；7—横向工作台；8—升降台；9—转台。

(8)底座。用来支承和固定床身和升降台，起到稳固的作用。

(9)万能铣头。它是卧式铣床的重要附件，悬梁后移时能直接安装在铣刀的垂直导轨上。

### 12.3.3　铣刀

铣刀的种类很多，一般可按材料和用途进行分类。

1. 按铣刀的切削部分材料分类

铣刀分为高速钢铣刀和硬质合金铣刀，高速钢铣刀多为整体式，而硬质合金铣刀是将硬质合金刀齿焊接在普通工具钢的刀体上。

2. 按用途分类

铣刀按用途可分为如下三种：

(1)加工平面的铣刀。加工平面用的铣刀有圆柱铣刀和端铣刀两种。加工较小的平面也可用立铣刀和三面刃铣刀进行。

(2)加工沟槽的铣刀。常用的有盘形铣刀、锯片铣刀、键槽铣刀、立铣刀和角度铣刀等。

(3)加工成形面的铣刀。成形铣刀是根据成形面的形状而专门设计的一种铣刀。

## 12.4　钻削及镗削加工

### 12.4.1　钻削加工

钻削加工是用钻削刀具在工件上加工孔的切削加工方法。在钻床上加工时，工件固定不动，刀具(钻头)作旋转运动(主运动)，同时沿轴向移动(进给运动)，如图 12-10 所示。

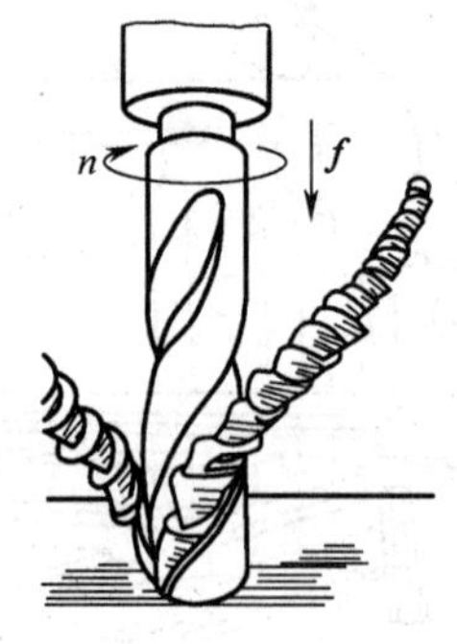


图 12-10 钻孔

1. 钻削加工的范围

钻床的加工范围较广，在钻床上采用不同的刀具可以完成钻孔、扩孔、铰孔、攻螺纹、锪孔和锪平面等，如图 12-11 所示。

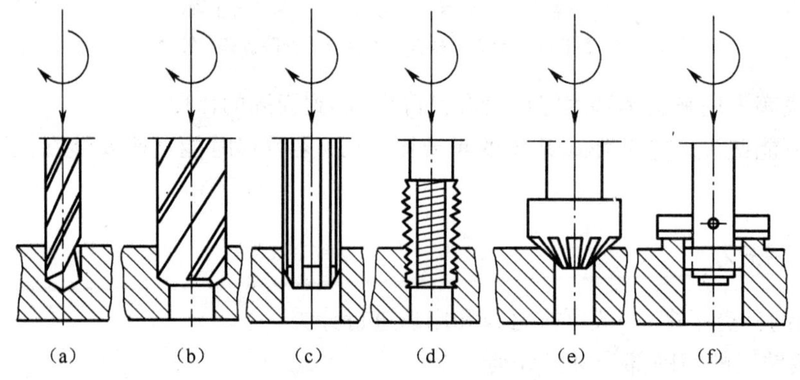


图 12-11 钻削加工范围

(a)钻孔；(b)扩孔；(c)铰孔；(d)攻螺纹；(e)锪孔；(f)锪平面。

2. 钻削加工的特点：

(1)钻头转速高，切削量大，排屑困难。

(2)摩擦严重，热量多，散热困难。

(3)切削温度高，钻头磨损严重。

(4)挤压严重，孔壁易冷作硬化。

(5)钻削刀具细而悬伸长，加工时易产生振动。

(6)钻削精度低，尺寸精度为 IT13 或 IT12，表面粗糙度 $Ra$ 为 12.5μm～6.3μm。

3. 钻床

按结构形式，钻床可分为台式钻床、立式钻床、摇臂钻床和专门化钻床等，本书只介绍前三种。

1)台式钻床

图 12-12 所示为 Z4012 型台式钻床，特点是结构简单、尺寸小。用皮带轮带动主轴高速旋转，手动完成轴向进给，主轴箱还可绕立柱回转及上下移动，操作方便。

台钻一般安放于钳台，用于加工直径小于 12mm 的孔。

2)立式钻床

图 12-13 为台式钻床，主轴旋转的同时，沿轴线向下机动进给，也可以通过操纵手柄手动进给。工件一般安放在工作台或钳台上，工作台可调整上下位置。

立式钻床用于加工中、小工件上直径小于 50mm 的孔。

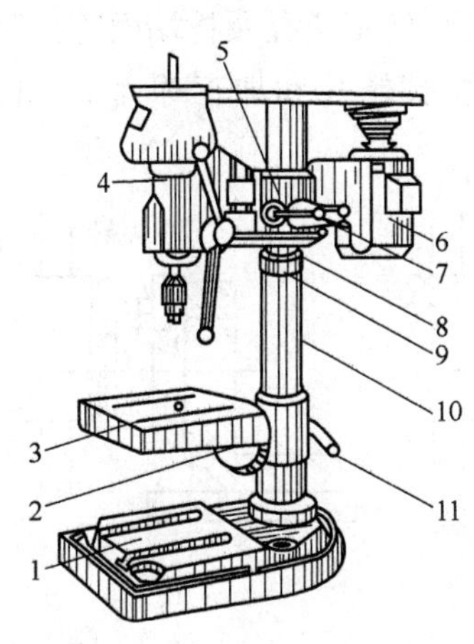


图 12-12　Z4012 型台式钻床

1—机座；2、8—锁紧螺钉；3—工作台；4—钻头进给手柄；5—主轴架；6—电动机；7、11—锁紧手柄；9—定位环；10—立柱。

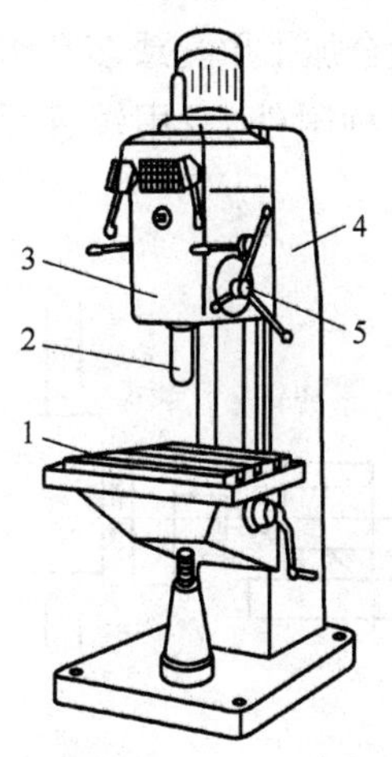


图 12-13　立式钻床

1—工作台；2—主轴；3—主轴箱；4—立柱；5—进给操纵手柄。

3)摇臂钻床

摇臂钻床是一种大型钻床，如图 12-14 所示，摇臂能绕立柱旋转，主轴箱可在摇臂上横向移动，同时根据工件高度不同，可松开摇臂的锁紧装置，使摇臂沿立柱升降。它适用于在大型、笨重或多孔的工件上加工孔，最大钻孔直径小于 75mm。

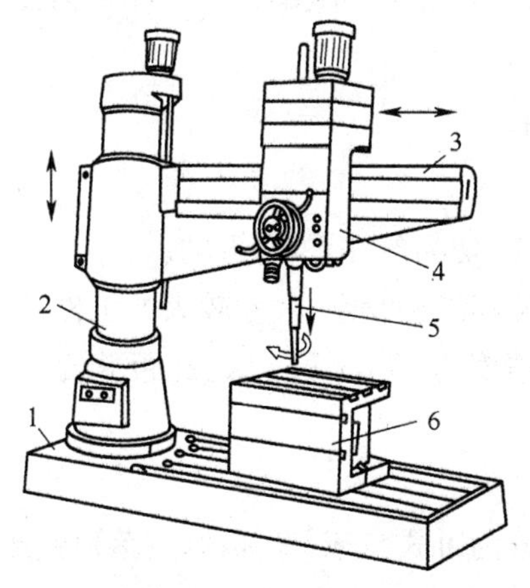


图 12-14　摇臂钻床

1—机座；2—立柱；3—摇臂；4—主轴箱；5—主轴；6—工作台。

## 12.4.2 镗削加工

镗削加工是以镗刀旋转运动为主运动，工件随工作台移动为进给运动，切去工件上多余金属层的切削加工方法。

1. 镗削的加工范围

镗削适合加工单孔或多孔组成的孔系、锪/铣平面、镗不通孔及镗端面等。此外，还可以在配备各种附件、专用镗杆后，进行切槽、镗螺纹、镗锥孔和加工球面等，如图 12-15 所示。

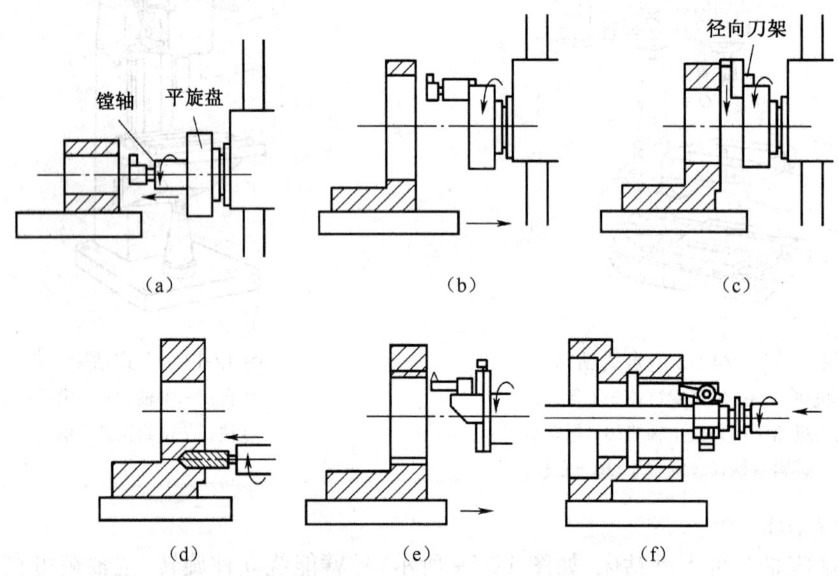


图 12-15 镗削的加工范围

(a)镗不大的孔；(b)镗大孔；(c)镗端面；(d)镗不通孔；

(e)用工作台进给镗螺纹；(f)用主轴进给镗螺纹。

2. 镗削加工的特点

(1)刀具旋转为主运动。

(2)适应能力强。

(3)摩擦大，镗杆悬伸长，切削条件差，易振动。

(4)适合加工箱体、机架等结构复杂、尺寸较大的工件。

(5)精度比较高，尺寸精度为 IT7～IT6 级，孔距精度可达 0.015mm，表面粗糙度 $Ra$ 为 1.6μm～0.8μm。

3. 镗床

镗床按其结构形式可分为卧式镗床、坐标镗床、落地镗床、立式镗床、精镗床和专门化镗床等。本书只介绍卧式镗床。

图 12-16 所示为卧式镗床外形，其主要部件名称和作用如下。

(1)主轴箱。其上装有主轴和平旋盘。主轴可旋转做主运动，也可沿其轴向移动做进给运动。主轴前端有莫式5号锥孔,具有相同规格锥柄的各类刀杆、镗杆或刀夹,均可插入其中随之旋转。平旋盘上有4～6条T形槽,用以安装刀夹来完成平面的加工。

主轴箱还可沿立柱上的导轨上下移动,以便加工时能调节主轴的高低位置,或者提供沿立柱上、下的进给运动。

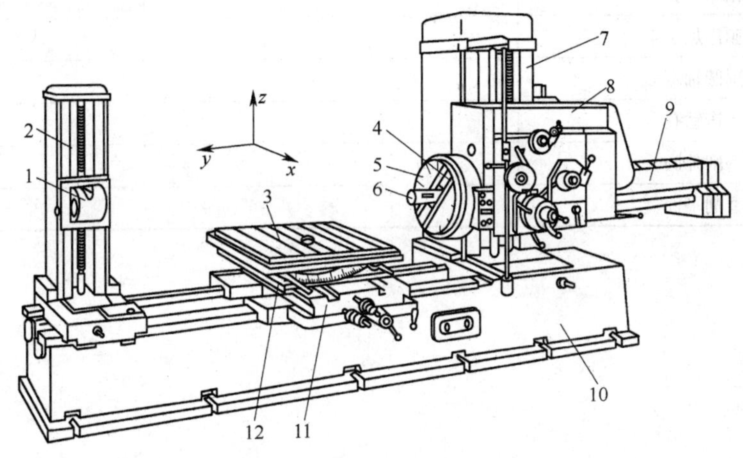


图12-16 卧式镗床

1—镗杆支承座;2—尾立柱;3—工作台;4—径向刀架;5—平旋盘;
6—主轴;7—主立柱;8—主轴箱;9—后尾筒;10—床身;
11—下滑座;12—上滑座;13—刀座。

(2)主立柱。主立柱用以支承主轴箱,其上有导轨,还可引导主轴的上升或下降。

(3)工作台。工作台上面可安装工件。它可由下滑座或上滑座带动做纵向或横向进给运动。工作台还可绕上滑座的圆导轨在水平面内回转所需角度,以便适应互成一定角度的孔或平面的加工。

(4)尾立柱。在用长的镗杆横越工作台镗孔时,尾立柱上有镗杆支承座,可支承镗杆尾端。该镗杆支承座可沿尾立柱上的导轨升降,以便对镗杆的高低位置进行调节。

(5)床身。床身用以支承上述各部件,它上面有导轨,为工作台的进给运动导向。

## 思考与练习题

1. 简述车削加工的范围及特点。
2. 列举5把常用车刀名称并简述其用途。
3. 在铣床上能完成哪些工件表面的加工?
4. 铣床主要有哪些类型?
5. 常见的钻床有哪些类型?摇臂钻床由哪几部分组成?各部分有何作用?
6. 镗削加工有何特点?
7. 镗床最适合加工哪些零件?

8. 填表题。

| 加工项目 | 主运动 | 进给运动 |
| --- | --- | --- |
| 车削外圆 | | |
| 铣削平面 | | |
| 钻床钻孔 | | |
| 牛头刨床加工平面 | | |
| 车削圆轴端面 | | |
| 车床钻孔 | | |
| 磨削外圆 | | |
| 磨削平面 | | |

# 参 考 文 献

[1] 张定华．工程力学．5版．北京:高等教育出版社,2003.

[2] 许德珠．机械工程材料．2版．北京:高等教育出版社,2001.

[3] 张代东．机械工程材料应用基础．北京:机械工业出版社,2001.

[4] 赵冬梅．机械设计基础．西安:西安电子科技大学出版社,2004.

[5] 刘跃南．机械基础．北京:高等教育出版社,2000.

[6] 濮良贵,纪名刚．机械设计．6版．北京:高等教育出版社,1996.

[7] 孙桓,李继庆．机械原理教程．西安:西北工业大学出版社,1994.

[8] 郭仁生．机械设计基础．2版．北京:清华大学出版社,2002.

[9] 邱宣怀．机械设计．4版．北京:高等教育出版社,1997.

[10] 司乃钧．机械加工工艺基础．2版．北京:高等教育出版社,2001.

[11] 师国政．机械加工基础．南京:东南大学出版社,1995.

[12] 顾维邦．金属切削机床概论．北京:机械工业出版社,1999.

[13] 朱淑萍．机械加工工艺及装备．北京:机械工业出版社,2002.